施工现场十大员技术管理手册

施 工 员

（第二版）

潘全祥 主编

中国建筑工业出版社

图书在版编目(CIP)数据

施工员/潘全祥主编. —2版. —北京:中国建筑工业出版社,2004
(施工现场十大员技术管理手册)
ISBN 978-7-112-06837-1

Ⅰ.施... Ⅱ.潘... Ⅲ.建筑工程—工程施工—技术手册 Ⅳ.TU74-62

中国版本图书馆CIP数据核字(2004)第099861号

施工现场十大员技术管理手册

施 工 员

(第二版)

潘全祥 主编

*

中国建筑工业出版社出版、发行(北京西郊百万庄)
各地新华书店、建筑书店经销
北京市密东印刷有限公司印刷

*

开本:787×1092毫米 1/32 印张:9 字数:198千字
2005年3月第二版 2012年10月第三十次印刷
印数:112001—115000册 定价:**15.00**元

ISBN 978-7-112-06837-1
(12791)

本社网址 http://www.cabp.com.cn
网上书店 http://www.china-building.com.cn

本书为《施工现场十大员技术管理手册》之一，按照《建筑工程施工质量验收统一标准》GB50300—2001 及相应专业施工质量验收规范的要求，对第一版的内容作了全面修订。本书主要介绍施工现场施工员最基本、最实用的专业知识和施工现场的一些实施细则，主要内容包括：基础工程、结构工程、屋面及其他防水工程、装修工程施工技术、施工工艺等。

本书通俗易懂，操作性、实用性强，可供施工技术人员、现场管理人员、相关专业大中专及职业学校的师生学习参考。

*　　*　　*

责任编辑：郦锁林

责任设计：孙　梅

责任校对：刘　梅　王　莉

《施工员》(第二版)编写人员名单

主　　编　潘全祥

编写人员　潘全祥　吕书田　许增林

　　　　　朱红星　陈艳祥　朱学连

第二版说明

我社1998年出版了一套“施工现场十大员技术管理手册”(一套共10册)。该套丛书是供施工现场最基层的技术管理人员阅读的,他们的特点是工作忙、热情高、文化和专业水平有待提高,求知欲强。“丛书”发行6~7年来不断重印,总印数达40~50万册,受到读者好评。

当前,建筑业已进入一个新的发展时期:为建筑业监督管理体制改革鸣锣开道的《中华人民共和国建筑法》、《中华人民共和国招标投标法》、《建设工程质量管理条例》、《建设工程安全生产管理条例》,……等一系列国家法律、法规已相继出台;2000年以来,由建设部负责编制的《建筑工程施工质量验收统一标准》GB50300—2001和相关的14个专业施工质量验收规范也已全部颁布,全面调整了建筑工程质量管理和验收方面的要求。

为了适应这一新的建筑业发展形势,我社诚恳邀请这套丛书的原作者,根据6~7年来国家新颁布的建筑法律、法规和标准、规范,以及施工管理技术的新动向,对原丛书进行认真的修改和补充,以更好地满足广大读者、特别是基层技术管理人员的需要。

中国建筑工业出版社

2004年8月

第一版说明

目前,我国建筑业发展迅速,全国城乡到处都在搞基本建设,建筑工地(施工现场)比比皆是,出现了前所未有的好形势。

活跃在施工现场最基层的技术管理人员(十大员),其业务水平和管理工作的好坏,已经成为我国千千万万个建设项目能否有序、高效、高质量完成的关键。这些基层管理人员,工作忙、有热情,但目前的文化业务水平普遍还不高,其中有不少还是近期从工人中提上来的,他们十分需要培训、学习,也迫切需要有一些可供工作参考的知识性、资料性读物。

为了满足施工现场十大员对技术业务知识的需求,满足各地对这些基层管理干部的培训与考核,我们在深入调查研究的基础上,组织上海、北京有关施工、管理部门编写了这套"施工现场十大员技术管理手册"。它们是《施工员》、《质量员》、《材料员》、《定额员》、《安全员》、《测量员》、《试验员》、《机械员》、《资料员》和《现场电工》,书中主要介绍各种技术管理人员的工作职责、专业技术知识、业务管理和质量管理实施细则,以及有关专业的法规、标准和规范等,是一套拿来就能教、能学、能用的小型工具书。

中国建筑工业出版社

1998年2月

第二版前言

建筑业在国民经济中是一个重要的物质生产部门,是国民经济的三大支柱之一。随着建筑业的不断发展,原有的各种技术人员的技术素质,管理水平,数量都不能满足施工的需要。为了提高建筑业的经营管理水平,适应改革形势的需要,提高建筑企业专业管理人员的业务素质,特编写了这本《施工员》。

由于国家新的施工验收规范、技术规程、建筑工程质量检验标准的颁布执行,使第一版《施工员》的内容不能满足当前施工的需要,因此我们对书中各章节内容进行了修订。

本书主要讲施工现场技术员的专业技术知识。介绍的都是有关施工员的最基本、最实用的专业知识和施工现场的一些实施细则,在编写中力求实事求是,理论联系实际,既注重基础知识的阐述,也注重实际能力的培养。是一本既便于自学又很实用的技术丛书。

限于编者的水平,书中不完善甚至不妥之处在所难免,欢迎读者批评指正。

编者

2004年6月

第一版前言

建筑业在国民经济中是一个重要的物质生产部门,是国民经济的三大支柱之一。随着建筑业的不断发展,原有的各种技术人员的技术素质,管理水平,数量都不能满足施工的需要。为了提高建筑业的经营管理水平,适应改革形势的需要,提高建筑企业专业管理人员的业务素质,特编写了这本《施工员》。

本书主要讲施工现场技术员的专业技术知识。介绍的都是有关施工员的最基本、最实用的专业知识和施工现场的一些实施细则,在编写中力求实事求是,理论联系实际,既注重基础知识的阐述,也注重实际能力的培养。是一本既便于自学又很实用的技术丛书。

限于编者的水平,书中不完善甚至不妥之处在所难免,欢迎读者批评指正。

编者

1998年1月

目　录

1 基础工程

1.1 土方工程

土方工程是基础施工的重要施工过程,其工程质量和组织管理水平,直接影响基础工程乃至主体结构工程施工的正常进行。

土方工程的特点是工程量大,施工条件复杂,因此,在土方工程施工前,应根据工程及水文地质条件,以及施工所处的季节与气候条件,确定合理的施工方案。

建筑工程的基础土方工程包括场地平整、坑(槽)沟的开挖、基础土方的回填与夯实等施工过程。还有土方施工过程中的排水和土的边坡处理问题,都应遵照国家规范予以施工。

1.1.1 土的工程分类及性质

1. 土的工程分类

根据土的开挖难易程度(即硬度系数大小),土共分为 8 类,见表 1-1。北京地区施工预算定额中,将土归纳为 4 类,即:普坚土、砂砾坚土、普通岩和坚硬岩。

2. 土的工程性质

(1)土的天然密度和干密度

与土方施工有关的是土的天然密度和土的干密度。天然密度是指土在天然状态下单位体积土的质量,它与土的密实程度和含水量有关。

土的工程分类 **表1-1**

土的分类	土的级别	土 的 名 称	坚实系数 f	密度 (t/m^3)	开挖方法及工具
一类土（松软土）	Ⅰ	砂土、粉土、冲积砂土层、疏松的种植土、淤泥（泥炭）	0.5~0.6	0.6~1.5	用锹、锄头挖掘，少许用脚蹬
二类土（普通土）	Ⅱ	粉质黏土；潮湿的黄土；夹有碎石、卵石的砂；粉土混卵（碎）石；种植土、填土	0.6~0.8	1.1~1.6	用锹、锄头挖掘，少许用镐翻松
三类土（坚土）	Ⅲ	软及中等密实黏土；重粉质黏土、砾石土；干黄土、含有碎石卵石的黄土、粉质黏土；压实的填土	0.8~1.0	1.75~1.9	主要用镐，少许用锹、锄头挖掘，部分用撬棍
四类土（砂砾坚土）	Ⅳ	坚硬密实的黏性土或黄土；含碎石卵石的中等密实的黏性土或黄土；粗卵石；天然级配砂石；软泥灰岩	1.0~1.5	1.9	整个先用镐、撬棍，后用锹挖掘，部分用楔子及大锤
五类土（软石）	Ⅴ~Ⅵ	硬质黏土；中密的页岩、泥灰岩、白垩土；胶结不紧的砾岩；软石灰及贝壳石灰石	1.5~4.0	1.1~2.7	用镐或撬棍、大锤挖掘，部分使用爆破方法
六类土（次坚石）	Ⅶ~Ⅸ	泥岩、砂岩、砾岩；坚实的页岩、泥灰岩，密实的石灰岩；风化花岗岩、片麻岩及正长岩	4.0~10.0	2.2~2.9	用爆破方法开挖，部分用风镐
七类土（坚石）	Ⅹ~ⅩⅢ	大理石；辉绿岩；玢岩；粗、中粒花岗岩；坚实的白云岩、砂岩、砾岩、片麻岩、石灰岩；微风化安山岩；玄武岩	10.0~18.0	2.5~3.1	用爆破方法开挖
八类土（特坚石）	ⅩⅣ~ⅩⅥ	安山岩；玄武岩；花岗片麻岩；坚实的细粒花岗岩、闪长岩、石英岩、辉长岩、辉绿岩、玢岩、角闪岩	18.0~25.0以上	2.7~3.3	用爆破方法开挖

注：此表摘录于《建筑施工手册》。中国建筑工业出版社，2003。

土的干密度，即单位体积土中固体颗粒的质量，即土体孔隙内无水时的土的重度。因此，常用干密度作为填土压实质量的控制指标。土的最大干密度值可参考表1-2。

土的最佳含水量和干密度参考值　　　　表1-2

土的种类	变动范围	
	最佳含水量(%)(重量比)	最大干密度(g/cm³)
砂　土	8~12	1.80~1.88
粉　土	16~22	1.61~1.80
砂质粉土	9~15	1.85~2.08
粉质黏土	12~15	1.85~1.95
重粉质黏土	16~20	1.67~1.79
黏　土	19~23	1.58~1.70

(2)土的含水量

土的含水量是土中所含的水与土的固体颗粒间的质量比，以百分数表示。当土的含水量超过25%~30%时，采用机械施工就很困难，一般土的含水量超过20%就会使运土汽车打滑或陷车。回填土夯实时含水量过大则会产生橡皮土现象，使土无法夯实。回填土时，应使土的含水量处于最佳含水量的变化范围之内，详见表1-2。此外，土的含水量对土方边坡稳定性也有影响。

(3)土的可松性

自然状态下的土经挖掘后，其体积因松散而增加，以后虽经回填压实，仍不能恢复到原来的体积，这种性质称为土的可松性。

(4)土的渗透性

土的渗透性也称透水性，是指土体透过水的性能。不同的土透水性不同。

一般用渗透系数 K 作为衡量土的透水性指标。K 值表示水在土中的渗透速度,其单位是 m/s(米/秒)、m/h(米/时)或 m/d(米/昼夜)。K 值应经试验确定。表 1-3 的数值可供参考。

渗透系数参考值 **表 1-3**

土的类别	K(m/d)	土的类别	K(m/d)
黏土	<0.005	中砂	5.0~20.0
粉质黏土	0.005~0.1	均质中砂	25~50
粉土	0.1~0.5	粗砂	20~50
黄土	0.25~0.5	砾石	50~100
粉砂	0.5~1.0	卵石	100~500
细砂	1.0~1.5	漂石(无砂质充填)	500~1000

(5)松土的压缩性

松散土经压实后体积减少的性质,影响填土土方量。在核实填土工程量时,一般应按填方实际体积增加 10%~20% 的方数考虑。土的压缩率参考值见表 1-4。

土的压缩率参考值 **表 1-4**

土的类别		土的压缩率	每立方米松散土压实后的体积(m^3)
一~二类土	种植土	20%	0.80
	一般土	10%	0.90
	砂土	5%	0.95
三类土	天然湿度黄土	12%~17%	0.85
	一般土	5%	0.95
	干燥坚实土	5%~7%	0.94

1.1.2 基础土方的施工准备

(1)准备全套工程图纸和各种有关基础工程的技术资料,

进行现场实地调查与勘测。

(2)根据施工组织设计规定和现场实际条件,制定基础工程施工方案。

(3)平整场地,处理地下地上一切障碍物,完成"三通一平"。

(4)测量放线,设立控制轴线桩和水准点。

(5)如在雨期施工,应在场内设排水沟,准备排水设施和机具,阻止场外雨水流入施工场地或基坑内。如需夜间施工,应按需要数量准备照明设施,在危险地段设明显标志。

1.1.3 基坑(槽)土方的开挖

基础土方开挖,中心问题是:正确决定土方边坡和工作面尺寸;选择土壁支护设施;选择排水或降水方法;确定土方开挖方法和钎探验槽。

1. 土方边坡与土壁支撑

在建筑物基础或管沟土方施工中,对永久性或使用时间较长的临时性挖方,防止塌方的主要技术措施是放坡和坑壁支撑。

(1)土方边坡

为了保证土壁稳定,根据不同土质的物理性能、开挖深度、土的含水率,在基础土方开挖时,挖成上口大、下口小、留出一定的坡度,靠土的自稳保证土壁稳定。

土方边坡的坡度用坡高(即基础开挖深度)H 与坡宽 B 之比表示,如图 1-1。

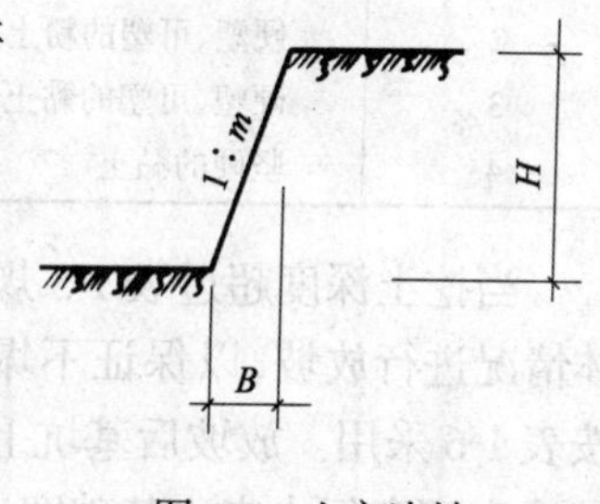

图 1-1 土方边坡

土方边坡坡度 = H/B

为表示方便，把坡的高宽比方式变为：

$$\frac{H}{B}=\frac{H/H}{B/H}=\frac{1}{B/H}=1:m \qquad (1\text{-}1)$$

式中　$m = B/H$，称坡度系数。

土方边坡的大小与土质、开挖深度，开挖方法、边坡留置时间长短、排水情况及附近堆土等有关。

土方边坡的形式有直坡式、斜坡式和踏步式，如图 1-2。

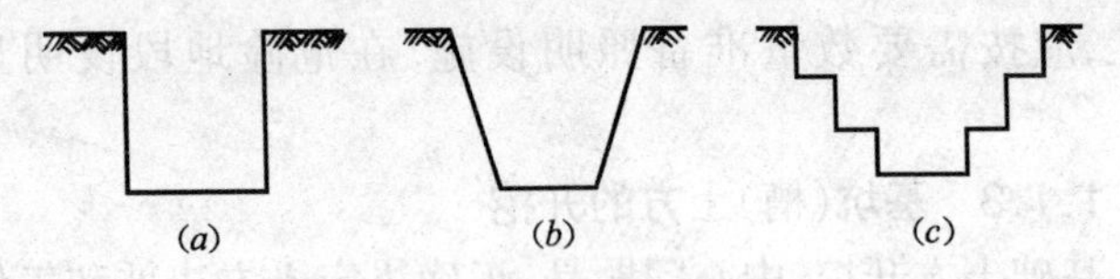

图 1-2　土方边坡形式

(*a*)直坡式；(*b*)斜坡式；(*c*)踏步式

当基础土质均匀且地下水位低于基坑或基槽底面标高时，挖方时可做成直坡式，不放坡也不设支撑，但是，挖方深度不宜超过下述规定见表 1-5。

表 1-5

项　次	土　质　情　况	挖方深度限值(m)
1	密实、中密的砂土和碎石土类	1.00
2	硬塑、可塑的粉土及粉质黏土	1.25
3	硬塑、可塑的黏土和碎石土类	1.50
4	坚硬的黏土	2.00

当挖土深度超过表 1-5 规定的深度，应根据土质和施工具体情况进行放坡，以保证不塌方。其临时性挖方的边坡值可按表 1-6 采用。放坡后基坑上口宽度由基坑底面宽度来决定，基坑底宽度每边应比基础宽出 15～30cm，以便施工操作。

临时性挖方边坡值　　　　表 1-6

土的类别		边坡值(高:宽)
砂土(不包括细砂、粉砂)		1:1.25～1:1.50
一般性黏土	硬	1:0.75～1:1.00
	硬、塑	1:1.00～1:1.25
	软	1:1.50或更缓
碎石类土	充填坚硬、硬塑黏性土	1:0.50～1:1.00
	充填砂土	1:1.00～1:1.50

注:1. 设计有要求时,应符合设计标准。
2. 如采用降水或其他加固措施,可不受本表限制,但应计算复核。
3. 开挖深度,对软土不应超过4m,对硬土不应超过8m。

当挖土时基坑较深或晾槽时间长时,为防止边坡土因失水过多而松散,或因地面水冲刷而产生溜坡现象,应根据实际条件采取护面措施,常用的坡面保护方法有:帆布或塑料膜覆盖法,坡面挂网法或挂网抹浆法,土袋压坡法等,如图1-3。

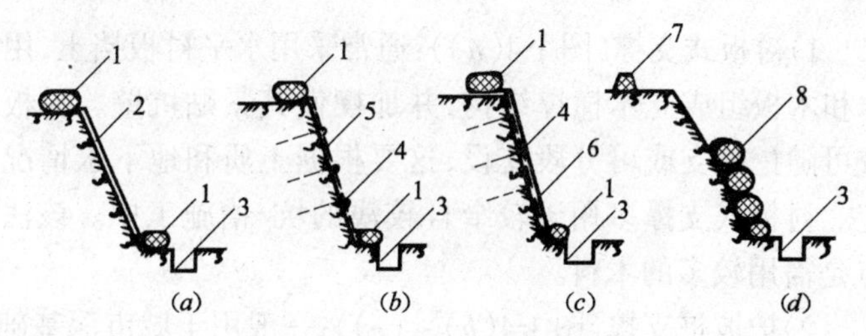

图1-3　边坡护面措施

(a)覆盖法;(b)挂网法;(c)挂网抹浆法;(d)土袋压坡法

1—压重(砌砖或土袋);2—塑料膜;3—排水沟;4—插筋;5—钢丝网;
6—钢丝网抹水泥砂浆2～3cm;7—挡水堤;8—装土草袋

(2)坑壁支撑

基坑(槽)放坡开挖往往比较经济,但在场地狭小地段施工不允许放坡时,一般可采用支撑护坡,以保证施工顺利和安全,也可减少对邻近建筑或地下设施的不利影响。

坑壁支撑的形式,应根据开挖深度、土质条件、地下水位、开挖方法、相邻建筑物或构筑物等情况进行选择和设计。目前,常用的坑壁支撑形式如图 1-4。

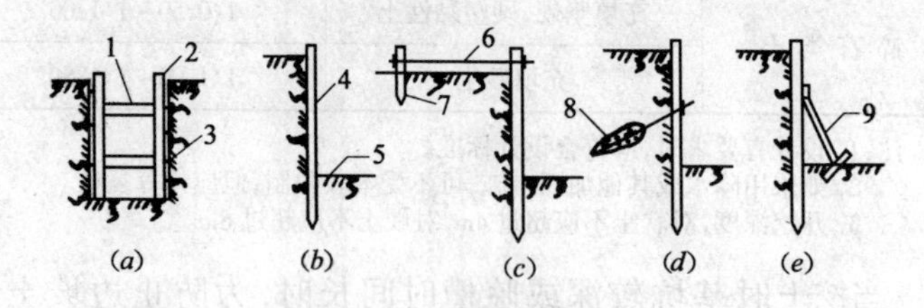

图 1-4 坑壁支撑形式

(*a*)衬板式;(*b*)悬臂式;(*c*)拉锚式;(*d*)锚杆式;(*e*)斜撑式

1—横撑;2—立木;3—衬板;4—桩;5—坑底;6—拉条;
7—锚固桩;8—锚杆;9—斜撑

1)衬板式支撑(图 1-4(*a*)):通常采用水平衬板挡土,用方木和木板组成立木横撑结构,并加楔使其紧贴坑壁。衬板设置可随挖随支或可分段支设,这要根据土质和地下水情况决定。衬板式支撑多用于较窄且较浅的坑、槽施工中。该法缺点是需用较多的木料。

2)护坡桩支撑(图 1-4(*b*)~(*e*)):一般用于城市深基础施工,大型基坑垂直下挖而不放坡。护坡桩可采用现场灌注桩或预制钢筋混凝土桩。桩的间距约 1~1.5m 左右,根据土质考虑决定。挡土桩的锚固方式取决于基坑深度即挡土的高度,当挡土高度在 3~5m 时,宜取悬臂桩式,桩尖入土深度约为挡土高的1/2～1/3，靠桩入土嵌固部分抵抗坑边土方对桩的压力。如基坑较深、挡土高度较大时，只靠桩入土部分抵抗土方压力不能满足要求，需要在桩顶设拉锚或用斜撑支顶。如果基坑深度超过10m时，则需在桩的中间部位用锚杆将桩固定。锚杆可用钻孔灌注混凝土制成。但无论哪种挡土桩都会增加基础工程造价。此外，还可以选用钢桩和钢板桩。

采用护坡桩施工的程序是：先按挖土区尺寸放线定位，然后打入预制钢筋混凝土桩（或钻孔灌注桩），待桩打完或灌注桩达到要求强度后，再进行土方开挖。

2. 基坑排水与降水

在地下水位以下开挖基坑（槽）时，要排除地下水和基坑中的积水，保证挖方在较干状态下进行。一般工程的基础施工中，多采用明沟集水井抽水、井点降水或二者相结合的办法排除地下水。

(1)基坑明沟排水法

明沟排水法也称集水井抽水法。当基坑开挖遇到地下水和地表水（雨水）时，在基坑内随同挖方一起设置排水沟，其截面不小于0.2m×0.5m，沟底低于挖土面0.5m以上，并向集水井方向保持2%～5%的纵坡。每隔30～40m设集水井，集水井直径不小于0.8m，井底低于排水沟底0.7～1m。排水沟和集水井是随挖土逐层加深，挖至设计标高后，井底应低于基坑底1～2m。集水井应围设木板、铁笼、混凝土滤水管等滤水设施，井底铺设30cm左右的滤料（碎石、粗砂），防止抽走井底土粒。

明沟排水的抽水设备有潜水泥浆泵、活塞泵、离心泵或膈膜泵等。明沟排水法如图1-5。

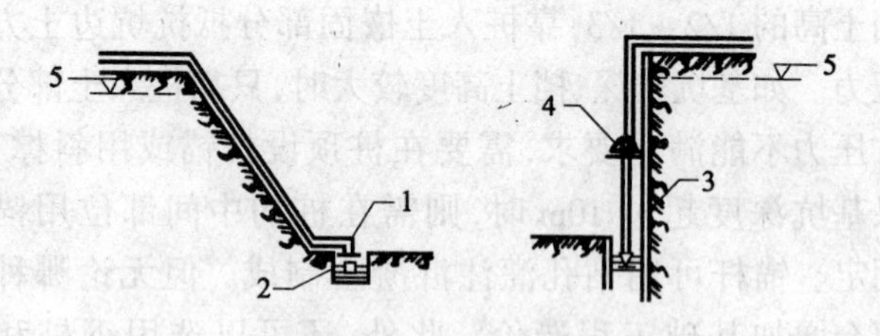

图 1-5　明沟排水法

1—水泵;2—集水井;3—板桩;4—水泵;5—地下水位

(2)井点降水法

当基坑开挖深度较大、地下水位较高、土质较差(如细砂、粉砂等)的情况下,要考虑用井点降水法施工。

井点降水法系统做法是在基坑开挖前,先在基坑四周埋设一定数量的井点管和滤水管,挖方前和挖方过程中利用抽水设备,通过井点管抽出地下水,使地下水位降至坑底以下,避免产生坑内涌水、塌方和坑底隆起现象,保证土方开挖正常进行。

目前国内有轻型井点、喷射井点、管井井点、电渗井点及深井泵井点等。施工时根据含水层类别、渗透系数、要求降水的深度以及工程特点等,通过技术经济比较,选择适当的井点设备。各类井点的适用范围见表 1-7。

各类井点的适用范围　　表 1-7

项　次	井 点 类 别	土层渗透系数(m/d)	降低水位深(m)
1	单层轻型井点	0.1~50	3~6
2	多层轻型井点	0.1~50	6~12(由井点层数定)
3	喷射井点	0.1~50	8~20
4	管井井点	20~200	3~5
5	电渗井点	<0.1	根据选用的井点定
6	深井井点	10~250	>15

采用井点降水时，应考虑对在降水影响范围内原有建筑或构筑物的影响，如可能产生附加沉降或水平位移，必要时应做好沉降观测和采取防护措施。

井点降水施工方案的主要内容包括：井点平面布置图和高程布置图；井点结构和地面排水管路图；井点降水深度要求和降水干扰计算书；抽水设备规格、数量以及电源等。

1)轻型井点降水

轻型井点设备是由管路系统和抽水设备组成。管路系统见图1-6，包括滤管、井点管、弯联管及总管等。

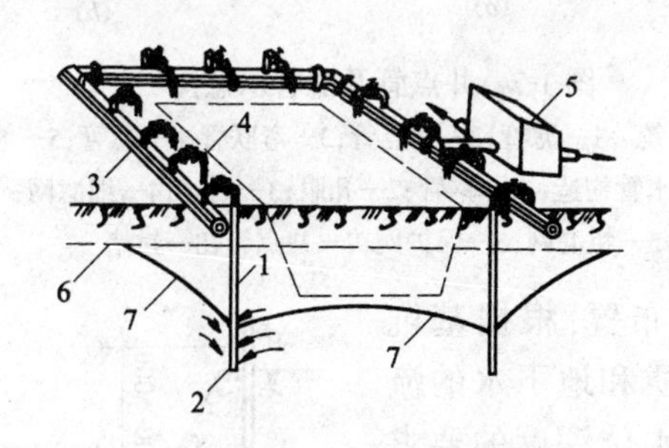

图1-6 轻型井点布置示意图

1—井点管；2—滤管；3—总管；4—弯联管；5—水泵房；6—原地下水位；7—降水后的水位线

(*a*)井点设备：滤管是井点设备的重要部分，构造合理与否对抽水效果影响很大。滤管与井点管直径相同宜为38~50mm，其长度为1~1.5m，管壁有直径为13~19mm的钻孔，外包两层滤网，以防土粒随地下水被抽掉。单井点管和滤管示意见图1-7。

井点管为38~50mm直径的钢管，总管用直径为100~127mm的钢管。

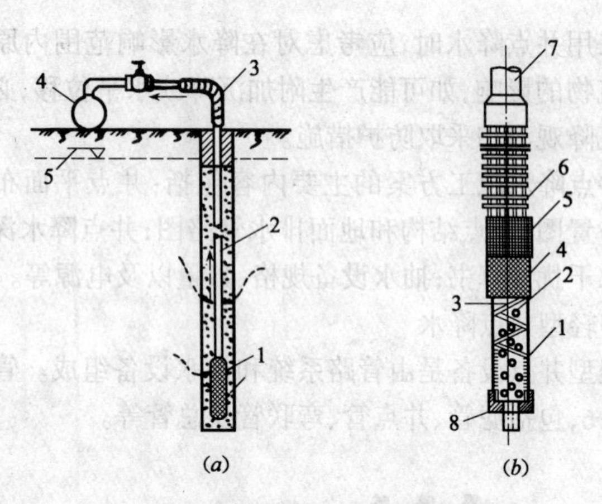

图 1-7　井点管及滤管示意图

(*a*)井点管路系统　1—滤管;2—井点管;3—弯联管;4—总管;5—地下水位

(*b*)滤水管构造　1—钢管;2—孔眼;3—钢丝;4—细滤网;5—粗滤网;6—保护网;7—井点管;8—封堵

(*b*)井点布置:根据基坑平面尺寸、土质和地下水的流向,以及降低水位深度的要求而定。当降水深度不超过 5m 时,可采用单排线状或环形井点布置,井点管应距基坑壁 1~1.5m,以防井点系统漏气。当降水深度超过 5m,应采用二级井点排水,见图 1-8。

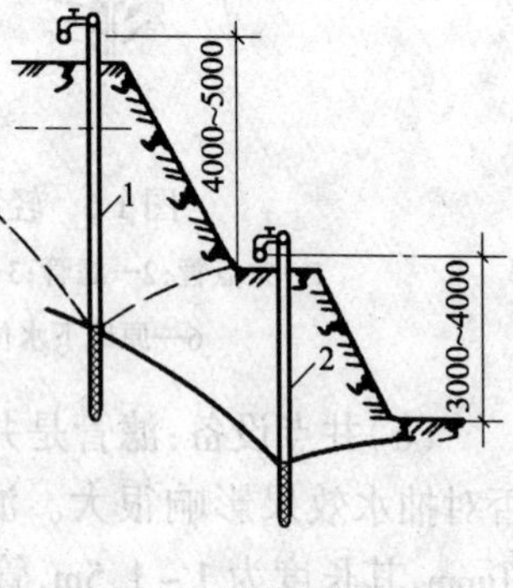

图 1-8　二级轻型井点

1—第一级井点管;2—第二级井点管

井点管下端的滤管,必须埋入透水层内。

(*c*)井点管的埋设:可直接将井点管用高压水冲下沉,或用冲水管冲孔或钻孔后,再将井点管沉入孔中,也可用带套管的水冲法或振动水冲法下沉。埋设井管的孔径一般为300mm,埋管时井点管与孔壁间、底部用粗砂填实以利滤水,孔的顶部用黏土填塞严密,以防漏气。

(d)井点涌水量计算:由于影响参数比较复杂,井点涌水量计算难以准确,多系近似值。计算后据此计算井点管数和间距。

无压完整(全)环形井点的涌水量:

$$Q = 1.366K\frac{(2H - s)s}{\lg R - \lg x_0} \tag{1-2}$$

式中 Q——井点系统总涌水量(m^3/d);

K——土的渗透系数(m/d);

H——含水层厚度(m);

R——抽水影响半径(m);

s——水位降低值(m);

x_0——基坑假想半径(m),$X_0 = \sqrt{\frac{F}{\pi}}$;

F——基坑的平面面积(m^2)。

式中有关参数关系如图1-9。

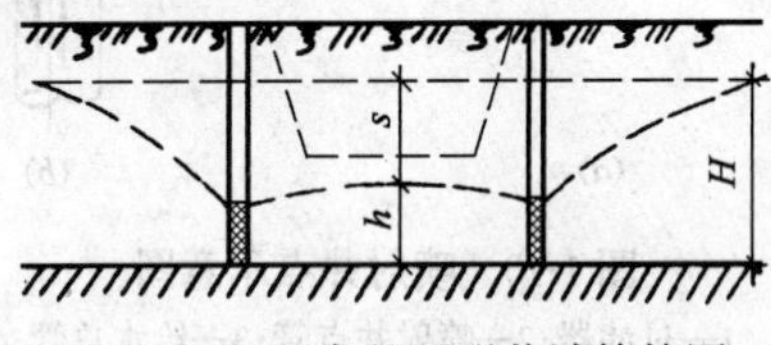

图1-9 无压完整环形井计算简图

2)喷射井点

当基坑开挖较深,在采用多级轻型井点不经济时,可采用喷射井点,其降水深度可达到8~20m。

喷射井点设备由喷射井管、高压水泵及进水排水管路组成如图 1-10(a)。喷射井管由内管和外管组成,在内管下端设有扬水器与滤管相连如图 1-10(b)。高压水经外管与内管之间的环形空隙,通过扬水器侧孔流向喷嘴,因喷嘴处截面突然缩小,压力水经喷嘴高速喷入混合室该室压力下降形成一定的真空。这时地下水被吸入混合室与高压水汇合,经扩散管由内管排出。每套喷射井点宜控制在 30 根为好。

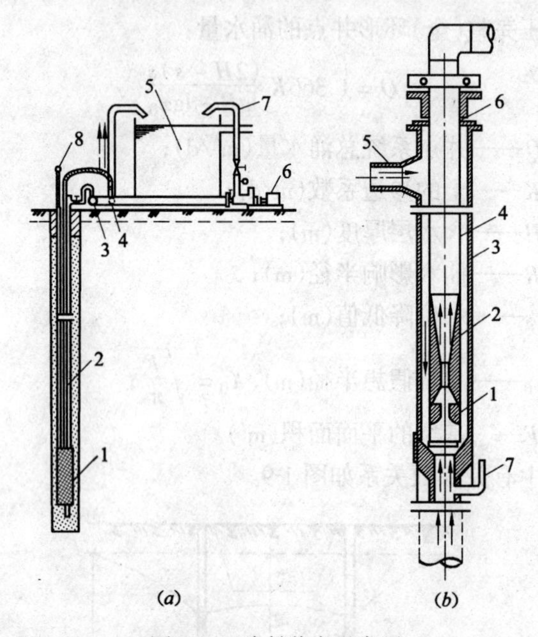

图 1-10 喷射井点示意图

(a)工作原理 1—过滤器;2—喷射井点管;3—给水总管;4—排水总管;5—循环水箱;6—高压水泵;7—调压水管;8—测真空管

(b)构造图 1—喷嘴;2—混合室;3—外管;4—内管;5—进水管;6—封闭;7—测真空管

(3)降水与排水施工的质量验收标准应符合表 1-8 的规定。

降水与排水施工质量检验标准　表 1-8

序	检 查 项 目	允许值或允许偏差		检 查 方 法
		单 位	数 值	
1	排水沟坡度	‰	1~2	目测:坑内不积水,沟内排水畅通
2	井管(点)垂直度	%	1	插管时目测
3	井管(点)间距(与设计相比)	mm	≤150	用钢尺量
4	井管(点)插入深度(与设计相比)	mm	≤200	水准仪
5	过滤砂砾料填灌(与计算值相比)	mm	≤5	检查回填料用量
6	井点真空度:轻型井点 喷射井点	kPa kPa	>60 >93	真空度表 真空度表
7	电渗井点阴阳极距离:轻型井点 喷射井点	mm mm	80~100 120~150	用钢尺量 用钢尺量

3. 基础土方的开挖

基础土方的开挖方法分两类,人工挖方和机械挖方。

(1)人工挖方及注意事项

人工挖方一般多用于住宅建筑槽深在 2.5m 以内和其他建筑槽宽在 3m 以内的条形基础,以及在 500m^3 土方量以内的构筑物基础。或无法使用及无条件使用机械的基础土方工程。人工挖方的方法和施工要求如下所述。

1)基槽土方开挖,应自上而下分步分层下挖,每步开挖深度约 30cm,每层深度以 60cm 为宜,从开挖端逆向倒退按踏步型挖掘。每人应留足工作面,避免相互碰撞出现安全事故。

2)所挖土方应两侧出土,抛于槽边的土方距槽边 1m、高度 1m 为宜。

3)挖至距槽底 50cm 左右时,测量放线人员应配合抄出距槽底 50cm 平线,沿槽边相距 2~3m 钉水平标高木橛。最后应修边坡清槽底并铲平。

4)冬、雨期挖方,两期(也包括晾槽时间长)可在槽底标高以上保留 15 ~ 30cm 不挖,待下道工序开始前再挖。冬期挖方每天下班前应挖一步虚土并盖草帘保温,尤其挖到槽底标高后,基土不准受冻。

5)挖土发现文物古墓时,应妥善保护并报有关部门处理后,方可继续施工。在埋有电缆地段挖方,应有电缆主管部门代表在场。

(2)机械挖方

一般建筑的地下室、半地下室土方,基槽深度超过 2.5m 的住宅工程,条形基础槽宽超过 3m 或土方量超过 500m^3 的其他工程,宜采用机械挖方。

1)正铲挖掘机挖土。用于开挖停机面以上的土方工程。它挖掘力大,生产效率高,可以直接开挖 1 ~ 4 类土和经爆破的岩石、冻土。正铲工作面高度应不小于 1.5m,以保证切土装满土斗。它可以用于地质良好或经降水的大型基坑土方开挖。

正铲挖掘机的基本作业方法:

(*a*)侧向卸土法:正铲挖掘机前进方向挖土(正向挖土),侧向卸土(俗称的侧向开挖法)如图 1-11(*a*)运输工具停在挖掘机的侧旁。

(*b*)后方卸土法:正向开挖,后方卸土(俗称正面开挖法)如图 1-11(*b*)所示。即挖掘机沿前进方向挖土运输工具停在挖掘机后的两侧装土。

(*c*)分层开挖法:根据挖掘机的有效挖掘高度,将工作面分层开挖,如工作面高度不等于一次开挖深度的整倍数时,则可在基坑的中间或边缘先掘出一条浅槽作汽车运输线路,然后逐层下挖至基坑底,如图 1-12 所示。此法适合挖掘大型基坑的土方。

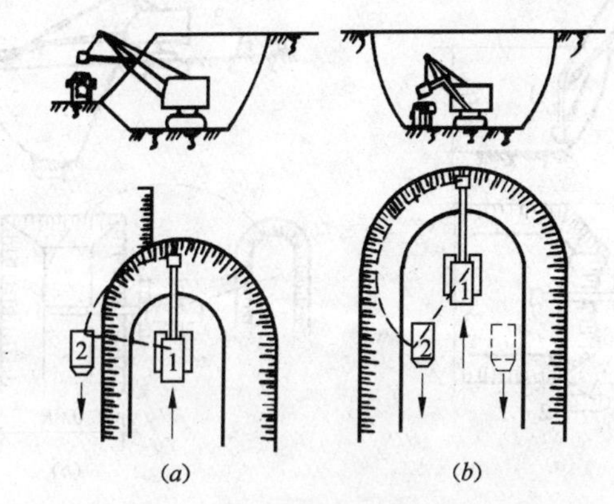

图 1-11　正铲挖掘机作业方式

(a)侧向卸土;(b)后方卸土

1—挖掘机;2—汽车

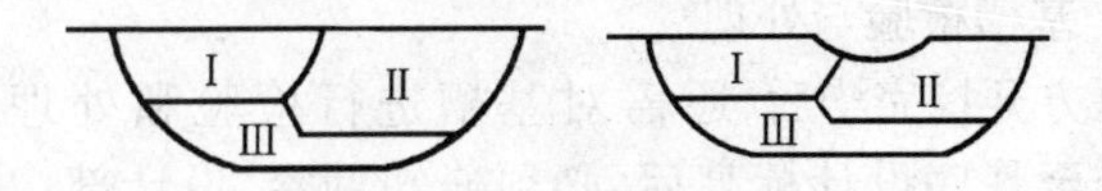

图 1-12　分层开挖法

注:Ⅰ、Ⅱ、Ⅲ表示分层通道数。

2)反铲挖掘机挖土:反铲挖掘机用于开挖停机面以下的土方,其挖掘力比正铲小,且机械磨损较大,操作较费力。一般用于深度在 4m 以内的砂土或黏土的基槽和管沟土方开挖作业。

反铲挖掘机的基本作业法:

(a)沟端开挖法(图 1-13(a)):挖掘机停在基槽的一端,向后倒退挖土,汽车停在基槽两侧装土,也可在槽边堆土。

(b)沟侧开挖法(图 1-13(b)):挖掘机沿基槽一侧直线移动开挖,弃土距沟槽较远,能充分利用槽边堆土面积。

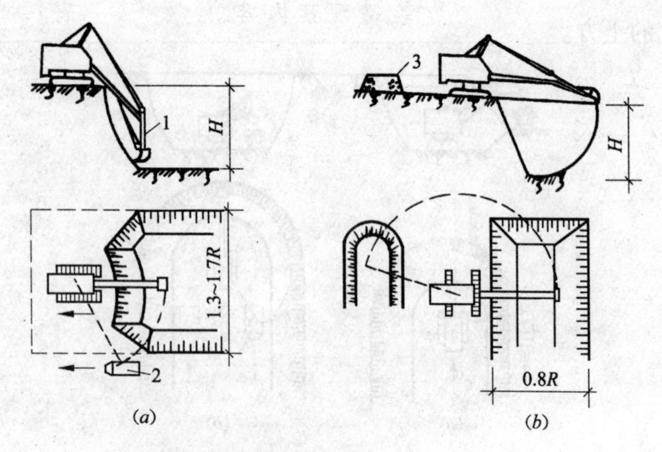

图 1-13　反铲挖掘机开挖作业法

(a)沟端开挖;(b)沟侧开挖

1—反铲挖掘机;2—汽车;3—弃土堆

4. 基槽检验与处理

土方开挖完毕后,还需对基槽进行检验和处理。基槽(坑)挖至基底设计标高后,必须通知勘察、设计部门会同验槽,经处理合格后签证,再进行基础工程施工。这是确保工程质量的关键程序之一。验槽目的在于检查地基是否与勘察设计资料相符合。

验槽主要以施工经验观察为主,而对于基底以下的土层不可见部位,要辅以钎探、夯音配合共同完成。

(1)观察验槽

主要观察基槽基底和侧壁土质情况,土层构成及其走向,是否有异常现象,以判断地基土层是否达到设计要求,如表 1-9。

(2)钎探

对基槽底以下 2~3 倍基础宽度的深度范围内,土的变化和分布情况,以及是否有空穴或软弱土层,需要用钎探明。

验槽观察内容　　表1-9

观察项目		观察内容
槽壁土层		土层分布情况及走向
重点部位		柱基、墙角、承重墙下及其他受力较大部位
整个槽底	槽底土质	是否挖到老土层上(地基持力层)
	土的颜色	是否均匀一致,有无异常过干过湿
	土的软硬	是否软硬一致
	土的虚实	有无振颤现象,有无空穴声音

钎探方法,将一定长度的钢钎打入槽底以下的土层内,根据每打入一定深度的锤击次数,间接地判断地基土质的情况。打钎分人工和机械两种方法。

人工打钎时,钎径为22~25mm,钎尖为60°尖锥状,钎长为1.8~2.0m。打钎用的锤重为8~10磅,举锤高度约50~70cm。用打钎机打钎时,其锤重约10kg,锤的落距为50cm,钢钎为ϕ25长1.8m。

打钎时,每贯入30cm,记录锤击数一次,并填入规定的表格中。一般每钎分五步打(每步为30cm),钎顶留50cm,以便拔出。钎探点的记录编号应与注有轴线号的打钎平面图相符。

钎孔布置和钎探记录的分析,钎孔布置形式和孔的间距,应根据基槽形状和宽度以及土质情况决定,对于土质变化不太复杂的天然地基,钎孔布置可参考表1-10所列方式。对于软弱土层和新近沉积的黏性土以及人工杂填土,钎孔间距不应大于1.5m。打钎完成后,要从上而下逐步分层分析钎探记录,再横向分析钎孔相互之间的锤击次数,将锤击数过多或过少的钎孔,在打钎图上加以圈定,以备到现场重点检查。钎探后的孔要用砂灌实。

钎 孔 布 置　　　　表 1-10

槽 宽 (cm)	排 列 方 式	钎探深度 (m)	钎探间距 (m)
80~100	中 心 一 排	1.5	1.5
100~200	两排错开 1/2 钎孔间距,距槽边 20cm	1.5	
200 以上	梅 花 形	1.5	1.5

(3)地基局部处理

验槽和钎探发现局部异常的地基上,探明原因和范围后,由工程设计负责人作出处理方案,由施工单位进行处理。局部处理方法的原则是使所有地基土的硬度一致,即使其压缩量一致,避免使建筑物产生不均匀沉降。处理方法可概括为"挖、填、换"三个字。

1)松土坑(填土、墓穴、淤泥)的处理:一般应挖除松软土部分,直至见到天然土为止,然后用与坑底的天然地基土压缩性相近的土夯填,用不同比例的灰土、素土回填夯实。

如遇地下水位较高时,或因坑内积水无法夯实时,可用砂石料或混凝土取代灰土回填。如遇松土坑较深,需将基础落深时,应做 1:2 的踏步与两端的基坑相接。要求踏步每步高不大于 0.5m,踏步长不小于 1m,以分散由于施工缝造成过分集中一处的应力。当松软土坑很深如超过 1.5m 或大于槽宽时,除按上述方法处理外,还应从基础结构考虑局部加强措施,以抵抗因局部下降增加而产生的剪应力。

2)砖井或土井的处理:当遇到井在基坑(槽)中间,井内填土已较密实,则应将井的砖圈拆除至槽底以下 1m 或再多些,然后用 2:8 或 3:7 灰土分层夯填至槽底。井的直径大于 1.5m

时，则应适当考虑加强上部结构的强度，例如，在墙内加筋或做地基梁跨越砖井。井在基础转角处，除上述处理外，还应对基础加强，如加钢筋混凝土过梁或挑梁等。

井内有地下水时，则一律用中砂、粗砂、卵石、块石或碎砖等填实至地下水位以上 0.5m 后，再用前述砖井处理方法处理。

3)“橡皮土”的处理：遇黏性的地基土，且含水量很大趋于饱和时，夯拍后有颤动现象，再无法夯实，俗称为“橡皮土”。可采取晾槽或掺白灰粉(石灰)降低其含水量的办法，进行夯实。若地基土已经发生颤动，则应将“橡皮土”挖除，填入砂或级配砂石。或用碎石将软土挤密亦可。

4)土方的开挖工程质量检验标准应符合表 1-11 的规定。

土方开挖工程质量检验标准(mm)　　表 1-11

项	序	项 目	允许偏差或允许值					检 验 方 法
			柱基基坑基槽	挖方场地平整		管沟	地(路)面基层	
				人工	机械			
主控项目	1	标 高	-50	±30	±50	-50	-50	水准仪
	2	长度、宽度(由设计中心线向两边量)	+200 -50	+300 -100	+500 -150	+100	—	经纬仪，用钢尺量
	3	边 坡	设 计 要 求					观察或用坡度尺检查
一般项目	1	表面平整度	20	20	50	20	20	用 2m 靠尺和楔形塞尺检查
	2	基底土性	设 计 要 求					观察或土样分析

注：地(路)面基层的偏差只适用于直接在挖、填方上做地(路)面的基层。

1.1.4 土方回填与压实

建筑中的填土，主要是基础沟槽的回填土和房心土的回填。

1. 土料的选择和填筑方法

为了保证填土工程的质量，施工时必须根据填方要求，合理的选择土料和填筑方法。

填方土料为黏性土时，填土前应检验其含水量，含水量大的不宜做填土用；淤泥、冻土、膨胀性土及有机物质含量大于8%的土，以及硫酸盐含量大于5%的土都不能用来填土。

填方施工应按水平分层填土、分层压实。每层的厚度根据土的种类及选用的压实机械而定。应分层检查填土压实质量，符合设计要求后，才能填筑上层。

填方中采用两种透水性不同的填土时，应分层填筑，上层宜填筑透水性较小的填料，下层填筑透水性大的填料。各种土不得混杂使用。

2. 填土压实方法

填土压实方法有碾压法、夯实法及振动压实法。

平整场地等大面积填土工程多采用碾压法。小面积的填土多用夯实法或振动压实法。

碾压法是利用机械滚轮的压力压实土壤，使其达到所需的密实度。常用的碾压机械有平碾及羊足碾等。

夯实法是利用夯锤自由下落的冲击力来夯实土壤，主要用于小面积回填土。

振动压实法，是将振动压实机放在土层表面，借助于机械振动使土达到紧密状态。

在填土施工中，土的含水量对土的压实质量有很大的影响。只有当土的含水量适当时，土颗粒之间的摩阻力由于水的润滑作用而减小，土才易被压实。使填土压实获得最大密实度时的土的含水量，称为土的最优含水量。土的最优含水量用击实试验确定。工地检验方法是用手将土料紧握成团，两指轻捏即碎为宜。如土料含水过多，可采用翻松、晾晒、均匀掺入干土(或吸水性填料)等措施；如含水量不足，可采用预先洒水润湿、增加压遍数或使用大功能压实机械等措施。对填土每层铺土厚度和压实遍数，则应根据土质、压实的密实度要求和压实机械性能确定，或按表1-12选用。

填方每层的铺土厚度和压遍数　　表1-12

压实机具	分层厚度(mm)	每层压实遍数
平　碾	250~300	6~8
振动压实机	250~350	3~4
柴油打夯机	200~250	3~4
人工打夯	<200	3~4

3．填方施工结束后，应检查标高、边坡坡度、压实程度等，检验标准应符合表1-13的规定。

填土工程质量检验标准(mm)　　表1-13

项	序	检查项目	允许偏差或允许值					检查方法
			柱基基坑基槽	挖地平整		管沟	地(路)面基础层	
				人工	机械			
主控项目	1	标　高	-50	±30	±50	-50	-50	水准仪
	2	分层压实系数	设计要求					按规定方法
一般项目	1	回填土料	设计要求					取样检查或直观鉴别
	2	分层厚度及含水量	设计要求					水准仪及抽样检查
	3	表面平整度	20	20	30	20	20	用靠尺或水准仪

1.1.5 土方的季节性施工

由于土容易受水的影响,雨期土方施工时,土方工程的质量和施工安全将受到严重影响。如土方在冬期施工,低温会使含水的土体冻结,从而破坏土体结构和使土体膨胀,挖方和填方均不能正常地进行。尤其对基坑地基土的冻结,由于冻胀作用土体遭到破坏,如果基础做在冻土上,会加大地基土沉降量,危及基础结构的安全。所以,要根据土方工程的这种特性,组织土方工程施工,制定相应的保证质量、安全措施。

1. 土方工程雨期施工

土方工程施工应尽可能避开雨期,或安排在雨期之前,也可安排在雨期之后进行。对于无法避开雨期的土方工程,应做好如下主要的措施。

(1)大型基坑或施工周期长的地下工程,应先在基础边坡四周做好截水沟、挡水堤,防止场内雨水灌槽。

(2)一般挖槽要根据土的种类、性质、湿度和挖槽深度,按照安全规程放坡,挖土过程中加强对边坡和支撑的检查。必要时放缓边坡或加设支撑,以保证边坡的稳定。

雨期施工,土方开挖面不宜过大,应逐段、逐片分期完成。

(3)挖出的土方应集中运至场外,以避免场内积水或造成塌方。留作回填土的应集中堆置于槽边3m以外。机械在槽外侧行驶应距槽边5m以外,手推车运输应距槽1m以外。

(4)回填土时,应先排除槽内积水,然后方可填土夯实。雨期进行灰土基础垫层施工时,应做到“四随”(即随筛、随拌、随运、随打),如未经夯实而淋雨时,应挖出重做。在雨季施工期间,当天所下的灰土必须当日打完,槽内不准留有虚土。应尽快完成基础垫层。

2. 土方工程冬期施工

土方工程不宜在冬期施工,以免增加工程造价。如必须在冬期施工,其施工方法应经过技术经济比较后确定。施工前应周密计划、充分准备,做到连续施工。

(1)凡冬期施工期间新开工程,可根据地下水位、地质情况,尽先采用预制混凝土桩或钻孔灌注桩,并及早落实施工条件,进行变更设计洽商,以减少大量的土方开挖工程。

(2)冬期施工期间,原则上尽量不开挖冻土。如必须在冬期开挖基础土方,应预先采取防冻措施,即沿槽两侧各加宽30~40cm的范围内,于冻结前,用保温材料覆盖或将表面不小于30cm厚的土层翻松。此外,也可以采用机械开冻土法或白灰(石灰)开冻法。

(3)开挖基坑(槽)或管沟时,必须防止基土遭受冻结。如基坑(槽)开挖完毕至垫层和基础施工之间有间歇时间,应在基底的标高之上留适当厚度的松土或保温材料覆盖。

冬期开挖土方时,如可能引起邻近建筑物(或构筑物)的地基或地下设施产生冻结破坏时,应预先采取防冻措施。

(4)冬期施工基础应及时回填,并用土覆盖表面免遭冻结。用于房心回填的土应采取保温防冻措施。不允许在冻土层上做地面垫层,防止地面的下沉或裂缝。

为保证回填土的密实度,规范规定:室外的基坑(槽)或管沟,允许用含有冻土块的土回填,但冻土块的体积不得超过填土总体积的15%;管沟底至管顶50cm范围内,不得用含有冻土块的土回填;室内的基坑(槽)或管沟不得用含有冻块的土回填,以防常温后发生沉陷。

(5)灰土应尽量错开严冬季节施工,灰土不准许受冻,如必须在严冬期打灰土时,要做到随拌、随打、随盖。一般当气温低于-10℃时,灰土不宜施工。

1.2 桩 基 工 程

建造荷载较大的厂房或建筑物时,如遇到地基的软弱土层很厚,采用浅埋基础不能满足变形要求,而做其他人工地基没有条件或不经济时,常采用桩基础。桩基的作用是将建筑物的荷载通过桩身传给软土层以下的坚土层,或靠桩的表面和土的摩擦力传给基土,前者称为端承桩,后者称为摩擦桩,如图 1-14。

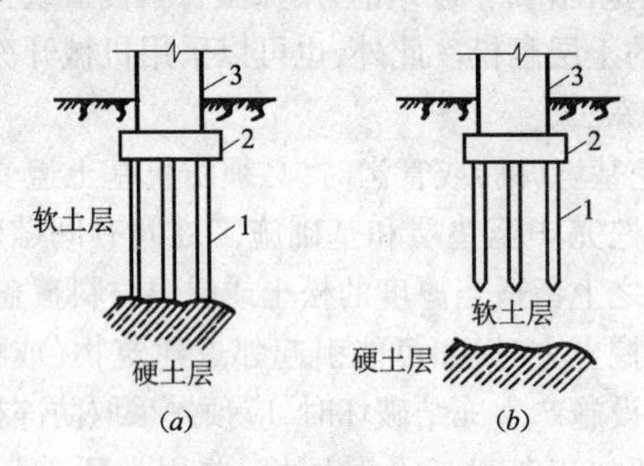

图 1-14 桩基础示意图

(a)端承桩;(b)摩擦桩

1—桩;2—承台;3—上部结构

端承桩适用于表层软弱土层不太厚,而下部为坚硬土层的情况。摩擦桩适用于软弱土层较厚,其下部有中等压缩性土层,而坚硬土层距地表很深的情况。

桩基通常由若干根单桩组成整体,桩身全部或部分沉入土中,桩顶部由承台联成整体,再在承台梁上修筑建筑物。

按照桩的施工工艺不同,分为以下几种类型:

(1)钢筋混凝土预制桩

这种桩在构件厂或施工现场预制，然后用打桩机打入土层中。预制钢筋混凝土桩的截面尺寸不小于200mm×200mm，一般为250mm×250mm，300mm×300mm和350mm×350mm，桩长一般不超过12m。

(2)混凝土现场灌注桩

混凝土灌注桩是利用不同机械在地面上钻(或冲)孔，然后就地灌注混凝土而成。常用的方法有钻孔灌注法、套管灌注法、钻扩灌注法和人工挖孔法等。

混凝土灌注桩是圆形截面，截面直径一般为270~400mm，最大达到600mm。扩大桩头的直径约为800~1200mm。桩长一般为12m左右，最长到20m。

1.2.1 桩基施工准备

桩基施工前应做好室内外的必要准备，虽然桩的施工方法不同，但准备工作却基本一致。

1. 图纸资料的准备

需准备的图纸主要包括：

(1)基础工程施工图(包括桩基和其他形式的基础)。

(2)建筑物基础的工程地质资料。

(3)建筑施工现场和邻近区域内的情况调查资料。

(4)桩基施工机械及配套设备的技术性能资料；有关桩的荷载试验资料。

(5)桩基工程施工技术措施。

2. 桩基工程施工技术措施的内容

(1)打桩施工平面图，其中要标明桩位、编号、施工顺序、水电线路及临时设施。

(2)确定打桩或成孔机械、配套设备，以及施工工艺的有关资料。

(3)施工作业计划和劳动组织计划,机械设备、备(配)件、工具和材料供应计划。

(4)主要机械的试运转、试打或试钻、试灌注的计划。

(5)保证工程质量、安全生产和季节性施工的技术措施。

3. 打桩施工现场的准备

(1)做好场地平整工作,对于不利于施工机械运行的松软场地进行处理。雨期施工时,应有排水措施。

(2)复核测量基线、水准基点及桩位。

(3)桩基正式施工前应作打桩或成孔试验,检查设备和工艺是否符合要求,数量不得少于2根。

(4)在建筑旧址或杂填土地区施工时,预先应进行钎探,并将探明在桩位处的旧基础、石块、废铁等障碍物挖除,或采取其他处理措施。

(5)基础施工用的临时设施,开工前必须就绪。

1.2.2 钢筋混凝土预制桩施工

1. 预制钢筋混凝土桩的施工工艺

预制钢筋混凝土桩的施工,可以选用不同的锤型(如落锤、蒸汽锤、柴油锤和振动锤),现举柴油锤为例介绍打桩工艺如下。

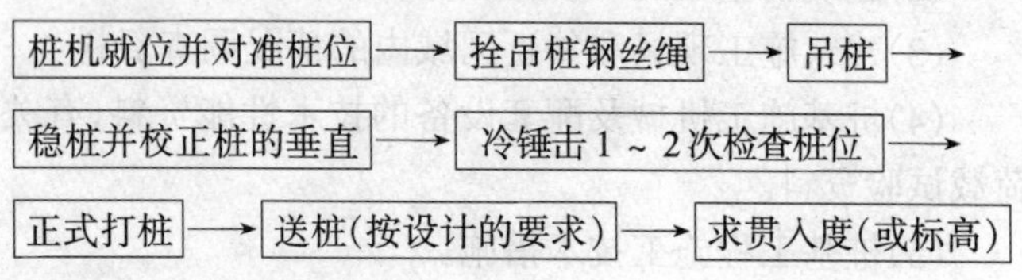

2. 桩锤的选择

打桩时,要根据桩的尺寸和要求,选择适当的桩锤和桩架。目前,用得较多的柴油锤打桩机,多由履带式起重机架与钢管桅杆组合而成,配备不同的锤头。选择打桩机主要是锤型和锤重的选定。一般根据桩的规格按经验选锤头,可参考表1-14。

选择锤重参考 表 1-14

锤型			蒸汽锤(单动)(10kN)			柴油锤（10kN）				
			3~4	7	10	1.8	2.5	3.2	4	7
锤型资料	冲击部分重(10kN)		3~4	5.5	9	1.8	2.5	3.2	4.6	7.2
	锤总重(10kN)		3.5~4.5	6.7	11	4.2	6.5	7.2	9.6	18
锤冲击力(10kN)			~20	~300	350~400	~200	180~200	300~400	400~500	600~1000
常用冲程(m)			0.6~0.8	0.5~0.7	0.4~0.6	1.8~2.3				
适用的桩规格	预制方桩、管桩的边长或直径(mm)		350~450	400~450	400~500	300~400	350~450	400~450	450~550	550~600
	钢管桩直径(mm)						ϕ400		ϕ600	ϕ900
黏性土	一般进入深度(m)		1~2	1.5~2.5	2~3	1~2	1.5~2.5	2~3	2.5~3.5	2~5
	桩尖可达到静力触探 ρ_s 平均值(0.1N/mm²)		30	40	50	30	40	50	>50	>50
砂土	一般进入深度(m)		0.5~1	1~1.5	1.5~2	0.5~1	0.5~1	1~2	1.5~2.5	2~3
	桩尖可达到标准贯入度击数 N 值		15~25	20~30	30~40	15~25	20~30	30~40	40~45	50
岩石(软质)	桩尖可进入深度(m)	强风化		0.5	0.5~1		0.5	0.5~1	1~2	2~3
		中等风化			表层			表层	0.51	1~2
锤的常用控制贯入度(mm/10击)				30~50			20~30		30~50	10~80
设计单桩极限承载力(10kN)			60~140	150~300	250~400	40~120	80~160	160~200	300~500	500~1000

注：1. 适用于预制桩长 20~40m、钢管桩长 40~60m，且桩尖进入硬土层一定深度，不适用于桩尖处于软土层情况。
2. 标准贯入击数 N 值为未修正的数值。
3. 本表只供参考，不作为设计确定贯入度和承载力的依据。

3. 定桩位和确定打桩顺序

(1)定桩位:应根据基础施工图确定桩基础轴线,并将桩位测设到地面上,桩位可用石灰点或钉桩标出。

(2)打桩的顺序:预制桩打入土层时,都会挤压周围的土,一方面能使土体密实,但同时在桩距较近时会使桩相互影响。或造成后打的桩下沉困难。或后打的桩挤压先打的桩使其"上飘"或偏移。所以群桩施工必须按一定顺序进行。

打桩顺序要考虑群桩在平面上的密集程度,以及对桩周围土的挤压的均匀性。根据不同情况可采用三种顺序:自中间向两翼对称地进行;自中间向四周展开进行;由一端向另一端逐排打设。

此外,确定打桩顺序还应考虑桩的设计标高,原则上应先深后浅以利于长桩的打设,或者说按桩的规格应先长后短循序打设。

4. 预制钢筋混凝土桩打设

(1)定锤吊桩:打桩机就位后,先将桩锤和桩帽吊升起来,其高度应超过桩顶,并固定在桩架上,以便开始吊立桩身,待桩吊至垂直状态后送入龙门导杆内。

吊桩时应合理选择吊点,吊点数和位置与桩的规格长短有关,吊点应符合设计要求和起吊弯矩最小的原则(图1-15)。

起吊时桩下端用溜绳稳住,以免碰撞机械。

立桩要对准桩位、调整垂直,桩的垂直偏差不得超过0.5%。然后固定桩帽和桩锤,确保桩、桩帽和锤在同一垂线上,使桩能顺利地垂直下沉。桩锤和桩帽之间应加弹性衬垫,桩帽与柱顶四周间留5~10mm的间隙,以防损伤桩顶。

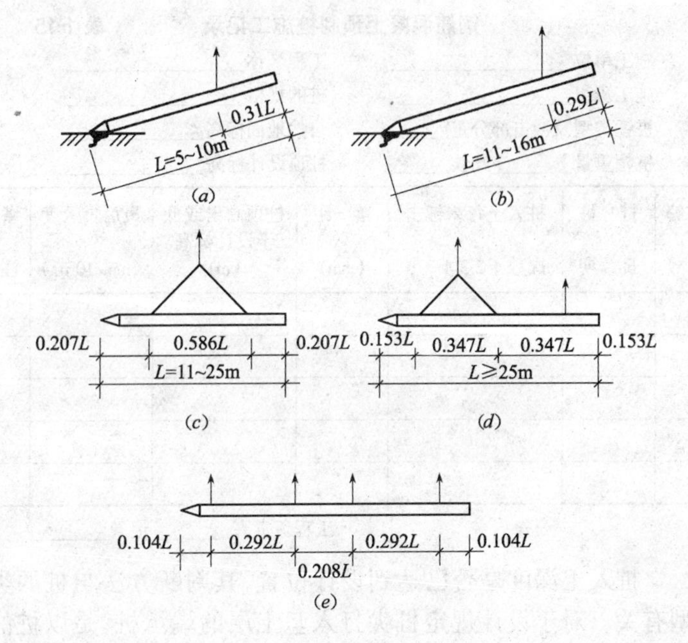

图 1-15 预制桩吊点位置

(a)、(b)一点吊法;(c)二点吊法;(d)三点吊法;(e)四点吊法

(2)沉桩:桩立正后即开始打桩,起始几锤应控制锤的落距(短距轻击),待桩入土一定深度稳定以后,再以全落距施打。这样可以保证桩位准确,桩身垂直。桩的施工原则应是“重锤低击”、“低提重打”,以尽量减小对桩头的冲击力,不损伤桩顶,加快桩的下沉。当桩下沉遇到孤石或硬夹层时,应减小锤的落距,待穿透夹层后再恢复正常落距。打桩系隐蔽工程,应做好打桩记录,作为验收鉴定质量的依据。打桩的记录格式如表 1-15。

对于落锤、单动汽锤或柴油锤打桩,在开始打桩时,即应测量记录桩身沉落 1m 所需要的锤击次数及桩锤落距的平均高度。

钢筋混凝土预制桩施工记录 **表 1-15**

施工单位________________ 工程名称________________

施工班组________________ 桩的规格________________

桩锤类型及冲击部分重______ 自然地面标高____________

桩帽重量________气候______ 桩顶设计标高____________

编号	打桩日期	桩入土每米锤击次数 1 2 3 4……	落距(mm)	桩顶高出或低于设计标高(m)	最后贯入度(mm/10 击)	备注

工程负责人________记录________

桩入土深度是否已达到设计位置,其判断方法与桩的类型有关。对于设计规定桩尖打入坚土层的端承桩,是以桩的最后贯入度为主,桩尖入土深度或标高作参考。设计规定桩尖落在软土层的摩擦桩,则是以桩尖设计标高为主,最后贯入度作参考。

打桩施工时,最后贯入度的测量和记录,对于落锤、单动汽锤和柴油锤取最后 10 击的入土深度;而对于双动汽锤取最后 1min 的桩入土深度。测量贯入度应在规定的条件下进行:即桩顶无损坏、锤击无偏心、在规定锤的落距下和桩帽与桩垫工作正常。如果贯入度已经达到要求而桩尖标高尚未达到时,应继续锤击 3 阵,其每阵 10 击的平均贯入度不应大于规定的数值。

(3)打桩过程中常见的问题:由于桩要穿过构造复杂的土层,所以会遇到各种问题。工程施工及验收规范规定:凡是遇到下列情况应暂时停止打桩,经与有关单位联系处理后,方准继续施工。一是贯入度发生突变;二是桩突然倾斜、位移或严重回弹;三是桩顶或桩身出现严重裂缝或破碎。出现上述情况的原因以及一般的处理方法归纳如下。

根据地质勘测报告已到达持力层,桩已沉入较深但是仍达不到最后贯入度要求,相反有时桩远未达到持力层,但已达到最后贯入度。处理的办法常是首先补钻查明情况,然后移位或补桩。

桩顶打碎或桩身打断、打堆,主要原因可能是遇到硬夹层、旧地基基础;或由于桩顶不同、桩身不垂直;或许由于桩的强度不够;也可能锤击能不足而产生过打等原因。常见的处理办法是确保桩身混凝土的强度,使其表面充分碳化;或增强桩顶的钢筋网片或改进桩帽及其衬垫;或用钻孔机穿透夹层再植桩施打;调整桩锤冲击能量等。上述的各种措施要根据具体情况采取。

(4)预制钢筋混凝土桩施工质量要求与验收:桩基工程的验收应按规范下述规定进行。

第一种情况,当桩顶设计标高与施工现场标高相同时,桩基工程应待打桩完毕后进行验收。

第二种情况,当桩顶设计标高低于施工场地标高而需送桩时,应在每根桩的桩顶打至场地标高后进行中间验收,待全部桩打完,并开挖到设计标高后,应再做检验。

桩基验收应提交的资料包括:桩位测量放线图,工程地质勘察报告,材料试验记录,桩的制作和打桩记录,桩位的竣工平面图(基坑开挖至设计标高的桩位图),桩的静载和动载试验资料和确定桩的贯入度的记录。预制桩位置偏差的允许值应符合表 1-16 的规定。

预制桩(钢桩)桩位的允许偏差(mm)　　表 1-16

项	项　　目	允许偏差
1	盖有基础梁的桩： (1)垂直基础梁的中心线 (2)沿基础梁的中心线	 100 + 0.01H 150 + 0.01H
2	桩数为 1～3 根桩基中的桩	100
3	桩数为 4～16 根桩基中的桩	1/2 桩径或边长
4	桩数大于 16 根桩基中的桩： (1)最外边的桩 (2)中间桩	 1/3 桩径或边长 1/2 桩径或边长

注：H 为施工现场地面标高与桩顶设计标高的距离。

桩在现场预制时，应对原材料、钢筋骨架(见表 1-17)混凝土强度进行检查；采用工厂生产的成品桩时，桩进场后应进行外观及尺寸检查。

预制桩钢筋骨架质量检验标准(mm)　　表 1-17

项	序	检查项目	允许偏差或允许值	检查方法
主控项目	1	主筋距桩顶距离	±5	用钢尺量
	2	多节桩锚固钢筋位置	5	用钢尺量
	3	多节桩预埋铁件	±3	用钢尺量
	4	主筋保护层厚度	±5	用钢尺量
一般项目	1	主筋间距	±5	用钢尺量
	2	桩尖中心线	10	用钢尺量
	3	箍筋间距	±20	用钢尺量
	4	桩顶钢筋网片	±10	用钢尺量
	5	多节桩锚固钢筋长度	±10	用钢尺量

钢筋混凝土预制桩的质量检验标准应符合表 1-18 的规定。

钢筋混凝土预制桩的质量检验标准　　表 1-18

项	序	检查项目	允许偏差或允许值		检查方法
			单位	数值	
主控项目	1	桩体质量检验	按基桩检测技术规范		按基桩检测技术规范
	2	桩位偏差	见表 1-16		用钢尺量
	3	承载力	按基桩检测技术规范		按基桩检测技术规范
一般项目	1	砂、石、水泥、钢材等原材料(现场预制时)	符合设计要求		查出厂质保文件或抽样送检
	2	混凝土配合比及强度(现场预制时)	符合设计要求		检查称量及查试块记录
	3	成品桩外形	表面平整,颜色均匀,掉角深度 < 10mm,蜂窝面积小于总面积 0.5%		直观
	4	成品桩裂缝(收缩裂缝或起吊、装运、堆放引起的裂缝)	深度 < 20mm,宽度 < 0.25mm,横向裂缝不超过边长的一半		裂缝测定仪,该项在地下水有侵蚀地区及锤击数超过 500 击的长桩不适用
	5	成品桩尺寸:横截面边长 桩顶对角线差 桩尖中心线 桩身弯曲矢高 桩顶平整度	mm mm mm mm	±5 < 10 < 10 < 1/1000l < 2	用钢尺量 用钢尺量 用钢尺量 用钢尺量,l 为桩长 用水平尺量
	6	电焊接桩:焊缝质量	见表 1-19		见表 1-19
		电焊结束后停歇时间 上下节平面偏差 节点弯曲矢高	min mm 	> 1.0 < 10 < 1/1000l	秒表测定 用钢尺量 用钢尺量,l 为两节桩长
	7	硫磺胶泥接桩:胶泥浇筑时间 浇筑后停歇时间	min min	< 2 > 7	秒表测定 秒表测定
	8	桩顶标高	mm	±50	水准仪
	9	停锤标准	设计要求		现场实测或查沉桩记录

钢桩施工质量检验标准　　　　表 1-19

项	序	检查项目	允许偏差或允许值		检查方法
			单位	数值	
主控项目	1	桩位偏差	见表 1-16		用钢尺量
	2	承载力	按基桩检测技术规范		按基桩检测技术规范
一般项目	1	电焊接桩焊缝：			
		(1)上下节端部错口			
		(外径≥700mm)	mm	≤3	用钢尺量
		(外径＜700mm)	mm	≤2	用钢尺量
		(2)焊缝咬边深度	mm	≤0.5	焊缝检查仪
		(3)焊缝加强层高度	mm	2	焊缝检查仪
		(4)焊缝加强层宽度	mm	2	焊缝检查仪
		(5)焊缝电焊质量外观	无气孔,无焊瘤,无裂缝		直观
		(6)焊缝探伤检验	满足设计要求		按设计要求
	2	电焊结束后停歇时间	min	＞1.0	秒表测定
	3	节点弯曲矢高		＜1/1000l	用钢尺量，l 为两节桩长
	4	桩顶标高	mm	±50	水准仪
	5	停锤标准	设计要求		用钢尺量或沉桩记录

1.2.3 混凝土和钢筋混凝土灌注桩

灌注桩是直接在桩位上就地成孔，然后浇筑混凝土而成。广泛应用于中高层建筑的基础工程中。常见的有泥浆护壁成孔、干作业成孔、套管成孔及爆扩成孔，其适用范围列于表 1-20 中供选用时参考。

在一般工业和民用建筑工程中，应用较多的成孔工艺是螺旋钻孔、钻孔扩底及锤击或振动套管成孔方法。

1．螺旋钻成孔灌注桩

螺旋钻成孔灌注桩宜用于地下水位以上的一般黏性土、

砂土及人工填土地基，不宜用于地下水位以下的上述各类土及碎石土、淤泥和淤泥质土地基。

各种成孔方法的适用范围　　　　表 1-20

项次	项目		适用范围
1	泥浆护壁成孔	冲抓 冲击 回转钻	碎石土、砂土、黏性土及风化岩
		潜水钻	黏性土、淤泥、淤泥质土及砂土
2	干作业成孔	螺旋钻	地下水位以上的黏性土、砂土及人工填土
		钻孔扩底	地下水位以上的坚硬、硬塑的黏性土及中密以上的砂土
		机动洛阳铲(人工)	地下水位以上的黏性土、黄土及人工填土
3	套管成孔	锤击振动	可塑、软塑、流塑的黏性土，稍密及松散的砂土
4	爆破成孔		地下水位以上的黏性土、黄土、碎石土及风化岩

螺旋式钻孔机有长螺旋式(钻杆长在 10m 以上)及短螺旋式(钻杆长度 3～5m)，一般工业与民用建筑工程桩基成孔多用长螺杆式钻机，而短螺杆式钻机多用于扩底桩成孔。螺旋钻头外径分别为 $\phi400$、$\phi500$ 和 $\phi600$。钻孔深度相应为 12m，10m 和 8m。

钻孔时，根据不同土层选用不同类型的钻头。常用配套钻头如图 1-16 所示。平底钻头适用于松散土层，耙式钻头适用于含砖头、瓦块的杂填土层，筒式钻头适应于钻混凝土块、条石等障碍物。

(1)螺旋钻孔机钻孔

螺旋钻孔机就位后，机身必须平稳，确保在钻孔过程中不发生倾斜、晃动。开钻前，应在桩架导杆上作出控制深度的标志，以准确控制钻孔深和观测、记录。

装有筒式出土器的钻机,为便于钻头迅速对准桩位,可在桩位点上放置定位圆环(图 1-16)以便对正桩位中心。

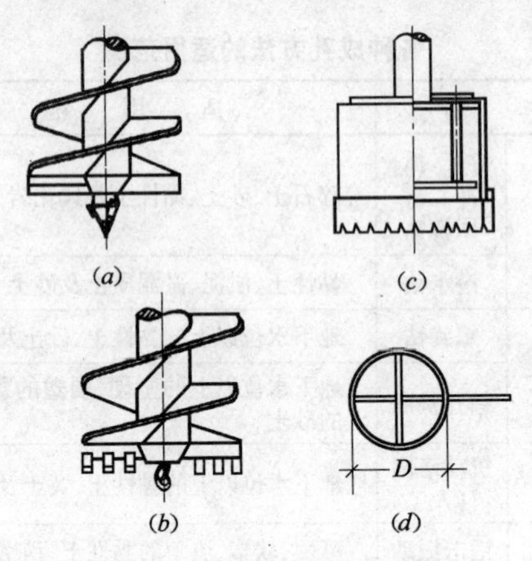

图 1-16 常用钻头示意图

(a)平底钻头;(b)耙式钻头;(c)筒式钻头;(d)定位圆环

开始钻进或穿过软硬土层交界处时,应保证钻杆垂直并缓慢进尺,以便钻孔准确而垂直。遇土层内含砖块或含水量较大的软塑黏性土层时,要尽量减少钻杆的晃动,以免孔径扩大。当钻到设计规定深度时,一般应在原地空转清土,然后停转提升钻杆,将虚土带出孔洞,如果清土后仍超过规定的容许厚时,应用辅助工具掏土或二次投钻清土。规范规定:孔底沉渣或虚土(沉淤)容许厚度,端承桩沉渣小于 100mm;摩擦桩沉渣小于 300mm。否则将影响桩的设计承载能力。

在钻孔过程中,如出现钻杆跳动、机架摇晃、钻不进尺等异常情况,应立即停机检查、处理。在钻砂土层时,钻深不宜超过地下初见水位,以防发生塌孔。若遇地下水、塌孔、缩孔等异常情况,应会同有关单位研究处理。钻孔完毕后,应及时封盖孔口，并不准在盖板上行车，防止松土下落或孔口土壁塌陷。

(2)灌注混凝土

桩孔灌注混凝土之前，必须对桩孔深度、桩孔直径、桩孔的垂直度、孔壁情况、孔底虚土厚度和积水深度进行复查，对不合格者应及时处理并做好记录。

对于钢筋混凝土桩，应先安放钢筋笼，钢筋不得碰撞孔壁，防止虚土落入孔底。在灌注混凝土时，应采取措施固定钢筋笼的位置。每根桩应分层振实连续灌注，分层的厚度由振捣工具的振捣能力决定，一般不得大于 1.5m。为便于振捣和保证混凝土质量，其坍落度一般以 80~100mm 为宜。

混凝土灌注至桩顶时，应适当超过桩顶设计标高，以保证在凿除浮浆层后，桩顶标高和混凝土质量均能符合设计要求。

2. 钻孔扩底灌注桩

钻孔扩底桩是灌注桩的一种，它是利用钻孔机钻出带扩大头的桩孔，然后放入钢筋笼并灌注混凝土而成。钻孔扩底桩为摩擦端承桩，以端承力为主。

钻孔扩底灌注桩适用于坚硬、硬塑、可塑、软塑状态的黏性土，以及密实、中密、稍密的砂土地基。但不宜用于流塑状态的黏性土，松散砂土和碎石土地基。

钻孔扩底灌注桩的大头直径一般为桩身直径的 2.5~3.5 倍。扩孔使用钻扩机进行(如图 1-17)，钻扩桩施工程序分三

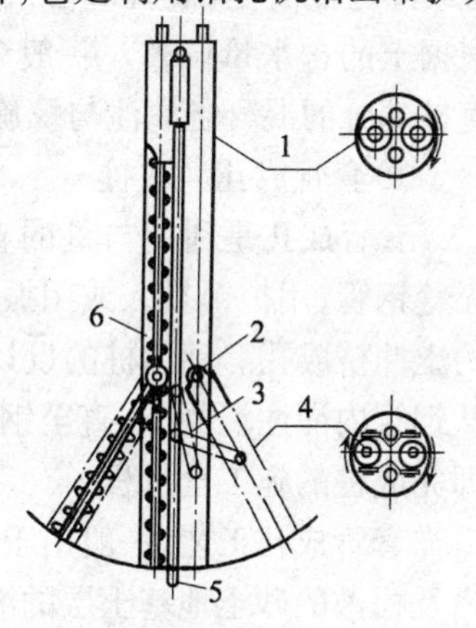

图 1-17　钻扩机钻杆构造示意图
1—外管；2—万向节；3—张开装置；4—扩刀；5—定位尖点；6—输土螺旋

部分，即钻直孔、扩孔和灌注混凝土。

扩底时要控制钻扩速度，一般不宜大于500mm/min。扩孔刀片应逐渐张开，根据电流值或油压力值调节切削土量，防止出现超载现象。每次切削土量不得超过储土的容量，以免扩孔刀片不能回收。一次扩孔达不到设计要求直径时，可二次或多次扩孔。每次扩孔时应在钻杆或钢丝绳上做好标志，并严格控制扩孔的位置，防止偏移。

扩底完毕后应继续空转几圈，才能收拢扩刀，待扩刀完全收拢且钻机停钻后，才能提升钻杆，钻杆提出孔口之前，应将孔口附近地面上的虚土清除干净。

钻孔、扩底完毕，应清除孔底虚土和积水（灌注混凝土时，扩底中部积水深度不得大于100mm），随后尽快灌注混凝土。混凝土灌到扩大头高度约二分之一处，即应安放钢筋笼，然后继续灌注混凝土，而且应分层振捣密实。混凝土的坍落度应根据土的含水量调整。一般多采用40～60mm或60～80mm。直桩部分的混凝土灌注与螺旋钻孔桩的混凝土施工相同。

3．套管成孔灌注桩

套管成孔是利用与桩的直径相等、略比设计桩长大些的无缝钢管，用桩锤贯入或用振动桩锤振动沉入土层内，将桩位的土冲挤成孔。到达桩的设计标高后，随着钢管上拔的同时，从钢管内灌注混凝土，直至钢管全部拔出，混凝土浇至桩顶后即完成桩的施工全过程。

套管成孔工艺，一般用于可塑、软塑、流塑的黏性土，或稍密及松散的砂土地基土层的灌注桩施工。由于有钢套管在浇筑混凝土前支撑孔壁，避免了土的塌陷或因地下水压力产生的孔颈缩，从而保证了在软弱土层中灌注成桩的质量，改善了此类土采用螺旋钻孔工艺产生的缺陷。

为了钢套管容易沉入土层并防止土进入套管，钢管下端需要配备预制桩尖。目前，常采用预制钢筋混凝土桩尖，其混凝土强度等级不得低于C30。但是桩尖将留在桩的底部，从而增加了桩基的费用。预制混凝土桩尖和钢管之间要垫缓冲材料，防止冲碎桩尖而造成失效。桩尖的安装应保证桩尖中心线与钢管的中心线重合。另一种是钢板制作的活瓣式桩尖，它与冲孔的钢管联结为一体，可以随钢管拔出，属于冲孔钢管整体的一部分。但是由于反复插入土层，它必须具备足够的刚度，活瓣与钢管的连接要牢固而灵活，瓣与瓣之间要严密，避免碎石土进入或卡住。这种桩尖容易断裂，也容易途中撑开使套管下沉困难。常见桩尖形状如图1-18。

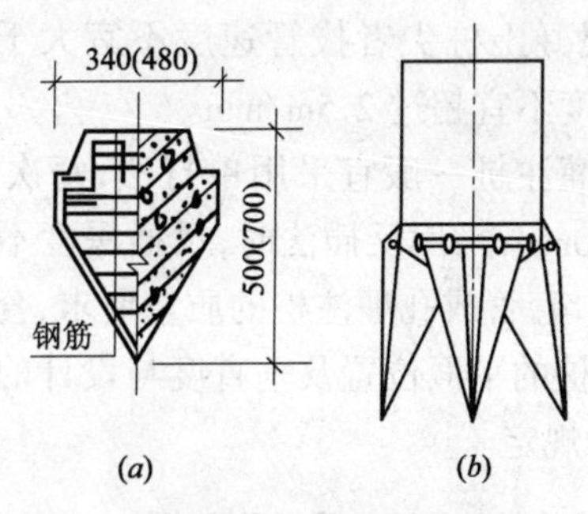

图1-18 桩尖示意图

(a)预制钢筋混凝土桩尖；(b)活瓣式桩尖

套管沉入土层的方法：

常用的方法有锤击灌入法和振动灌入法，前者是利用锤的冲击能，后者是利用振动锤的激振力克服桩管与土的摩擦而下沉。

沉管前，桩架要垫稳找平，检查桩尖、桩管、桩帽的中心线是否在同一垂直线上，桩尖要对准桩孔的中心。一般在桩管入土层

1~1.5m时，应检查桩架是否有倾斜或移位，并随时进行纠正。

在沉管过程中，如遇桩尖损坏或有地下障碍物时，应及时拔出桩管，重新更换桩尖或处理障碍物后，再插管继续下沉。当桩管打至接近设计标高时，按桩的设计要求进行最后贯入度或控制标高的测定。在贯入度和标高达到要求后，即开始灌注混凝土。

灌注混凝土和拔管时应确保桩身混凝土的密实度，在测得混凝土确已流出桩管后，方准继续拔管。通常桩管内应保持不少于2m高的混凝土，以保证桩管内混凝土总重的应有压力，在管的振动作用下，混凝土易于下沉和密实。另外，要控制拔管的速度，一般锤击沉管时应为0.8~1.2m/min；振动沉管时，用预制混凝土桩尖者拔管速度不宜大于4m/min，用活瓣桩尖者则速度不宜超过2.5m/min。

振动沉管灌注桩一般宜采用单打法，每次拔管高度应控制在500~1000mm；采用反插法时，反插深度不宜大于活瓣桩尖长度的2/3。套管成孔灌注桩的质量要求，套管成孔灌注桩不准有沉渣。桩的平面位置及垂直度与设计的位置偏差不得超过表1-21的规定。

灌注桩的平面位置和垂直度的允许偏差　　表1-21

序号	成孔方法		桩径允许偏差（mm）	垂直度允许偏差（%）	桩位允许偏差（mm）	
					1~3根、单排桩基垂直于中心线方向和群桩基础的边桩	条形桩基沿中心线方向和群桩基础的中间桩
1	泥浆护壁钻孔桩	$D\leqslant1000$mm	±50	<1	$D/6$，且不大于100	$D/4$，且不大于150
		$D>1000$mm	±50		$100+0.01H$	$150+0.01H$
2	套管成孔灌注桩	$D\leqslant500$mm	-20	<1	70	150
		$D>500$mm			100	150

续表

序号	成孔方法		桩径允许偏差（mm）	垂直度允许偏差（%）	桩位允许偏差（mm）	
					1～3根、单排桩基垂直于中心线方向和群桩基础的边桩	条形桩基沿中心线方向和群桩基础的中间桩
3	干成孔灌注桩		－20	<1	70	150
4	人工挖孔桩	混凝土护壁	＋50	<0.5	50	150
		钢套管护壁	＋50	<1	100	200

注：1. 桩径允许偏差的负值是指个别断面。
2. 采用复打、反插法施工的桩，其桩径允许偏差不受上表限制。
3. H 为施工现场地面标高与桩顶设计标高的距离，D 为设计桩径。

1.2.4 承台施工

承台就是在桩顶浇筑的钢筋混凝土梁或板。它支承上部墙或柱传来的荷载并传给下面的桩基。承台的尺寸，除按计算满足上部结构需要外，按规定厚度一般不小于300mm，周边距边桩中心的距离不宜小于桩的直径或边长。承台的钢筋保护层不宜小于50mm。

承台施工必须在桩基施工中间验收合格后进行。灌注桩的桩顶处理必须在桩身混凝土达到设计强度后方可进行。

首先处理桩头，按照设计规定的桩顶标高，将预制桩多余部分凿除，但要注意勿损伤桩身混凝土。桩顶部位的主筋要伸入承台梁内，其长度应符合设计规定。一般桩顶主筋伸入承台混凝土内的长度，受拉时不小于25倍钢筋的直径；受压时不少于15倍的钢筋直径，以保证桩和承台梁间应力的可靠传递和连接。剔出的钢筋应清除干净，弯折成规定的形状。如桩顶低于设计标高须用同级混凝土接长并要达到规定强度。埋入承台的部分桩顶应凿毛、冲净。

承台梁安放、绑扎钢筋前，应清除槽底虚土及杂物，浇筑混凝土前应进行隐蔽工程验收。对于地震设防区，当承台梁采用支模灌注混凝土时，承台梁的侧面应按设计要求回填夯实。对于冻胀（膨胀土）地区，在承台梁下应做防冻胀处理，一般在承台底下铺100~200mm干焦渣，以防受冻。

混凝土灌注桩的质量检验标准应符合表1-22、表1-23的规定。

混凝土灌注桩钢筋笼质量检验标准（mm）　表1-22

项	序	检查项目	允许偏差或允许值	检查方法
主控项目	1	主筋间距	±10	用钢尺量
	2	长度	±100	用钢尺量
一般项目	1	钢筋材质检验	设计要求	抽样送检
	2	箍筋间距	±20	用钢尺量
	3	直径	±10	用钢尺量

混凝土灌注桩质量检验标准　表1-23

项	序	检查项目	允许偏差或允许值		检查方法
			单位	数值	
主控项目	1	桩位	见表1-21		基坑开挖前量护筒，开挖后量桩中心
	2	孔深	mm	+300	只深不浅，用重锤测，或测钻杆、套管长度，嵌岩桩应确保进入设计要求的嵌岩深度
	3	桩体质量检验	按基桩检测技术规范。如钻芯取样，大直径嵌岩桩应钻至桩尖下50cm		按基桩检测技术规范
	4	混凝土强度	设计要求		试件报告或钻芯取样送检
	5	承载力	按基桩检测技术规范		按基桩检测技术规范

续表

项	序	检查项目	允许偏差或允许值		检查方法
			单位	数值	
一般项目	1	垂直度	见表 1-21		测套管或钻杆，或用超声波探测，干施工时吊垂球
	2	桩径	见表 1-21		井径仪或超声波检测，干施工时用钢尺量，人工挖孔桩不包括内衬厚度
	3	泥浆密度(黏土或砂性土中)	1.15～1.20		用比重计测，清孔后在距孔底 50cm 处取样
	4	泥浆面标高(高于地下水位)	m	0.5～1.0	目测
	5	沉渣厚度：端承桩 摩擦桩	mm mm	≤50 ≤150	用沉渣仪或重锤测量
	6	混凝土坍落度：水下灌注 干施工	mm mm	160～220 70～100	坍落度仪
	7	钢筋笼安装深度	mm	±100	用钢尺量
	8	混凝土充盈系数	>1		检查每根桩的实际灌注量
	9	桩顶标高	mm	+30 -50	水准仪，需扣除桩顶浮浆层及劣质桩体

2 结 构 工 程

2.1 砌 砖 工 程

2.1.1 砌砖工程的施工过程

砖砌体在建筑工程结构中应用很广。砖砌体用作承重结构时,要求砖砌体具备足够的强度、刚度,而砌体的强度和刚度则取决于砌体原材料的质量和砌体的质量。当砌体用作围护或分隔墙时,则要求墙体要具有良好的密闭性和保温能力。为此,必须采用合格的砌体材料和砖砌体施工必须按照施工及验收规范的有关规定进行。

砌砖工程是一个综合的施工过程,它包括材料供应、脚手架搭设、砌筑和勾缝。材料和脚手架均以砌筑为中心进行。目前材料的垂直和水平运输,多采用塔式起重机来完成。脚手架也逐步工具化。而砌筑仍为手工操作,劳动强度大,施工效率低。

砌体施工质量控制等级应分为三级,并应符合表2-1的规定。

2.1.2 砌筑砂浆

砌筑砂浆是砖砌体的胶结材料。它的质量直接影响操作和砌体的整体强度。而砂浆的制备质量直接由原材料的质量和拌合质量共同保证。

砌体施工质量控制等级　　表 2-1

项目	施工质量控制等级		
	A	B	C
现场质量管理	制度健全,并严格执行;非施工方质量监督人员经常到现场,或现场设有常驻代表;施工方有在岗专业技术管理人员,人员齐全,并持证上岗	制度基本健全,并能执行;非施工方质量监督人员间断地到现场进行质量控制;施工方有在岗专业技术管理人员,并持证上岗	有制度:非施工方质量监督人员很少作现场质量控制;施工方有在岗专业技术管理人员
砂浆、混凝土强度	试块按规定制作,强度满足验收规定,离散性小	试块按规定制作,强度满足验收规定,离散性较小	试块强度满足验收规定,离散性大
砂浆拌合方式	机械拌合;配合比计量控制严格	机械拌合;配合比计量控制一般	机械或人工拌合;配合比计量控制较差
砌筑工人	中级工以上,其中高级工不少于 20%	高、中级工不少于 70%	初级工以上

1. 砂浆原材料选择

水泥进场使用前,应分批对其强度、安定性进行复验。检验批应以同一生产厂家、同一编号为一批。

当在使用中对水泥质量有怀疑或水泥出厂超过三个月(快硬硅酸盐水泥超过一个月)时,应复查试验,并按其结果使用。

不同品种的水泥,不得混合使用。

砂浆用砂不得含有有害杂物。砂浆用砂的含泥量应满足下列要求:

对水泥砂浆和强度等级不小于 M5 的水泥混合砂浆,不应超过 5%;

对强度等级小于 M5 的水泥混合砂浆,不应超过 10%;

人工砂、山砂及特细砂,应经试配能满足砌筑砂浆技术条件要求。

配制水泥石灰砂浆时,不得采用脱水硬化的石灰膏。

消石灰粉不得直接使用于砌筑砂浆中。

拌制砂浆用水,水质应符合国家现行标准《混凝土拌合用水标准》JCJ63 的规定。

砌筑砂浆应通过试配确定配合比。当砌筑砂浆的组成材料有变更时,其配合比应重新确定。

施工中当采用水泥砂浆代替水泥混合砂浆时,应重新确定砂浆强度等级。

凡在砂浆中掺入有机塑化剂、早强剂、缓凝剂、防冻剂等,应经检验和试配符合要求后,方可使用。有机塑化剂应有砌体强度的型式检验报告。

砂浆现场拌制时,各组分材料应采用重量计量。

砌筑砂浆应采用机械搅拌,自投料完算起,搅拌时间应符合下列规定:

水泥砂浆和水泥混合砂浆不得少于 2min;

水泥粉煤灰砂浆和掺用外加剂的砂浆不得少于 3min;

掺用有机塑化剂的砂浆,应为 3~5mm。

砂浆应随拌随用,水泥砂浆和水泥混合砂浆应分别在 3h 和 4h 内使用完毕;当施工期间最高气温超过 30℃时,应分别在拌成后 2h 和 3h 内使用完毕。

注:对掺用缓凝剂的砂浆,其使用时间可根据具体情况延长。

砌筑砂浆试块强度验收时其强度合格标准必须符合以下规定:

同一验收批砂浆试块抗压强度平均值必须大于或等于设计强度等级所对应的立方体抗压强度;同一验收批砂浆试块抗压强度的最小一组平均值必须大于或等于设计强度等级所对应的立方体抗压强度的 0.75 倍。

注:①砌筑砂浆的验收批,同一类型、强度等级的砂浆试块应不少于3组。当同一验收批只有一组试块时,该组试块抗压强度的平均值必须大于或等于设计强度等级所对应的立方体抗压强度。

②砂浆强度应以标准养护,龄期为28d的试块抗压试验结果为准。

抽检数量:每一检验批且不超过250m^3砌体的各种类型及强度等级的砌筑砂浆,每台搅拌机应至少抽检一次。

检验方法:在砂浆搅拌机出料口随机取样制作砂浆试块(同盘砂浆只应制作一组试块),最后检查试块强度试验报告单。

当施工中或验收时出现下列情况,可采用现场检验方法对砂浆和砌体强度进行原位检测或取样检测,并判定其强度:

砂浆试块缺乏代表性或试块数量不足;

对砂浆试块的试验结果有怀疑或有争议;

砂浆试块的试验结果,不能满足设计要求。

2. 砂浆的制备与使用

砂浆应按设计的配合比制备,并应采用重量比,各种骨料的配料精度应控制在5%以内。砂的含水率应及时测定,并适当调整配合比例。

砂浆的稠度应符合表2-2规定,且保水性能良好,拌合均匀,拌合时间自投料完算起不能少于1.5min,这些都是保证砂浆强度的关键。

砌筑砂浆的稠度 　　　　表2-2

砌体种类	砂浆稠度(mm)	砌体种类	砂浆稠度(mm)
烧结普通砖砌体	70~90	烧结普通砖平拱式过梁 空斗墙、筒拱 普通混凝土小型空心砌块砌体 加气混凝土砌块砌体	50~70
轻骨料混凝土小型空心砌块砌体	60~90		
烧结多孔砖、空心砖砌体	60~80	石砌体	30~50

砌筑砂浆的稠度应按表2-2的规定选用。

砂浆试块的制作应遵照规范规定。

2.1.3 砌筑用脚手架

砌筑用脚手架是砌筑过程中堆放材料和工人操作不可缺少的设施。脚手架的每一步高度取决人的最大操作高度。用于砌筑的脚手架每步高1.2m。而自升式脚手台则能随墙体砌筑高度随时提升,经常维持生产效率最高的最佳高度(约0.6m)。

砌筑用脚手架必须满足使用要求,安全可靠。

脚手架的构造要简单,搬运转移拆装方便,选材要经济,能多次周转使用,尽量降低脚手架的成本。按照脚手架的相对位置可分为外脚手和内脚手。

1. 外脚手架

外脚手架是沿外墙外侧沿建筑物周边搭设的一种脚手架。它即可砌筑,又可用于外墙装修。主要形式有:多立杆式脚手架、桥式脚手架和框式脚手架等。

(1)多立杆式脚手架

多立杆式脚手架常用的有竹、木和钢管扣件式外脚手。多立杆式又按搭设方式分单排和双排两种如图2-1。单排架只搭设一排立杆,小横杆的另一端支承在砖墙上,承载能力较小且稳定性差,另外在墙上留有脚手眼,因此,使用高度受到限制,一般建筑物在15m以上时不宜采用单排脚手架。双排架由两排立杆和横杆组成完整的结构体系,且承载能力较大稳定性较好。

多立杆式外墙脚手架的质量控制要点:

脚手立杆、横杆、脚手板的规格和质量;脚手立杆、横杆的间距与距墙的距离;脚手立杆的垂直和横杆的水平度;脚手立杆、横杆的搭接长度和搭接的位置;脚手板、挡脚板的铺法和搭接处理;脚手立杆的基础处理和做法;脚手架斜撑、剪刀撑设置的位置、角度和绑扎方法；立杆与横杆的节点连接可靠性；脚手架的抛撑或与结构的拉结位置、方法和要求；脚手架的封顶和栏杆的尺寸要求；脚手架在门过道处的八字斜撑和加强措施等(上述要求详细数据见《建筑施工手册》)。

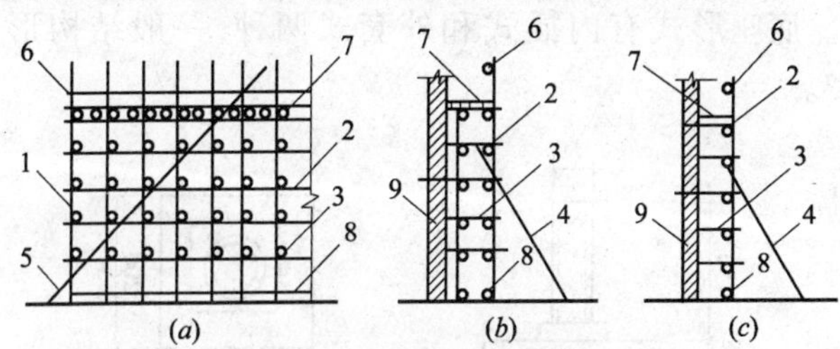

图 2-1 单排与双排脚手架

(a)立面图；(b)侧面图(双排架)；(c)侧面图(单排架)

1—立杆；2—大横杆；3—小横杆；4—抛撑；5—斜撑；6—栏杆；7—脚手板；8—扫地杆；9—墙身

木脚手架和钢管脚手架的构造大体相同，下面主要介绍钢管扣件式脚手架。

钢管扣件式脚手架如图 2-2，它是由钢管和扣件组成。适用高度在 50m 以下的高层建筑，但 18m 以上要有设计计算(但 6 层及 6 层以下建筑除外)。

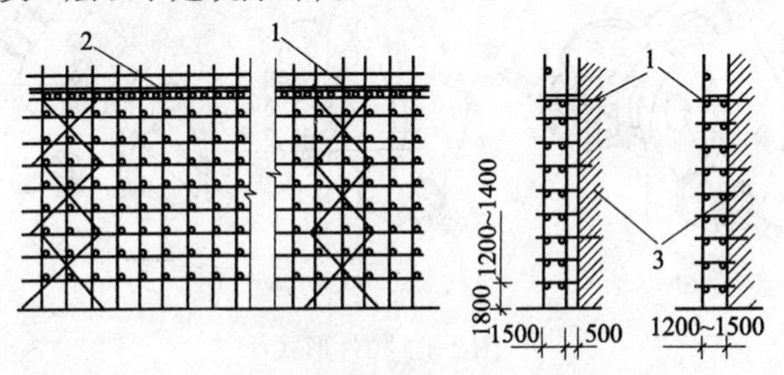

图 2-2 钢管扣件式脚手架

1—连墙杆；2—脚手板；3—墙身

1)钢管扣件式脚手架的构造

基本件是扣件和钢管两部分。主要杆件有底座、立杆、大横杆、小横杆和斜杆等。

(a)底座:支承立杆直接传递下来的荷载并分布到地基上。底座形式有内插式和外套式两种,一般结构形式见图 2-3。

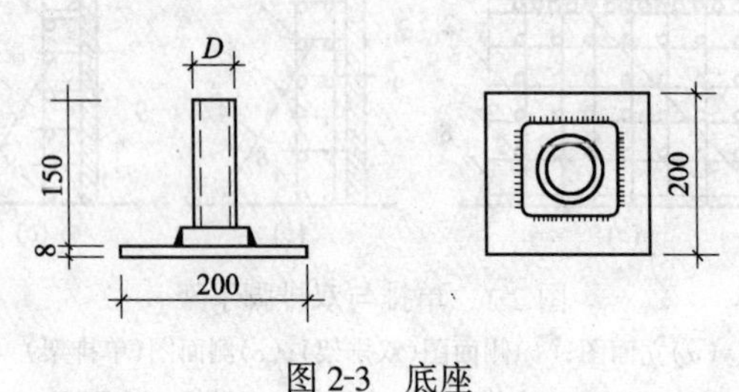

图 2-3　底座

(b)立杆、大小横杆和斜杆均用外径 48~50mm、壁厚 3.5mm 的焊接或无缝钢管。小横杆长 2.1~2.3m 为宜,立杆、大横杆等长 4~6.5m。

(c)扣件:扣件是钢管与钢管之间的连接件。其基本形式如图 2-4。

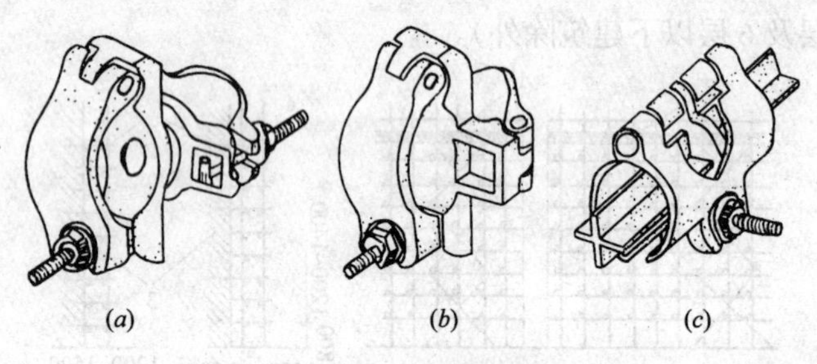

图 2-4　扣件形式

(a)回转形;(b)十字形;(c)一字形

直角扣件:用于连接两根互相垂直相交的钢管结点。

回转扣件:用于连接两根任意相交的钢管。

对接扣件:用于钢管对接接长。

2)钢管扣件式脚手架的搭设要点:

(*a*)搭设前,对底座、钢管、扣件要进行检查,钢管要平直,扣件和螺栓要光洁、灵活,变形和损坏严重者不应使用。

(*b*)搭设范围的地基要夯实整平,做好排水处理。立杆要垂直,垂直度允许偏差不得大于1/400。相邻两根立杆接头不宜布置在同一步架内且错开500mm。

(*c*)大横杆在每一面脚手架范围内的纵向水平高低差,不宜超过一皮砖的厚度。同一步内外的大横杆的接点应相互错开,不宜在同一跨内。在垂直方向相邻两根大横杆的接头也应错开,其水平距离不宜小于500mm。

(*d*)小横杆可紧固于大横杆上,靠过立杆的小横杆,可紧固于立杆上,双排脚手架小横杆靠墙的一端应离开墙面50~100mm。各杆件相交伸出的端头,均应大于100mm,以防滑脱。

(*e*)扣件连接杆件时,螺栓的松紧程度必须适度。用测力扳手校核力矩,以40~50N·m为宜,最大不得超过60N·m。

(*f*)为保证脚手架的整体性,每7根立杆设一组剪刀撑,当架高超过30m时,采用双杆。两根剪刀撑斜杆分别扣在立杆与大横杆上或小横杆的伸出部分上。斜杆两端扣件与立杆交点的距离不宜大于200mm,下端斜杆与立杆的连接点离地面不宜大于500mm。

(*g*)为防脚手架向外倾倒,竖向每隔4m、水平方向每隔6m距离,应设置连墙杆,当架高超过30m时,水平方向改为4m。其连接方式见图2-5。

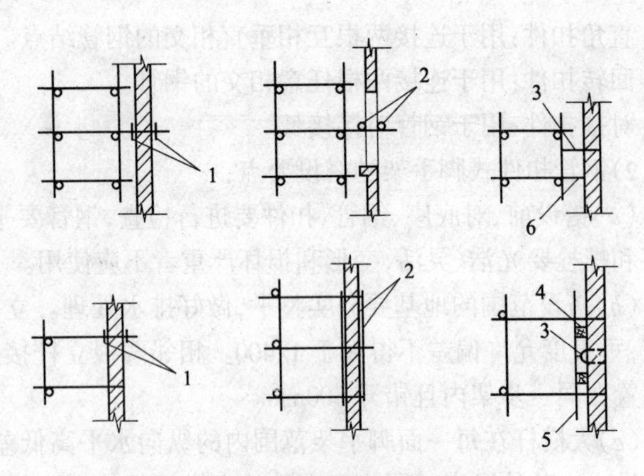

图 2-5 连墙杆的做法

1—两只扣件;2—两根短管;3—拉结钢丝;

4—木楔;5—短管;6—横杆

钢管扣件式外架子的构造基本参数如表 2-3。

钢管扣件式脚手构造基本参数(单位:m) **表 2-3**

用途	脚手架构造形式	里立杆距墙面距离	立杆间距		操作层小横杆间距	大横杆步距	小横杆挑向墙面距离
			横向	纵向			
砌筑	单排	—	1.2~1.5	2.0	0.67	1.2~1.4	—
	双排	0.5	1.5	2.0	1.0	1.2~1.4	0.4~0.45
装修	单排	—	1.2~1.5	2.2	1.1	1.6~1.8	—
	双排	0.5	1.5	2.2	1.1	1.6~1.8	0.35~0.45

注:单排脚手架立杆横向距离,即指立杆离墙面的距离。

(2)桥式脚手架

桥式脚手架由桥式桁架和井式支承架组合而成。支承架的形式有:钢管扣件井式支承架和定型格构式钢立柱支承架。此外,也可选用定型钢排架组成的井式支承架。钢管扣件井式支承架如图 2-6 所示。

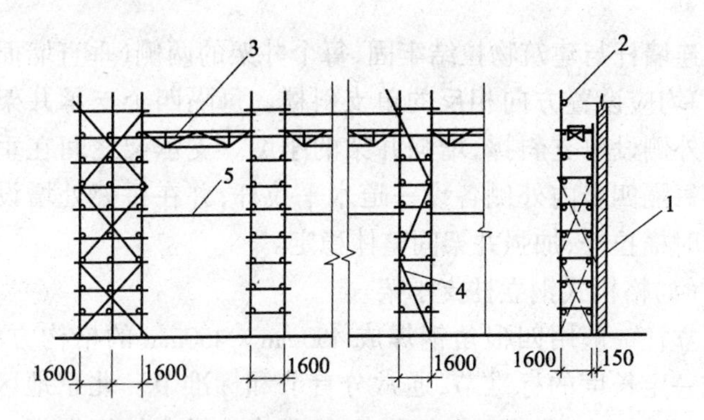

图 2-6　钢管扣件井式支承架桥式脚手架

1—连墙杆;2—栏杆;3—临时增设的拉杆;

4—单支斜撑;5—拉杆

1)桥式桁架

桥式桁架亦可称桥式工作台。横桥的具体形式和各部尺寸应根据桥的跨度大小和承载的要求决定。通常采用角钢或钢管以及钢筋焊接而成。横桥截面尺寸和标准桥节的长度,全国无统一的定型产品。

2)支承架

支承架是桥式脚手架主要承受竖向荷载的结构,必须具有足够的强度和刚度,以保证脚手架在使用过程中的稳定性与安全度。确定支承架的尺寸及选材时,应经过专门设计。

(a)钢管扣件井式支承架

利用钢管和扣件的不同杆件,架设起矩形井式支承架,上端搁置桥式桁架如图 2-6,支承架间距由桥的计算跨度决定。

支承架搭设要求:沿外墙搭设的桥式脚手架,尽端(即建筑物的四大角处)应用双跨井架,中间可用单跨井架,以保证脚手架的整体稳定。井架立杆间距以 1.6m 为宜(必要时应经过计算),横杆间距 1.2 ~ 1.4m。支承架每隔 3 步架高应设置两根连墙杆与建筑物拉结牢固,每个井架的两侧(垂直墙面的平面)均应设置方向相反的单支斜撑。每隔四个支承井架在井架外侧设单支斜撑,增强井架的刚度。支承架之间在垂直方向每隔四步内外侧各设一道水平拉杆,并在桥架处增设一道临时横拉杆,加强井架间整体稳定。

(*b*)格构式钢立柱支承架

立柱一般用四根角钢焊成 450mm × 450mm 的格构方柱,制成一定长度的标准节,通常分首节和标准节。北京地区现用 4m 和 2m 标准节。立杆腹杆多用 ϕ18 以上的钢筋焊制而成。

立柱安装时,基础要坚实可靠,柱要垂直,单节不得有超过 4mm 的偏差,立柱总偏差不得大于 30mm。轴线位移不超过 10mm。尤其注意立柱与墙体结构的可靠拉结。一般的拉结方法如图 2-7 所示。每节柱每层楼不少于一处。

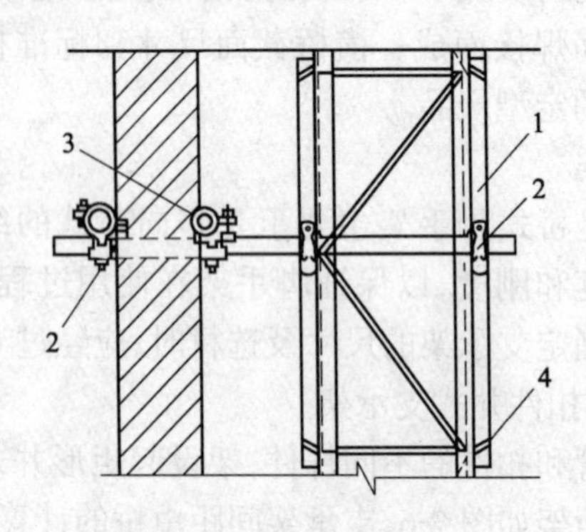

图 2-7 立杆与外墙拉结

1—大于 1m 长的钢管;2—管卡;3—横向短管;4—钢丝绑扎

(3)门型框式脚手架

门型框式脚手架的组成配件如图 2-8 所示。

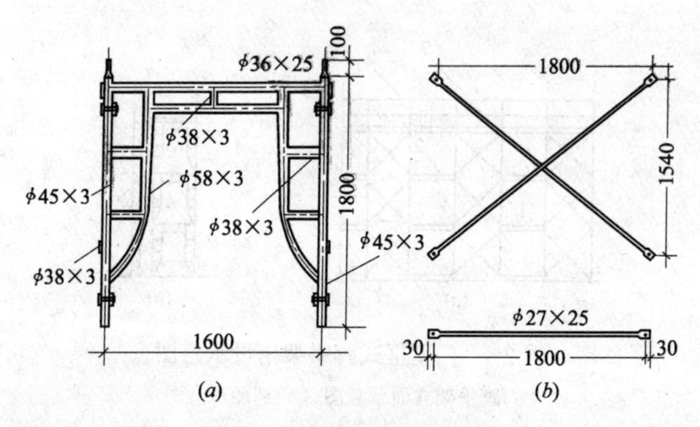

图 2-8　门型框式脚手基本件

(*a*)门架;(*b*)剪刀撑与水平撑

1)门型框式脚手架的基本件

(*a*)框架:一般由外径 45mm 及 38mm 的钢管焊接而成。两立柱顶端焊有外径 38mm 的短管,用以承插上层的门架。立柱上留有装剪刀撑和水平撑的螺栓孔,一侧立柱焊有短套管,以便装挂三角架。

(*b*)剪刀撑和水平撑:是用钢管制成,用以连接门架,以组成基本稳定结构。靠螺栓与门架的立柱相连。

此外,还有三角架和底座配件。

2)门型框式脚手架搭设要点

门架搭设要垂直墙面并沿墙布置,其间距为 1.8m,门架与门架之间,隔跨分别设置剪刀撑和水平撑,门架的内外两侧则时搭设。设置形式见图 2-9,这种脚手架搭设高度应不超过 20m。

为保证脚手架的整体稳定,必须与建筑墙体拉结牢固。连墙点布置原则是:沿脚手架竖向每三步架、沿外墙每 6 个门架设拉结一处。

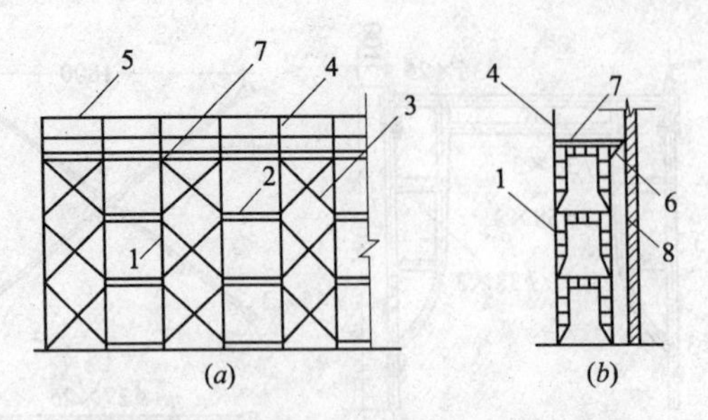

图 2-9 门型框式脚手架搭设示意图

(*a*)脚手架立面示意图;(*b*)剖面示意图

1—门架;2—水平撑;3—剪刀撑;4—栏杆;5—横杆;

6—三角架;7—脚手板;8—墙

2. 内脚手架

目前,在砌筑结构施工中,更多是采用内脚手。内脚手是架在各层楼板上,每层楼只搭设两步或三步架。一层的砖墙砌完后,脚手架全部运到上一层楼板,一般多采用定型装配式和整体式内脚手,常见的有折叠式、支柱式和门架式多种。以上述支架配套用的脚手板,是主要承载部件,应具备足够的强度和刚度。常以优质木材、竹材和钢材制作。目前定型钢脚手板逐步代替木脚手板,但应适当解决防滑问题。

(1)折叠式内脚手架

折叠式脚手架的支架采用了可折叠的形式,它用钢管或角钢构成带铰点的"A"形如图 2-10。

折叠式里脚手搭设间距最大不超过 1.8~2.0m。可搭设两步高,其间距和搭设步数,应根据折叠架用料尺寸和上部荷载情况进行验算确定。

(2)支柱式内脚手架

支柱式脚手是由承受竖向力的钢支柱与支承脚手板的横

杆组成，如图 2-11。

支柱式里脚手的高度调节靠移位插销或改变承插管位置。架设高度约 2m。

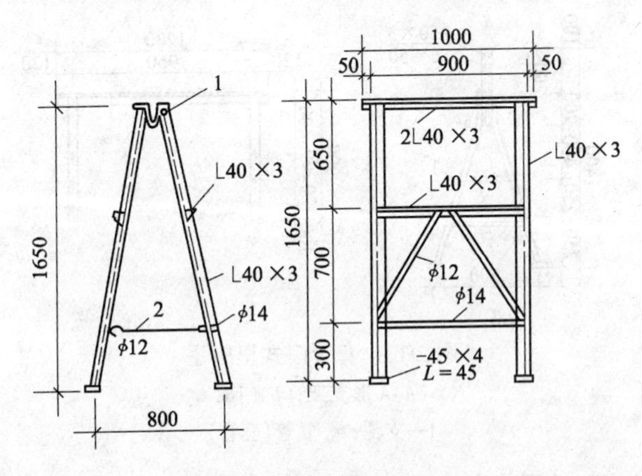

图 2-10　角钢折叠式里脚手

1—铁铰链；2—挂钩

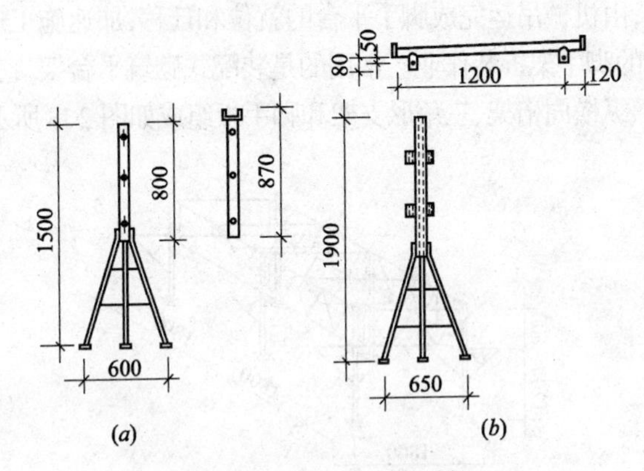

图 2-11　支柱式内脚手架

(*a*)套管式支柱脚手；(*b*)承插式支柱脚手

(3)门架式内脚手架

门架式脚手是由 A 形支架和门式架组成，如图 2-12。按支架与门架的组装形式不同分为套管式和承插式两种。

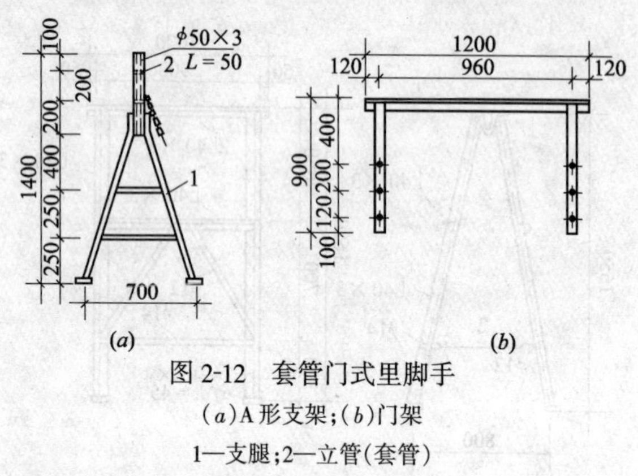

图 2-12 套管门式里脚手

(a)A 形支架；(b)门架

1—支腿；2—立管(套管)

(4)砌筑平台架

随着机械化施工程度的提高，脚手架正在向定型化、装配整体化发展，由机械吊运完成脚手平台的就位和迁移，加速施工进程，减少大量的脚手架拆装作业。常用的是装配式砌筑平台架，它是由管柱门架、纵横向桁架、三角形支架和脚手板组成如图 2-13 所示。

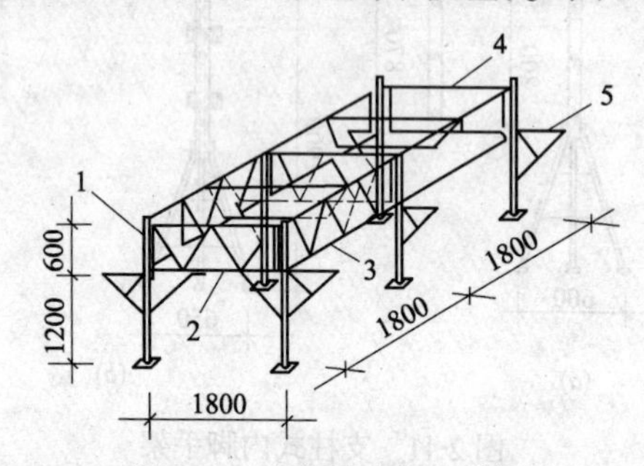

图 2-13 砌筑平台架组装图

1—管柱门架；2—桁架；3—桁架 2；4—桁架 3；5—三角架

砌筑平台架的平面尺寸，是按房间大小装配平台单元。单元平台每个节间为 180mm × 1800mm，平台架的高度按楼的层高考虑。目前的平台架按 3m 层高划分 2 步半架，架子的高度实际是 1800mm（即一步架 1200mm 加上半步架 600mm）。

采用内脚手砌砖时，必须沿外墙外侧设置安全网，以防发生高空操作人员坠落。安全网应按安全操作规程规定的网眼、网宽和网的承载力设置。网应紧靠墙面不留过大空档，尤其应注意墙的转角处封网要严。

3．垂直运输井架

楼层砌砖施工中，除内外脚手架以外，还应有垂直运输的井架。它是除用塔式起重机运输以外的常用运输砖和砂浆的方法。

目前的垂直运输井架有扣件式钢管井架、钢制龙门架和木制井架几种。井架的位置应根据施工现场条件和供料要求决定。平面布置形式与有无外脚手架有关。当有外脚手架时可与脚手架垂直或平行搭设；无外脚手架时可在墙外垂直窗洞口搭设见图 2-14。

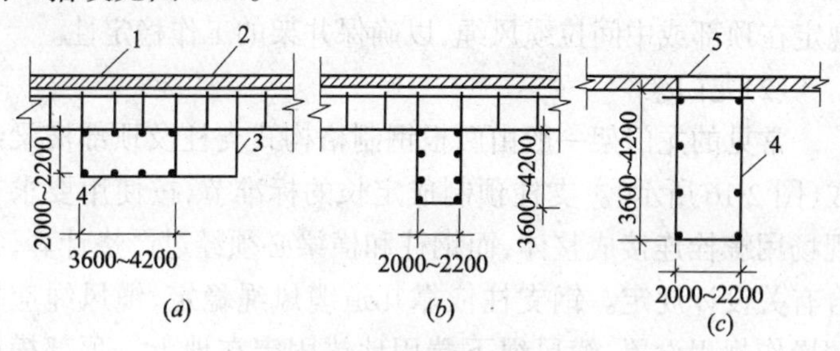

图 2-14　井架的布置形式

（*a*）井架与脚手架平行布置；（*b*）井架与脚手架垂直布置；

（*c*）井架垂直墙面窗口布置

1—墙；2—脚手架；3—上料平台；4—井架；5—窗洞

(1)扣件钢管井架

井架结构主要由立杆、大小横杆、十字撑和天轮木组成。钢管规格和扣件要求以及杆距尺寸均与钢管扣件式脚手架相同。但井架的承载能力应慎重确定,如果负荷较大时可以采用双管立柱,以加强其刚度。

井架搭设应在立杆下端安设底座,底座下铺设200mm×200mm垫木,加大地基承荷面积,防止井架下沉。钢管扣件井架平面尺寸有下列三种:即四柱式、六柱式和八柱式(如图2-15)。根据使用要求选定。

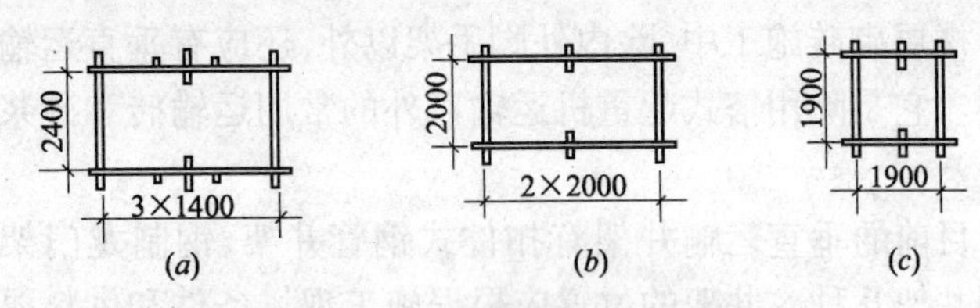

图2-15 钢管扣件井架平面形式

(a)八柱井架;(b)六柱井架;(c)四柱井架

如采用杉槁搭设,其构造与钢管扣件式相同。井架应按规定在顶部或中间拉缆风绳,以确保井架的工作稳定性。

(2)龙门架

常见的龙门架一般由两根钢制格构式支柱及顶部横梁组成(图2-16所示)。支柱预制成定长的标准节,按使用要求在现场用螺栓连接成整体,而钢柱和横梁必须经过严格计算,符合有关设计规定。钢支柱依靠几道缆风绳稳定,缆风绳应按照操作规程设置,缆风绳下端用地锚固定在地上。顶部横梁安装天轮。在支柱侧面固定滑轨,用以控制吊盘并起导向作用。钢支柱截面形式可采用矩形或三角形,材料可选用角钢也可用钢管。

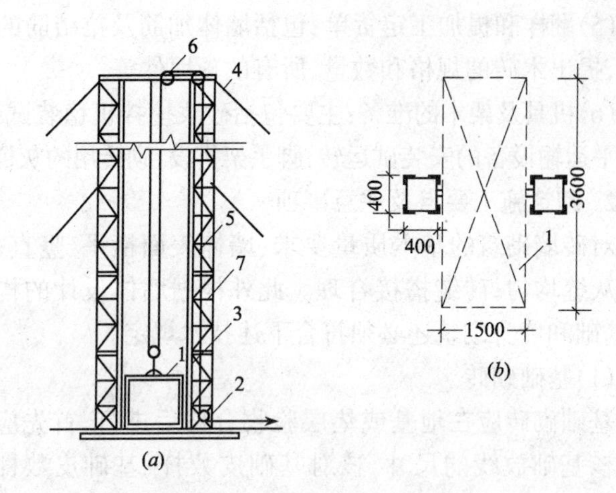

图 2-16 钢龙门架示意图

(a)龙门架立面图;(b)龙门架平面图

1—吊盘;2—地轮;3—导轨;4—缆风绳;5—钢丝绳;6—天轮;7—支柱

2.1.4 主体砖墙结构砌筑

1. 砖墙砌筑前的准备

正式砌筑之前,主要的技术准备包括:

(1)熟悉施工图纸和设计说明。

(2)按施工图纸和设计说明编制分项施工设计,进行技术交底。

(3)按设计图复核墙轴线、外包线和洞口的位置和尺寸,并办理预检手续。

(4)绘制和钉立皮数杆。皮数杆要绘出洞口标高、砖行及木砖插铁、过梁、围梁和楼板的位置。

皮数杆一般钉立于墙的四大角和转角处,以及内墙尽端和楼梯间处。皮数杆钉立要抄平严格掌握标高,皮数杆要立在同一标高上。砌筑一定高度后应随着按皮数杆检查砖行和标高。

(5)翻样和提加工定货单:包括墙体加筋及拉结筋的翻样加工,提出木砖的规格和数量、所有的预埋件等。

(6)机具及架木的准备:主要包括砂浆搅拌机稳装试车,垂直水平运输设备的安装试运转,脚手架搭设,砌砖用的灰桶等。

2. 砌筑施工要点及注意事项

对砖墙砌筑的基本质量要求:墙体表面横平、竖直;灰浆饱满灰缝均匀;砖缝搭接合理。此外根据墙体设计的构造要求,基础和墙身砌筑还必须符合下述技术规定。

(1)基础砌砖

基础砌砖应在地基或垫层验收合格后进行,首先应用钢尺校核基础放线的尺寸,核对基础皮数杆(基础皮数杆是以±0.00为准向下划分砖行的)。如基础标高出现高度差时,应从标高最低处砌起,亦自高台向低台搭接,以保证基础砖咬合牢固,传递荷载合理。高、低台的搭接长度应按设计图纸规定进行。在无设计要求时,基础高低台搭接长度不应小于基础扩大部分的高度。

基础的扩大部分砌筑应满铺满挤,不准用填心砌法,关键是砌体砂浆饱满密实,压缝合理。退台应对称、均匀一致,不应产生过大偏心,以免影响基础受力。当退台收到基础墙时,应挂中线检查墙的位置,不准超过允许误差值。

砌筑穿过基础墙的管洞,应按规定留出沉降的空间,以防止由于基础下沉挤压管道引起事故。室内暖气沟挑砌应砌丁砖,并控制准上平标高,以免影响首层地面的厚度和地面平整。基础墙的防潮层应按设计规定施工,如设计无规定时,宜用1:2.5配比的水泥砂浆加适量的防水剂铺设,其厚度为20mm。防震设防地区不应采用油毡作基础墙的水平防潮层,以免影响此处的抗水平剪力的能力。

基础墙体砌完后应及时回填土方。回填时应考虑墙的砂浆强度尚未达到设计强度，宜采用两侧对称回填，以防将墙挤偏，遇有暖气沟时，应设支撑后回填。最后要校核基础墙的顶面标高和轴线位置，做好记录。

(2)结构砖墙砌筑

主体结构砖墙砌筑包括排砖撂底，门窗洞口的留设，安装预制过梁，留置构造柱和圈梁豁子等。砌砖临时中断处，要按规范规定留槎和加拉结筋等。立体结构墙应从以下几个方面严格控制质量。

1)排砖撂底

排砖撂底是在选定排砖法之后进行的，通常采用满丁满条转多，还有三顺一丁和梅花丁等。

排砖撂底是砌砖之前重要准备工序，它直接影响墙面质量、洞口位置、活茬好坏和砌砖效率。

撂底的原则：清水砖墙由下到上不变的砖砌法。门窗洞口和转角与墙垛应赶好活，砖缝大小合适。墙的转角处和门窗口膀处，顶头尽端砌法是：凡是条砖层应砌七分头，丁砖层则可丁砖到头，门窗口膀两边应砌法对称，不得出现“阴阳膀”。当条砖层出现半砖时，丁砖只能加在墙面中间；如出现1/4砖时，需改成丁砖加七分头的办法处理，亦应加在墙面中间，并需层层如此，不能移位。如砖缝或垛角调整有困难时，允许门窗洞口搬家，但不得超过60mm。

撂底是在防潮层上排砖，第一层排砖一般两山墙排丁砖，前后沿墙排条砖。注意山墙两大角排砖必须对称。

2)砌筑高差的控制

同一楼层内的砖墙由于砌砖和安装楼板，要进行前后流水施工，要分段砌筑。因此，先后砌筑的分界线处存在高差。

按施工验收规范规定:相邻两段砌体的高差不得超过一个楼层高并不得超过4m。同一段内的临时中断处高度限制,不应超过一步架。

一幢建筑有高低层时,墙体砌筑应先砌高层部分,以减少因地基沉降不均引起相邻墙体的变形或裂缝。

3)门窗过梁及楼板标高的控制

门窗过梁及楼板的位置是否能准确的符合设计标高,取决于能否按照皮数杆砌筑。只有按照皮数杆砌筑,才能保证门窗、楼板安装的质量。所以,应随时检查砖行与皮数杆一致。如有偏差应及时调整。这是砌砖的又一重要质量问题。

4)槎子的留设和拉结筋的规定

砖墙的转角和交接处,按规定应同时砌筑,以保证砖墙结构重要受力部位的墙体强度。对于不能同时砌筑而必须临时中断之处,应留设斜槎,实心砖砌体斜槎留设长度应不小于高度的2/3,见图2-17。空心砖砌体的斜槎长度与高度之比应按砖的规格尺寸而定。

当临时中断处留斜槎确有困难时,除转角处以外,也可留直槎,但必须留设阳槎并加拉结筋。拉结筋的位置和数量规定:每120mm墙厚放置一根直径为6mm的钢筋;且不得小于两根沿墙高每50mm加一道,压入墙的尺寸是由留槎处计算,每边不应小于500~1000mm,钢筋末端应做90°弯钩,如图2-18所示。

上述留直槎的规定,同样适用于隔墙与墙或柱连接处的临时中断处理。从墙或柱中伸出阳槎,并在墙或柱的灰缝中预埋拉结筋,每道不少于2根,其做法与图2-18相似。

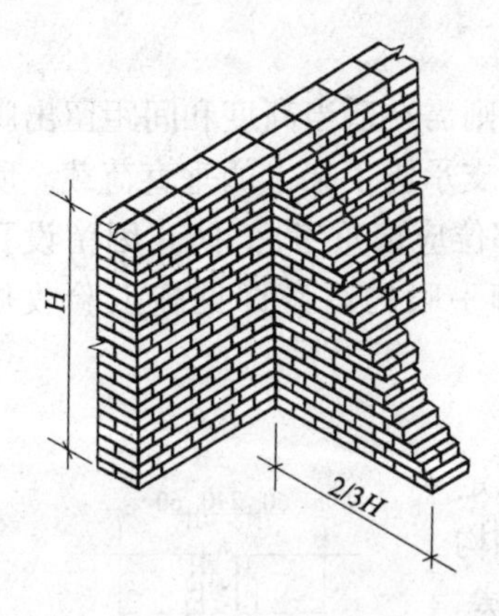

图 2-17　实心砖斜槎

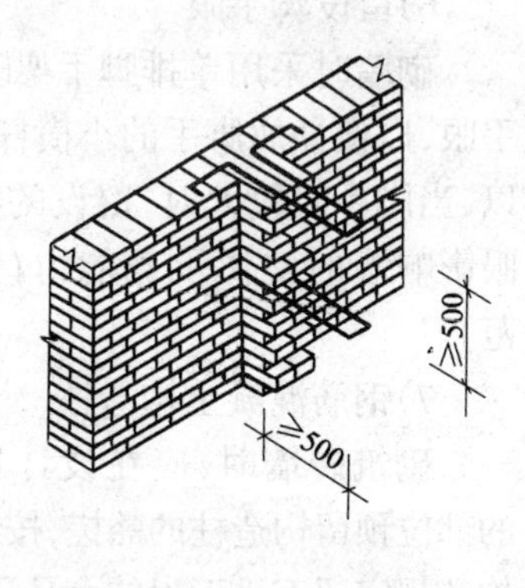

图 2-18　实心砖直槎

承重墙的丁字接头处留槎时，由于在外脚手架上砌筑，内墙上留槎过长则操作困难，所以斜槎只留在下端的 1/3 墙高，以上留直槎并按上述加筋规定留设拉结筋如图 2-19。

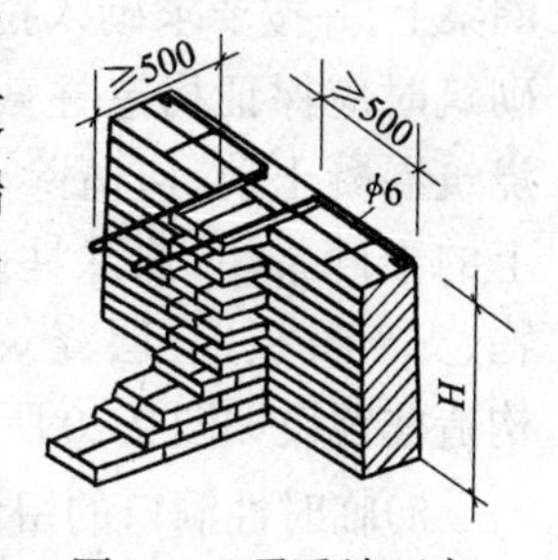

图 2-19　承重墙丁字接头留槎

5)门窗口木砖的留设

门窗采用后塞口时，砌墙时应留设木砖。木砖的形状和尺寸应有利于与墙身牢固连接，木砖应进行防腐处理(多用氟化钠浸渍)。木砖留设数量与门窗口的高度有关：洞口高在 1.2m 以内每边留二块；洞口高在 2m 以内每边留三块；洞口高于 2m 则每边留四块。

木砖留设位置，一般传统做法是"上三下四中档均分"，即由洞口的上、下返三或四皮砖放置木砖。中间部分按应留木砖块数均分。木砖年轮不得向外，以利牢固咬钉。单砖墙留设木砖宜采用带木砖的混凝土块，确保与墙的可靠连接。

6)留设脚手眼

砌墙时采用单排脚手架时则需在适当高度和间距留出脚手眼,以便插放脚手的小横杆,支承脚手架上的垂直荷载。所以,当脚手眼较大时,留设的部位应慎重考虑,防止因留设孔眼影响墙的整体承载能力(脚手眼的留设详见施工验收规范)。

7)钢筋混凝土构造柱

砌筑砖墙时,应在设计规定的部位预留构造柱的豁槎,按结构构造规定留五进五出的大马牙槎。构造柱必须牢固的生根于基础或圈梁上,并按要求砌入拉结钢筋。砌筑时应保证构造柱截面尺寸。浇筑混凝土前,应清除干净钢筋上的干砂浆块,清除柱内碎砖杂物,支牢模板,分层浇筑混凝土。构造柱留设如图2-20所示。

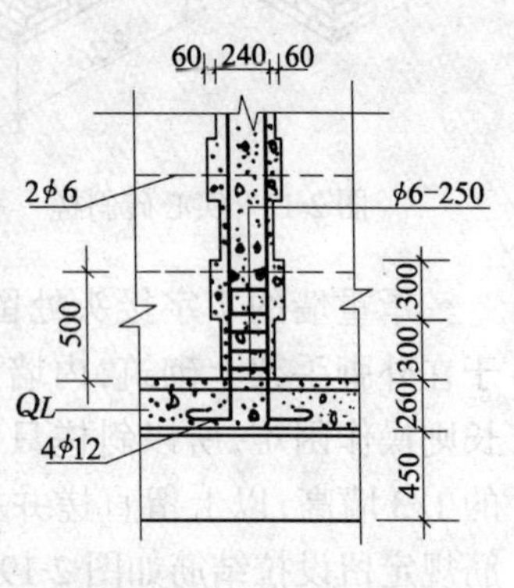

图2-20　构造柱留设示意图

8)临时性洞口的留设

砌体结构施工时,为了装修阶段的材料运输和人员通过,常在外墙和单元楼的单元隔墙上留设临时性施工洞,为保证墙身的稳定和人身安全,留设洞口的位置应符合规范要求,一般洞口侧边距丁字相交的墙面不小于500mm,而且洞顶宜设置过梁。

如在抗震设防地区,设计裂度为9度的建筑物上留设洞口,必须与设计单位研究决定。

9)墙和柱的允许自由高度

在砖墙或砖柱的砌筑施工中,尚未安装楼板之前有可能遇到大风时，其允许自由高度不得超过表 2-4 的规定，否则应采取可靠的临时加固措施，以保证整体稳定和施工安全。

墙柱的允许自由高度 表 2-4

墙(柱)厚(mm)	砌体密度 > 1600(kg/m^3)			砌体密度 1300 ~ 1600(kg/m^3)		
	风载(kN/m^2)			风载(kN/m^2)		
	0.3(约7级风)	0.4(约8级风)	0.5(约9级风)	0.3(约7级风)	0.4(约8级风)	0.5(约9级风)
190	—	—	—	1.4	1.1	0.7
240	2.8	2.1	1.4	2.2	1.7	1.1
370	5.2	3.9	2.6	4.2	3.2	2.1
490	8.6	6.5	4.3	7.0	5.2	3.5
620	14.0	10.5	7.0	11.4	8.6	5.7

注：1. 本表适用于施工处相对标高(H)在 10m 范围内的情况。如 $10m < H \leqslant 15m$，$15m < H \leqslant 20m$ 时，表中的允许自由高度应分别乘以 0.9、0.8 的系数；如 $H > 20m$ 时，应通过抗倾覆验算确定其允许自由高度。

2. 当所砌筑的墙有横墙或其他结构与其连接，而且间距小于表列限值的 2 倍时，砌筑高度可不受本表的限制。

10)有关丁砖层的规定

砖墙体砌筑时，承重墙的每层最上一皮砖应砌丁砖层，以使楼板支承点牢靠稳定，锚固和受力均较合理。在梁或梁垫的下面、挑檐和腰线等处，也应用丁砖层砌筑，以保证砌体的整体强度。

11)清水砖墙勾缝

清水砖墙的砖缝的处理关系到墙面的美观和墙体的密闭程度，应严格按照操作规程进行勾缝。

12)砖砌体的位置及垂直度允许偏差应符合表 2-5 的规定。

13)砖砌体的一般尺寸允许偏差应符合表 2-6 的规定。

砖砌体的位置及垂直度允许偏差　　表 2-5

项次	项目			允许偏差(mm)	检验方法
1	轴线位置偏移			10	用经纬仪和尺检查或用其他测量仪器检查
2	垂直度	每层		5	用2m托线板检查
		全高	≤10m	10	用经纬仪、吊线和尺检查，或用其他测量仪器检查
			>10m	20	

砖砌体一般尺寸允许偏差　　表 2-6

项次	项目		允许偏差(mm)	检验方法	抽检数量
1	基础顶面和楼面标高		±15	用水平仪和尺检查	不应少于5处
2	表面平整度	清水墙、柱	5	用2m靠尺和楔形塞尺检查	有代表性自然间10%，但不应少于3间，每间不应少于2处
		混水墙、柱	8		
3	门窗洞口高、宽（后塞口）		±5	用尺检查	检验批洞口的10%，且不应少于5处
4	外墙上下窗口偏移		20	以底层窗口为准，用经纬仪或吊线检查	检验批的10%，且不应少于5处
5	水平灰缝平直度	清水墙	7	拉10m线和尺检查	有代表性自然间10%，但不应少于3间，每间不应少于2处
		混水墙	10		
6	清水墙游丁走缝		20	吊线和尺检查，以每层第一皮砖为准	有代表性自然间10%，但不应少于3间，每间不应少于2处

2.1.5 砖砌体的冬期施工

1. 砖砌体冬期施工的特点

冬期施工的概念：当连续5d内的室外日平均气温稳定低于5℃，砌体工程应采取冬期施工措施。砌体工程施工应遵照施工及验收规范冬期施工规定进行。而气温可根据当地旬气象预报或历年气象统计资料估计。

冬期砌墙的主要问题是砂浆遭受冻结。砂浆所含的水受冻结冰后，一方面影响水泥的硬化，另一方面由于冻结会使砂浆体积膨胀大约8%，体积的膨胀会破坏砂浆内部结构，使其松散而降低凝结力。所以冬期砌砖要严格控制砂浆中水的用量，并采取避免或延缓砂浆中水的冻结的措施，以保证砂浆正常硬化，使砂浆达到设计要求。

冬期砌筑墙体时，应严格按照施工及验收规范的规定进行施工。

2. 冬期施工对建筑材料的要求

砖在砌筑前应清除冰霜，在负温度条件下砌砖浇水确有困难时，应适当增大砂浆稠度，以保证砌体的砖和砖可靠结合，避免砖过多吸收砂浆中的水而影响水泥的正常硬化。

冬期施工所用砂浆宜采用普通硅酸盐水泥拌制，充分发挥其早强、水化热较高和耐冻性能较好的特点。冬季砌砖不得使用无水泥配制的砂浆。

砂浆所用的石灰膏、电石膏和黏土膏受冻后不得使用，遭冻结后应待其融解后方可使用。

砂浆用砂不得含有冰块和直径大于10mm的冻结块，以免影响砂浆的匀质性和水泥的正常硬化。如砂子需要加热时，其温度不宜超过40℃。

拌合砂浆用水需加热时，其温度不得超过80℃，避免热水与水泥直接接触而产生假凝现象。

此外还应选用适当的保温覆盖材料,每天砌筑后应对砌体覆盖保温,避免砂浆过早受冻影响砌体的整体强度。

3. 砌砖工程的冬期施工方法

(1)掺盐砂浆法

在天气平均气温低于5℃的条件下砌砖,可在砂浆中掺入一定数量的氯盐,使砂浆在负温度中强度继续缓慢增长,并与砖块有一定的粘结力,或使砂浆在冻结前能达到一定的强度。以保证砂浆解冻后强度继续增长。

掺盐砂浆用盐以氯化钠为主。当气温过低时可掺入双盐(氯化钠和氯化钙)。氯盐掺量应适量不宜过多,超过10%时有严重的析盐现象,若超过20%则砂浆强度显著降低。但是氯盐掺量过少,又不能达到降低冰点维持水泥水化作用的目的。施工验收规范对于一般砌筑工程的砂浆掺盐作了明确的规定如表2-7所列。

掺盐砂浆的掺盐量(占用水量的%)　　**表2-7**

项　次	日最低气温			等于和高于 -10℃	-11℃ ~ -15℃	-16℃ ~ -20℃	低于 -20℃
1	单　盐	氯化钠	砌　砖	3	5	7	—
			砌　石	4	7	10	—
2	双　盐	氯化钠	砌　砖	—	—	5	7
		氯化钙		—	—	2	3

注:1. 掺盐量以无水氯化钠氯化钙计。
2. 如有可靠试验依据,也可适当增减掺盐量。
3. 日最低气温低于-20℃时,砖石工程不宜施工。

氯盐对钢筋有一定的腐蚀作用,配筋砌体的钢筋应进行防腐处理。氯盐的水溶液是电的导体,故在发电站、变电所的砖墙砌筑中不准采用掺盐砂浆。氯盐砂浆砌筑的砌体吸湿性较大，在高级建筑、装饰艺术要求高的工程以及房屋使用时的湿度大于60%的工程不得采用氯盐砂浆。

掺盐砂浆使用时的温度不应低于5℃。如日最低气温等于或低于-15℃时，设计无具体要求的情况下，一般将砌筑承重砌体的砂浆强度等级按常温时提高1级，以保证承重砌体的强度。

如掺盐砂浆同时需要掺入微沫剂时，氯盐溶液和微沫剂溶液必须分开拌合并先后加入。

当气温较低时，还可以采用热砂浆掺氯盐的办法，用以保证砂浆的早期强度和砌筑的质量，砂浆的原材料加热要求，应符合前述的有关规定。

(2)冻结法

冻结法是用普通砂浆进行砌筑的一种方法，不需掺加外加剂。其特点是砌筑后砂浆在负温度下迅速冻结，并因结冻而具有一定的坚硬度，但是砂浆内的水泥的水化作用极其缓慢，待砂浆开始解冻时，砂浆强度仍然很低，转入常温后才逐渐提高强度。采用冻结法施工时，应会同设计单位共同制定在砌筑过程和解冻期必要的加固措施，以保障工程结构和施工的安全。

采用冻结法施工时应注意的几个问题：

采用冻结法当室外空气温度分别为0～-10℃、-11～-25℃、-25℃以下时，砂浆使用最低温度分别为10℃、15℃、20℃。

当日最低气温高于或等于-25℃时，对砌筑承重砌体的砂浆强度等级应按常温施工时提高1级；而当日最低气温低于-25℃时砂浆强度等级则应提高2级。

为保证砌体在解冻时的正常沉降，尚应符合下列规定：

1)每日的砌筑高度及砌筑临时中断处,均不得超过1.2m;

2)跨度大于0.7m的过梁,应采用预制构件;

3)在门窗框上部应留出缝隙,缝的大小在砖砌体中不应小于5mm;

4)砖砌体的水平灰缝厚度不宜大于10mm;

5)砌体中留置洞口和沟槽时,应在砌体解冻前填砌完毕;

6)解冻前,应清除房间内施工时剩余的建筑材料等临时荷载。

在天气缓暖砌体解冻期间,应经常对砌体结构进行观测和检查,如发现裂缝与不均匀下沉等情况,应及时分析原因并立即采取加固措施。

但是,空斗墙受侧压力的砌体或在解冻期可能受到振动的砌体,以及不允许发生沉降的砌体均不得采用冻结法施工。

2.2 钢筋混凝土工程

钢筋混凝土广泛地用于各类结构体系中,所以钢筋混凝土工程在整个建筑施工中占有相当重要地位。钢筋混凝土工程包括模板的制备与组装、钢筋的制备与安装和混凝土的制备与浇捣三大施工过程。钢筋混凝土的一般施工程序如图2-21所示。

2.2.1 模板工程

1.模板的作用、组成及基本要求

模板是钢筋混凝土按设计形状成型的模具。钢筋混凝土结构的模板由模板及支撑系统两部分组成。

模板直接接触混凝土,使混凝土筑成设计规定的形状和尺寸。模板要承受自重和作用在它上面的结构重量及施工荷载。

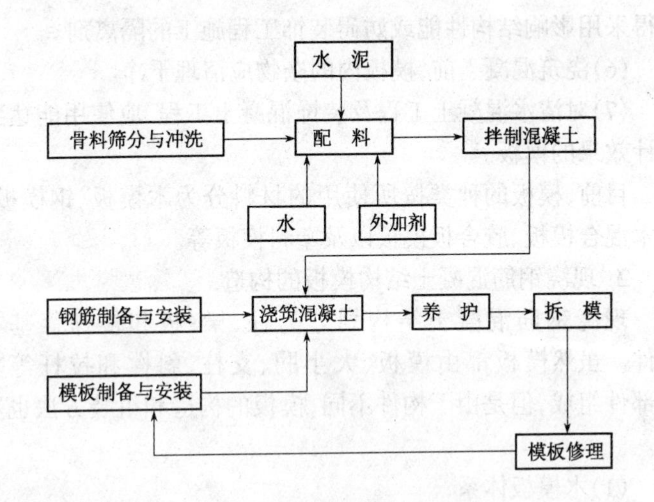

图 2-21 钢筋混凝土施工程序

支撑系统是保证模板形状、尺寸及其空间位置的准确性之构造措施。根据不同的结构特征及其所处空间位置分别选择和设计不同的支撑系统。

因此，在现浇钢筋混凝土结构施工中，对模板系统的基本要求是：

(1)能保证结构和构件各部分的形状、尺寸及其空间位置的准确性。

(2)模板与支撑均应具有足够的刚度、强度及整体的稳定性。

(3)模板系统构造要简单，装拆尽量方便，能多次周转使用。

(4)模板拼缝不应漏浆，在浇筑混凝土前，木模板应浇水湿润，但模板内不应有积水。

(5)模板与混凝土的接触面应清理干净并涂刷隔离剂，但不得采用影响结构性能或妨碍装饰工程施工的隔离剂。

(6)浇筑混凝土前,模板内的杂物应清理干净。

(7)对清水混凝土工程及装饰混凝土工程,应使用能达到设计效果的模板。

目前,模板的种类按所使用的材料分为木模板、钢模板、钢木混合模板、胶合板模板以及塑料模板等。

2. 现浇钢筋混凝土结构模板的构造

现浇钢筋混凝土结构划分为柱、梁、板和楼梯等基本构件。虽然模板都由模板、大小肋、支柱、斜撑和拉杆等基本部件组成,但是由于构件不同,模板的构造和组装方法也不同。

(1)木模板体系

1)基础模板

混凝土和钢筋混凝土基础,一般分为条形基础、独立式基础和箱形基础,而箱形基础系由板和墙组成,与板或墙的模板相似。故只介绍条形基础和独立基础模板构造。

独立基础支模方法和构造如图 2-22 所示;条形基础支模方法和模板构造如图 2-23 所示。

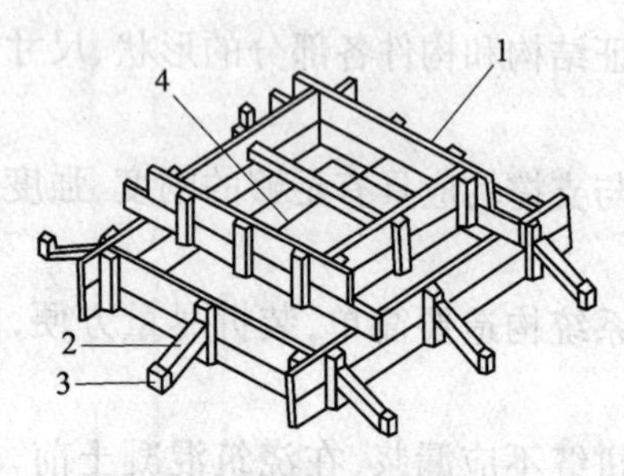

图 2-22 独立基础模板

1—侧模;2—斜撑;3—木桩;4—钢丝

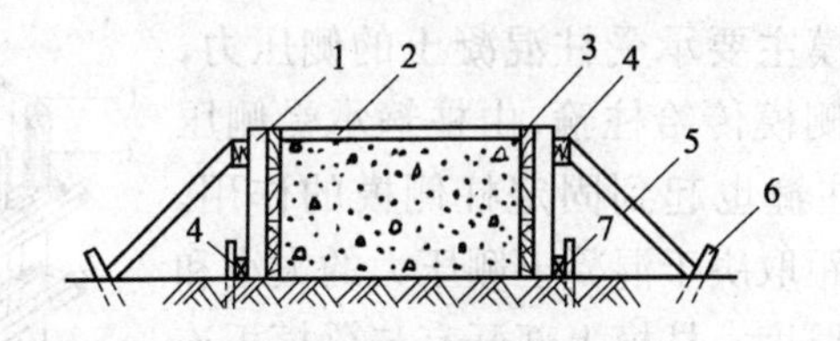

图 2-23 条形基础模板

1—立楞；2—支撑；3—侧模；4—横杠；5—斜撑；6—木桩；7—钢筋头

条形基础在一般建筑工程中采用较多，主要模板部件是侧模和支撑系统的横杠和斜撑。立楞（立档）的截面和间距与侧模板的厚度有关，立楞是用来钉牢侧模和加强其刚度的。杯形基础在工业厂房中采用较多，其模板支法与独立式基础模板（图 4-2）相似，只需增加杯口芯模即可。条形（也称带形）基础木模主要尺寸可参考表 2-8。

条形基础木模尺寸（mm） 表 2-8

基础深度	立档最大间距				立档最大断面	立档钉法
	侧板厚度 20		侧板厚度 30			
	机械捣固	人工捣固	机械捣固	人工捣固		
300	600	800	900	1200	50×30	平放（钉于宽面）
400	550	750	800	1000	50×30	平放（钉于宽面）
500	500	700	700	900	60×40	平放（钉于宽面）
600	450	650	650	850	40×60	立放（钉于窄面）
700	400	600	600	850	40×80	立放（钉于窄面）

2）柱模板

柱的特点是高度大而截面积小。图 2-24 为矩形柱模板，它是由两片相对的内拼板和两块相对的外拼板以及柱箍组成。柱侧模主要承受柱混凝土的侧压力,并经过柱侧模传给柱箍,由柱箍承受侧压力,同时柱箍也起到固定柱侧模的作用。柱箍的间距取决于混凝土侧压力的大小和侧模板的厚度。柱模上部开有与梁模板连接的梁口。底部开设有清扫口,以便清除杂物。当柱高超过振捣器软轴长度时,应在柱侧模上留出门子口,待浇完下部混凝土时,用门子板封住门子口。模板底部设有底框用以固定柱模的水平位置。独立柱时,四周应设斜撑。如果是框架柱,则应在柱间拉设水平和斜向拉杆,将柱连为稳定整体。

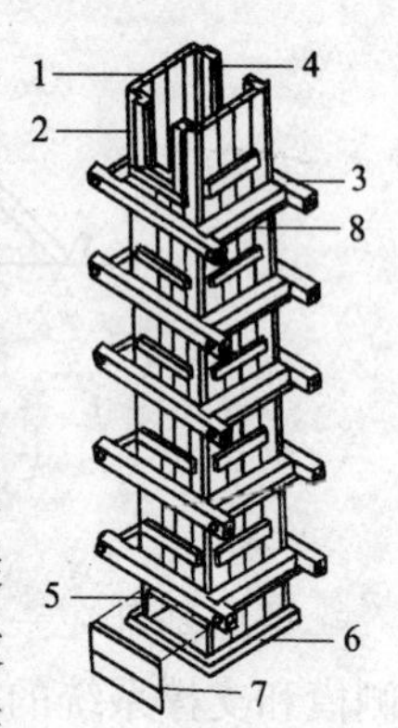

图 2-24　矩形柱模板

1—内拼板;2—外拼板;3—柱箍;4—梁缺口;5—清扫口;6—底框;7—盖板;8—拉紧螺栓

柱箍除用木方和螺栓外,也可用钢筋套和角钢制作。柱箍可制成各种形式,关键是能可靠承受侧压力。柱木模常用尺寸参考表 2-9。

柱木模主要尺寸(mm)　　　　**表 2-9**

柱断面	金属模箍		木模箍	
	模箍最大间距	模箍最小断面	模箍最大间距	模箍最小断面
300×300	500	5×45	600	25×100
400×400	500	5×45	600	40×100
500×500	450	5×45	600	40×100
600×600	600	5×75	600	40×120
700×700	600	5×75	600	40×150
800×800	400	5×75	600	40×160
900×900	—		600	50×200
1000×1000	—		600	50×200

注:模板厚度为 25mm。

3)墙模板

钢筋混凝土墙的模板是由相对的两片侧模和它的支撑系统组成。由于墙侧模较高,应设立楞和横杠,来抵抗墙体混凝土的侧压力。两片侧模之间设撑木和螺杆与钢丝,以保证模板的几何尺寸(如图 2-25)。

4)梁模板

梁的特点是跨度较大而截面较小,梁下面是悬空的,这是考虑梁支模的特点。梁的模板由梁底模和两侧模以及支撑系统组成,如图 2-26 所示。

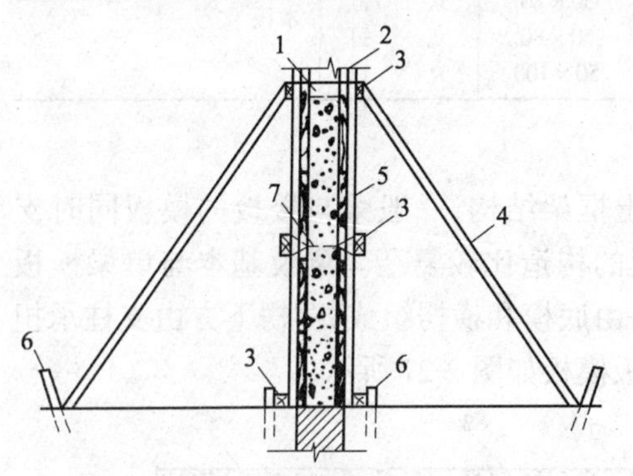

图 2-25　墙模示意图

1—内支撑木;2—侧模;3—横杠;4—斜撑;5—立楞;6—木桩;7—钢丝

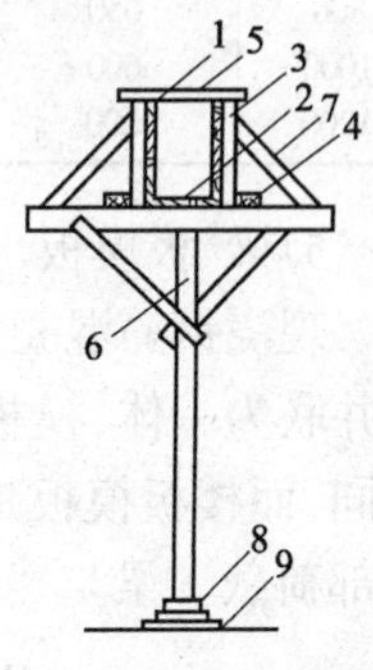

图 2-26　单梁模板

1—侧模板;2—底模板;3—侧模立档;4—横带(夹板);5—撑木;6—支柱;7—斜撑;8—木楔;9—垫板

梁的侧模板承受混凝土侧压力,底部用横带夹牢而内侧靠在底模上。横带应钉固在支柱横梁上。侧模上部靠斜撑固定。梁底模和支柱承担全部垂直荷载,底模和支柱应具备足够的强度和刚度,故梁底模一般用 40 ~ 50mm 的厚板,支柱一般用 100mm × 100mm 的方木,立柱之间拉设斜撑和拉杆,增加立柱间的稳定性。支柱下端加一对木楔,用以调整梁底标高和拱度。支柱下的垫板是为增大支承点受力面积，避免不均匀下沉。梁模板主要参考尺寸见表 2-10。

梁木模主要尺寸(mm)　　　　表 2-10

梁　高	侧板厚度 35(机械振捣)			附　　注
	立档间距	立档断面	立档钉法	
300	800	30×60	平　　钉	1. 支柱用 100×100 方木； 2. 底板用 40～50 厚木板
400	800	30×80	平　　钉	
500	750	40×60	立　　钉	
600	700	40×80	立　　钉	
800	650	50×80	立　　钉	
1000	600	50×80	立　　钉	
1200	600	50×100	立　　钉	

5)梁、板模板

现浇钢筋混凝土框架结构，一般梁与楼板的模板同时支搭并联为一体，模板的构造比较复杂。梁模基本与单梁模板相同，而楼板模板是由底模和横楞组成，横楞下方由支柱承担上部荷载。梁与楼板模板如图 2-27 所示。

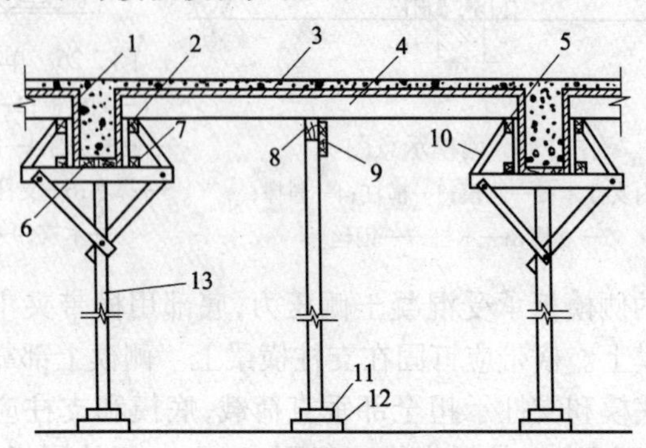

图 2-27　梁板模板

1—梁侧模；2—立档；3—底模；4—横楞；5—托木；6—梁底模；7—横带；8—横杠；9—连接板；10—斜撑；11—木楔子；12—垫板；13—立柱

梁与楼板支模,一般先支梁模板后支楼板的横楞,再依次支设下面的横杠和支柱。在楼板与梁的连接处则靠托木支撑,经立档传至梁下支柱。楼板底模铺在横楞上。常用的楼板木模尺寸见表2-11。

楼板木模主要尺寸(mm) 表2-11

楼板净跨	楼板厚度				附注
	60~80	80~120	60~80	80~120	
	横楞断面尺寸		托木断面尺寸		
1600	40×100	50×100	40×100	50×100	1. 横楞间距一律采用500 2. 底板厚度25
1800	40×120	50×100	40×120	50×120	
2000	40×120	50×120	40×120	50×120	
2200	40×140	50×120	40×140	50×140	
2400	40×140	50×140	40×140	50×140	

(2)钢模板体系

现浇钢筋混凝土采用的钢模板,一般有钢大模板和定型组合钢模板。大模板是用于剪力墙钢筋混凝土结构。一般结构体系多采用定型组合钢模板。

定型组合钢模板是灵活性和通用性很强的模板体系。模板设计采用模数制,长度模数采用300mm进位,宽度模数以50mm进位,模板的长度和宽度能互相适应。模板在长度和宽度方向的U形卡孔洞的间距尺寸相互一致,使模板在横竖方向都可互相拼装。定型组合钢模板基本能满足各类建筑体系的施工需要。

定型组合式钢模板由三个系统组成:即模板系统、附件系统和支撑系统。模板系统又分为四种:平面模板(标准板块)、阳角模板、阴角模板和固定角模。模板的标准板块如图2-28所示,配套的角模图如图2-29。

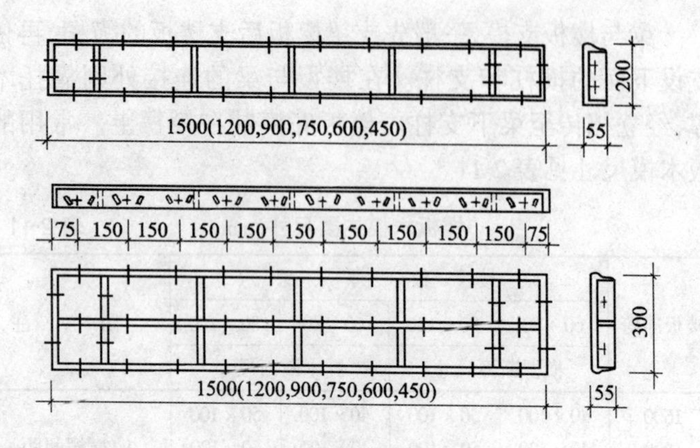

图 2-28　不同宽度的平面模板

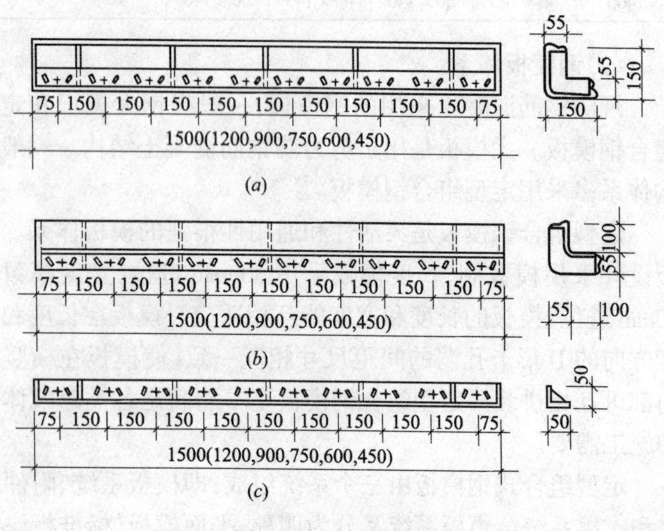

图 2-29　配套角模板

(a)阴角模;(b)阳角模;(c)固定角模

一般平模板代号为P,阴角模代号为E,阳角模代号为Y,固定角模(也称连接角模)代号为J。

标准板块尺寸尚未完全统一,选用时应予注意。原冶金部系统的模板长度为600mm、900mm、1500mm三种,宽度为100mm、150mm、200mm和300mm四种,每种宽度的板都有三种长度。原建工总局系统模板的宽度尺寸同上,长度则为450mm、750mm、900mm和1200mm四种。模板所用钢板厚度一般为2.3~2.5mm,以冷轧钢板较为理想。

钢模的附件系统,即模板的连接配件,一般用于定型组合钢模板的附件有5种,包括U形卡、L形插销、钩头螺栓、主次梁连接件和对拉螺栓。连接配件如图2-30所示。

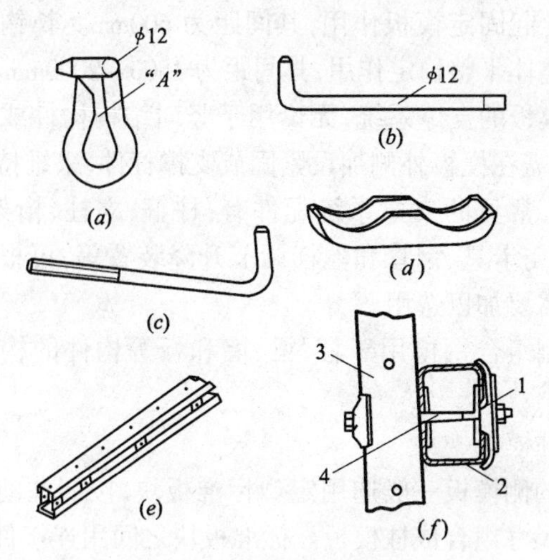

图2-30 连接配件

(a)U形卡;(b)插销;(c)钩头螺栓;(d)"3"字盖板;

(e)组合梁;(f)主次梁连接

1—3字盖;2—主梁;3—次梁;4—螺栓

U形卡和L形插销用于纵横向模板拼接。U形卡可将相邻模板销住并夹紧,以保证相邻模板不错位,并使板块接缝严密,设置间距不大于300mm。L形插销插入模板横肋插销孔内,可增强模板纵向接缝的刚度,也可防止水平模板拆卸时模板一起脱落。

背楞和扣件是用于支撑拼装模板的配件。背楞可用方木或轻型钢组合梁,扣件有蝶型和"3"字形扣件。背楞可与对拉螺栓配套使用,以固定侧模的位置。对拉螺栓可抵抗混凝土对模板的侧压力。

钩头螺栓与扣件配合使用,带钩的一端挂在模板纵肋的孔中,另一端穿过背楞和扣件孔,拧紧螺帽即可固定背楞。短钩头螺栓起固定模板作用,其间距为600mm。长钩头螺栓对模板起整体平整稳定作用,其间距为1500~2000mm。

钢模板的支撑系统,无论用于竖向结构构件或水平结构构件,都需在模板外侧加设紧固或支撑杆件,来维持整体模板的稳定。常见的支撑系统配件有:柱箍、立柱、桁架、三角支架、夹具与卡具、钢管和丝杠调节升降装置等,可根据具体构件支模需要加以选用。

定型组合钢模用于柱、梁、墙和板等构件的构造方法如下。

1)柱模板

柱的侧模板一般选用定型标准板块,按照柱的截面和柱高设计尺寸组合成柱模板。标准板块之间用连接件固定。柱的模板外侧要按规定设置柱箍,用以固定柱模并抵抗新浇混凝土的侧压力。柱模板构造示意如图2-31。

柱箍的形式较多,常见的有:角钢拉杆型、扁钢型、角钢型、薄壁卷边槽钢型和钢管扣件型。施工时应按柱的截面和柱高尺寸选用。

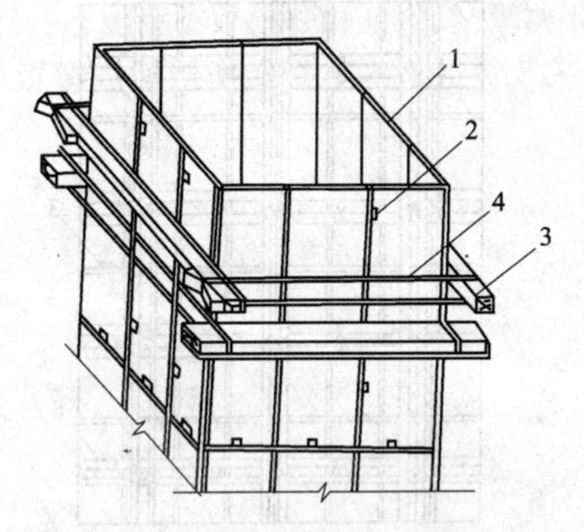

图 2-31 柱模板组装示意图

1—标准板块;2—U形卡;3—柱箍;4—钢筋套箍

2)墙模板

墙模板一般由组合式钢模拼成整片墙模,模板的背面用钢楞(或称钢龙骨)或钢管加强其强度和刚度。两片墙模板之间用穿墙对拉螺栓和套管加以连结和固定,保证墙厚尺寸准确。组合钢模的排列形式分两种,一种是竖向排列,小楞横向布置,大楞竖向布置,如图 2-32 所示。另一种是横向排列,小楞竖向大楞横向布置,如图 2-33 所示。

在墙模板背楞后面,按需要配套水平或斜向支撑系统用以保证墙模板的空间稳定性。

3)梁板模板

现浇钢筋混凝土梁板模板由两大部分组成,梁的模板和板的底模部分,及梁板下面的空间支撑系统。

(a)梁板的模板:梁板的底模和侧模的基本构造与木模相似,不同的是均由定型组合式钢模组成,用连接配件固定为梁板几何形体。具体的构造如图 2-34 所示。

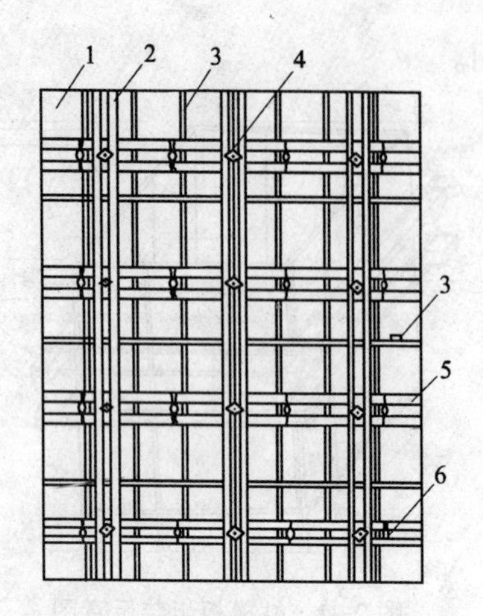

图 2-32　组合钢模竖向排列方式

1—钢模板;2—大楞;3—U 形卡;4—对拉螺栓;

5—小楞;6—钩头螺栓

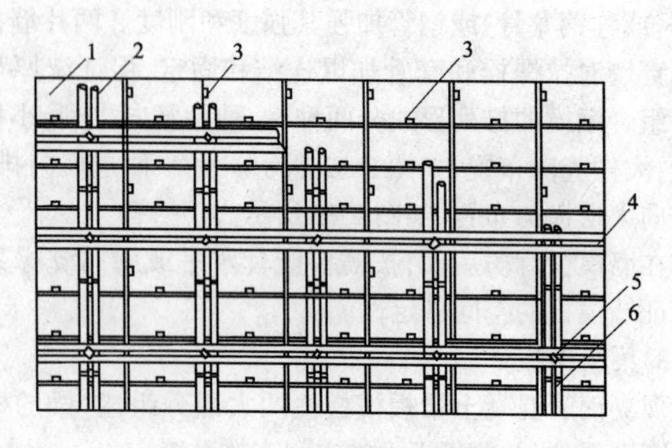

图 2-33　组合钢模横向排列方式

1—钢模板;2—小楞;3—U 形卡;4—大楞;

5—对拉螺栓;6—钩头螺栓

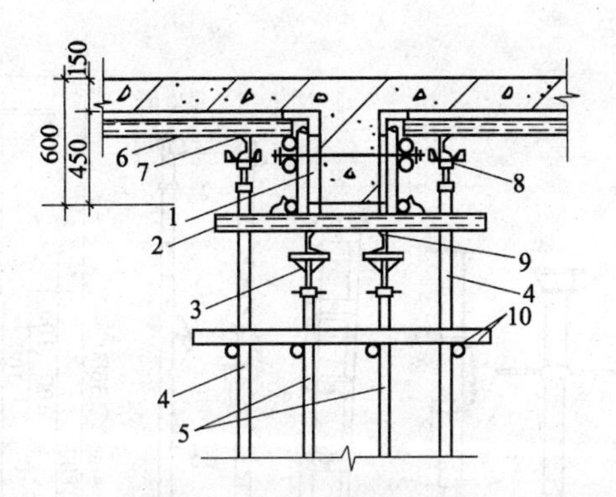

图 2-34 梁、板模板示意图

1—钢模板;2—钢横楞;3—重型升降器;4—板下立柱;5—梁下立柱;6—板上横楞;7—板下纵楞;8—轻型升降器;9—梁下纵楞;10—双向水平拉杆

(b)梁板模板的支撑系统:支撑系统必须构成稳定的力空间结构,并具有足够的整体刚度,以保证结构的浇筑质量和施工安全。支撑系统的组成形式多种多样,所用材料和杆件也不相同。

单立柱和双立柱支撑是传统做法,仍被广泛应用。支柱可用方木或专用金属支柱,详见图 2-35。

钢管脚手架用作支柱,稳定性和坚固性均好,既节约木材又有利于防火,灵活性也较大。图 2-36 是采用扣件式钢管架的梁板模板示意图。

3. 定型组合钢模板的配板设计

定型组合钢模板主要是采用对拉螺栓连接背楞固定。故在构件选配模板板块时,必须确定钢模板平面的开孔位置,以保证相对两片模板的对拉螺栓孔相对应。配板设计应根据结构设计图规定的几何形状和尺寸,选择适当的板块型号、长度和宽度,并决定板块排列方法,计算板块接头位置和细部尺寸,标出对拉螺栓的位置和间距大小。最后绘出配板大样图,这即是配板设计。

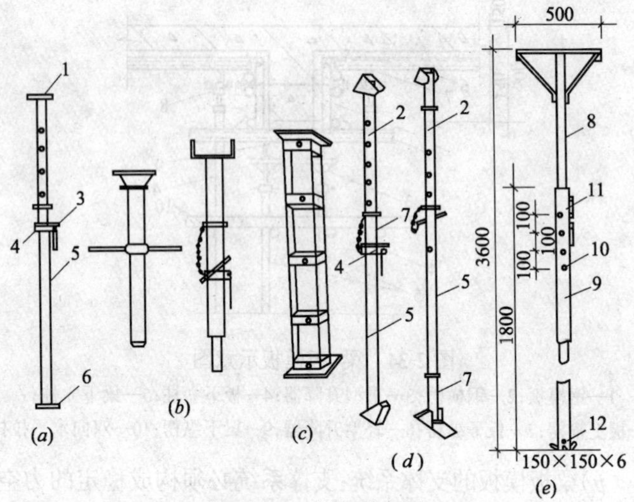

图 2-35 支柱示意图

(a)管架;(b)升降调节器;(c)组合式支柱;(d)斜撑;

(e)钢管大头柱(琵琶撑)

1—顶板;2—插管;3—插销;4—转盘;5—套管;6—底座;7—螺杆;

8—ϕ50 钢管;9—ϕ75 钢管;10—插孔;11—销子;12—滴水孔

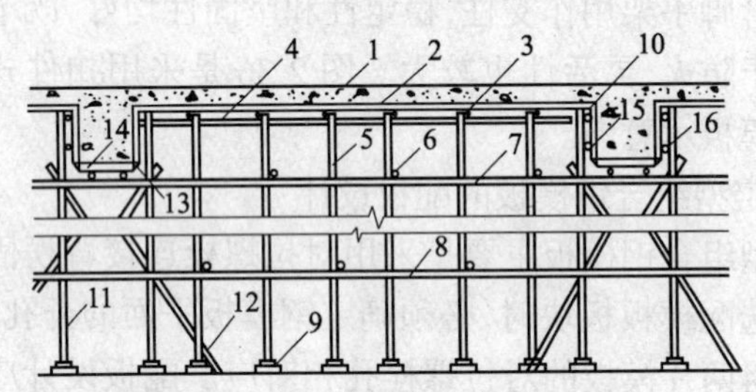

图 2-36 扣件式钢管架支模示意图

1—混凝土楼板;2—楼板底模;3—短管龙骨(楞);4—托管大龙骨(楞);

5—立杆;6—联系横杆;7—通长上横杆;8—通长下横杆;9—底座;

10—阴角模板;11—长夹杆;12—剪刀撑;13—阳角模板;

14—梁底模板;15—梁侧模板;16—梁围檩钢管

配板设计考虑问题的原则如下:

1)配板设计主要依据

主要依据是工程结构施工图,提出结构构件的配制几何尺寸。

选择定型组合钢模板的体系,确定拟采用的标准模板块的尺寸,连系配件和支撑系统的类型。

根据施工方案和流水施工的方法,确定配板的顺序。配板顺序一般由施工程序决定。例如框架结构的配板顺序可采用:基础→柱→梁→平台板的顺序。筏型或箱型基础的剪力墙结构可采用:底板→墙板→顶板的顺序。

2)配板设计的原则

模板配制要保证结构和构件的各部分几何形状和尺寸、相互位置的准确性。应充分考虑模板的装拆方便,拼接严密以免漏浆。

配板时应主要选用宽度为300mm的大规格模板,以小规格模板作补充。内外模板的对拉螺栓孔要能一一对应。所需的各类钢模板及支撑连杆、配件数量应能满足施工需要。

配板应根据结构的几何尺寸(指长度及高度方向的总尺寸)来确定板块进位模数和配置。然后决定模板配置的主导方向,选定是纵向或横向连续配板。对于大面积的连续配板一般都是按照一个主导方向配置,目的是便于布置模板的背楞。如果无规律的纵横向交错配置,则会造成模板背楞排列不一致,互相交叉,影响模板整体连接和稳定(图2-37)。

为保证结构总尺寸的正确性,在结构的总高或总长度较大时(一般大于5m时),连续配板应在模板块中间设置调整尺寸用的木方。

对于截面小而高度超过振捣器软轴长度的柱、墙结构的模板，在配板时应慎重考虑是否需要留设门子板。组合模板留设门子板时封门比较困难，应提出恰当的处理方案。

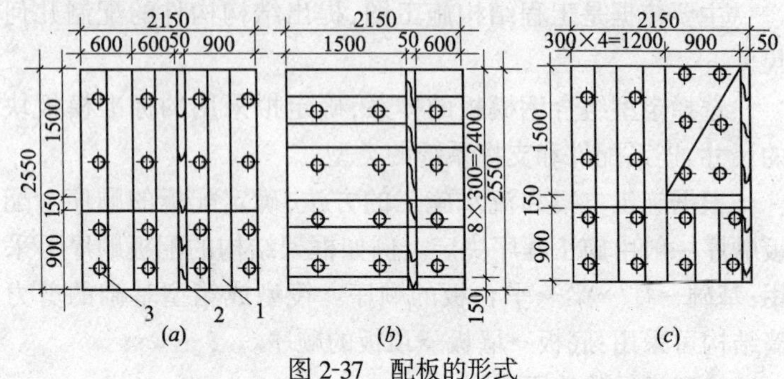

图 2-37　配板的形式

(a)正确的竖向配板；(b)正确的横向配板；(c)不正确的配板

1—模板；2—50×55×2550 的方木；3—对拉螺栓孔

配板时，还应处理好内、外转角处的阴阳角模板与平面模板的连接，使其 U 形卡孔对正。转角模板与平面模板的连接处理如图 2-38。

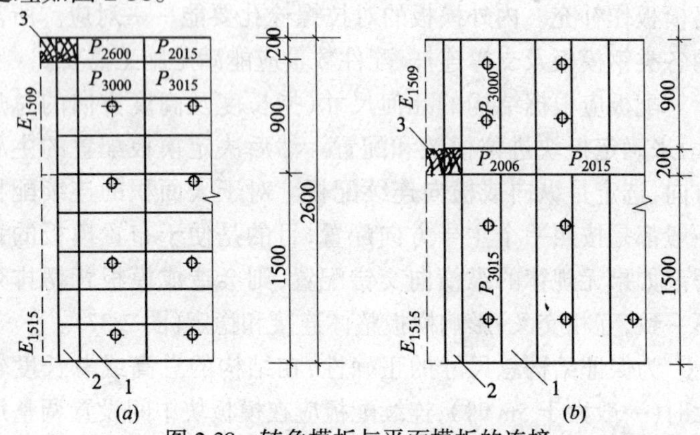

图 2-38　转角模板与平面模板的连接

(a)横向配板；(b)纵向配板

1—平面模板；2—转角模板；3—调整方木

对拉螺栓位置的确定,应根据模板承受的混凝土侧压力的大小决定。按照模板排列顺序和内外模板对拉螺栓孔相对应的要求,确定螺栓的间距和位置。一般对拉螺栓孔仅限在宽300mm的模板上开孔。使用ϕ12钢筋作对拉螺栓时,其模板开孔的排列形式可参考图2-39。

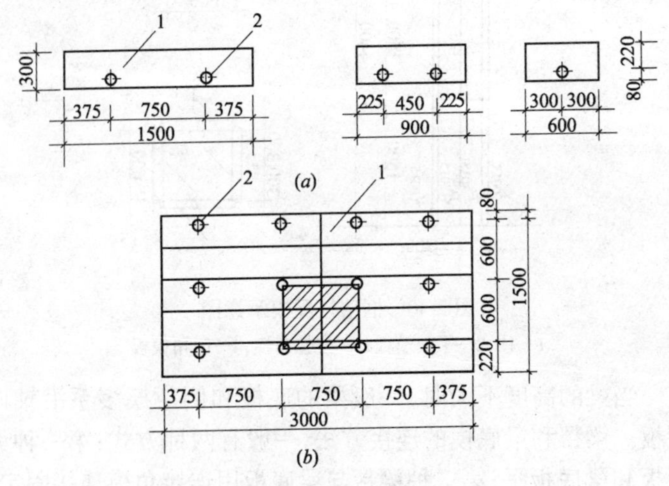

图2-39 对拉螺栓间距布置图

(a)定型组合模板开孔位置;(b)对拉螺栓间距布置

1—模板;2—对拉螺栓孔

3)柱、梁配板示例

运用前述配板的原则,简单介绍柱和梁构件的定型组合钢模配模示意图。

柱的模板配置,大多以竖向排列板块为主,并应留出梁口位置。当柱的高度尺寸与模板组合模数不符时,可用木方补至梁底和平台板的阴角模板底部,尽可能使柱的下端配齐平,见图2-40。

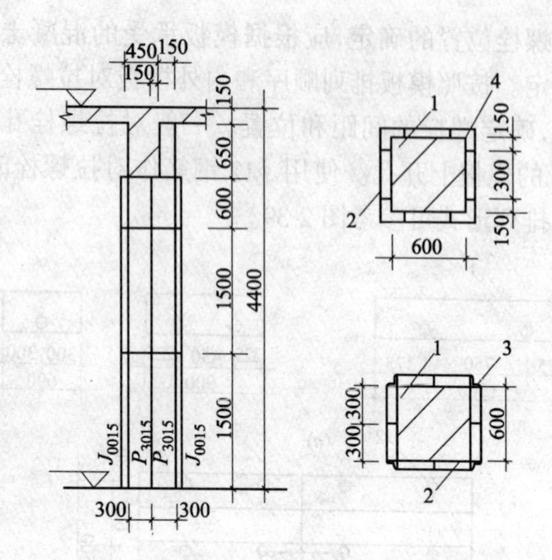

图 2-40 框架柱配模示意图

1—柱；2—平面模板；3—连接角模；4—阳角模板

当梁的高度不大时，一般梁的底模和侧帮模多系沿轴向配板。梁帮和梁底模的连接方法，一般有两种方式：第一种梁帮板和梁底板平；第二种梁帮与梁底板用连接角模连接固定，也可以用阳角模连接帮板和底板。梁的配板方式见图 2-41。

4. 模板的设计

模板设计主要任务是确定模板构造及各部分尺寸，进行模板与支撑的结构计算。

施工及验收规范规定：模板及支架均应根据工程结构形式、施工设备和材料供应等条件进行设计。木模板及支架的设计应符合《木结构设计规范》的规定，但是在木材含水率小于 25%时，容许应力值可提高 10%采用。钢模板及其支架的设计应符合《钢结构设计规范》规定，钢材的容许应力值可提高 25%；采用弯曲薄壁型钢应符合《弯曲薄壁型钢结构技术规范》的规定，钢材的容许应力值不予提高。

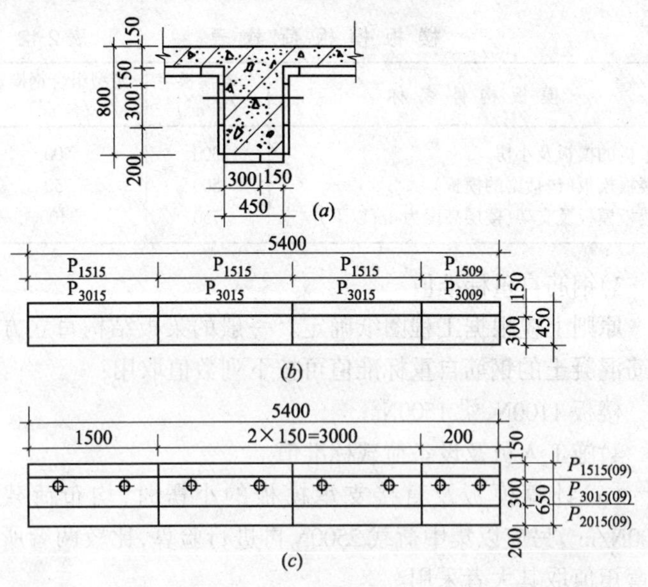

图 2-41　梁模配板示意图

(*a*)梁配板截面图；(*b*)梁底模配板图；(*c*)梁帮模配板图

(1)荷载及其组合

计算模板及其支架时，其荷载取值按《钢筋混凝土工程施工及验收规范》规定，应考虑以下不同荷载，并根据不同情况进行荷载组合。

1)模板及支架的自重标准值

基础、柱、梁以及其他独立式构件模板，按照设计所确定的模板材料和各部分尺寸分别考虑其自重标准值。肋形楼盖及无梁板的荷载，可参照表 2-12 取值。

2)新浇筑混凝土自重标准值

普通混凝土采用 24kN/m^3，其他种类混凝土应根据实际重力密度确定。

楼板模板荷载表　　表2-12

模板构件名称	木模板 (N/m²)	定型组合钢模板 (N/m²)
平板的模板及小楞	300	500
楼板模板(包括梁的模板)	500	750
楼板模板及支架(楼层高度为4m以下)	750	1100

3)钢筋自重标准值

原则上应根据工程图纸确定。一般的梁板结构每立方米钢筋混凝土的钢筋自重标准值可按下列数值取用:

楼板1100N,梁1500N。

4)施工人员及设备荷载标准值

(*a*)计算模板及直接支承模板的小楞时,均布荷载为$2500N/m^2$,另应以集中荷载2500N再进行验算,比较两者所得的弯矩值取其大者采用。

(*b*)计算直接支承小楞结构构件时,均布活荷载为$1500N/m^2$。

(*c*)计算支架立柱及其他支撑结构构件时,均布活荷载为$1000N/m^2$。

对于大型浇筑设备如上料平台、混凝土输送泵等,计算取值应按实际情况考虑。在模板上混凝土堆积高度超过100mm以上时,应按实际高度计算。当模板单块宽度小于150mm时,集中荷载可分布在相邻的两块模板上。

5)振捣混凝土时产生的荷载标准值

由于混凝土振捣而产生的荷载,对于水平面的模板为$2000N/m^2$;对于垂直面的模板为$4000N/m^2$。

6)新浇混凝土对模板的侧压力标准值

新浇筑的混凝土对模板的侧压力大小,直接与混凝土重度、浇筑速度、混凝土入模总高度及振捣有关系。

当采用内部振捣器时,混凝土浇筑速度在 6m/h 以下时,新浇筑的混凝土对模板的最大侧压力可按下列两式计算,并取两式计算结果的最小值。

$$F = 0.22\gamma_c t_0 \beta_1 \beta_2 v^{\frac{1}{2}} \tag{2-1}$$

$$F = \gamma_c H \tag{2-2}$$

式中 F——新浇筑混凝土对模板的最大侧压力(kN/m^2);

γ_c——混凝土的重力密度(kN/m^3);

t_0——新浇混凝土的初凝时间(h),可按实测确定。当缺乏试验资料时,可采用 $t_0 = 200/(T+15)$ 计算(T 为混凝土的温度℃);

v——混凝土的浇筑速度(m/h);

H——混凝土侧压力计算位置处至新浇筑混凝土顶面的总高度(m);

β_1——外加剂影响修正系数,不掺外加剂时取 1.0,掺有缓凝作用的外加剂时取 1.2;

β_2——混凝土坍落度影响修正系数,当坍落度小于 30mm 时,取 0.85;50 ~ 90mm 时,取 1.0;110 ~ 150mm 时,取 1.15。

7)倾倒混凝土时产生的荷载标准值

倾倒混凝土对模板产生的荷载,与混凝土向模板内倾卸方法和所采用的工具有关。倾倒混凝土对垂直模板产生的水平荷载标准值按表 2-13 采用。

计算出各项荷载后,应根据不同结构的模板,按照计算强度和验算刚度的要求,按表 2-14 进行荷载组合。

倾倒混凝土时产生的水平荷载标准值　　表 2-13

向模板中供料方法	水平荷载(N/m^2)
用溜槽、串筒或导管输出	2000
用容量 0.2 及小于 $0.2m^3$ 的运输器具倾倒	2000
用容量 $0.2\sim0.8m^3$ 的运输器具倾倒	4000
用容量大于 $0.8m^3$ 的运输器具倾倒	6000

计算模板及其支架的荷载效应
组合的各项荷载　　表 2-14

模板系统名称	荷载类别	
	计算强度用	验算刚度用
平板和薄壳的模板及其支架	1+2+3+4	1+2+3
梁和拱模板的底板	1+2+3+5	1+2+3
梁、拱、柱(边长≤300mm)、墙(厚≤100mm)的侧模板	5+6	6
大体积结构、柱(边长>300mm)、墙(厚>100mm)的侧模板	6+7	6

(2)验算模板及其支架的刚度时,其变形值不得超过下列数值:

1)结构表面外露的模板,为模板构件计算跨度的 1/400;

2)结构表面隐蔽的模板,为模板构件计算跨度的 1/250;

3)支架的压缩变形值或弹性挠度,为相应结构计算跨度的 1/1000。

(3)模板与支架的设计步骤

模板系统设计的一般步骤为:

1)确定模板系统的结构型式;

2)计算各项荷载并进行荷载组合;

3)确定模板系统各组成构件的计算简图;

4)进行模板系统构件的设计计算。

5. 模板的安装要求

现浇钢筋混凝土结构的模板，应按照前述的模板构造方法进行支搭。模板安装的主要要求和注意事项简述如下：

(1)大型的竖向模板和支撑系统，直接支设在基土上时，立柱支撑应有足够的支承面积(一般设脚手板，扩大支柱与基土的接触面，以减小立柱对基土面的单位压力值)，基土亦应充分夯实，并应有适当的排水措施，防止在施工期间基土沉陷，导致模板系统下沉，影响钢筋混凝土结构的质量。

(2)模板及其支撑系统在安装过程中，必须按规定设置必要的临时连杆和斜撑，来保证模板系统的空间稳定性，以防施工中产生位移甚至倾覆。

(3)现浇钢筋混凝土梁支模时，如梁跨超过 4m，梁底板应按设计要求或规范规定起拱。如设计无具体要求时，起拱度应为梁跨度的 1/1000 ~ 3/1000。

(4)现浇钢筋混凝土多层结构，应采用分段分层支模的方法。在下面一层梁板混凝土浇筑后，进行上面一层的梁板支撑时，应符合下列规定：

1)下层楼板的混凝土应达到足够的强度(规范规定一般混凝土的抗压强度不低于 $1.2N/mm^2$)并设置足够的支撑，使能承受上一层的全部施工荷载；

2)如采用悬吊模板、桁架支撑时，其支撑结构必须具有足够的强度和刚度，以保证悬空支模的稳定、安全度；

3)上一层模板的支柱应对准下一层模板的立柱，使上层的荷载沿立柱直接传递下去，在立柱的下端应铺设垫板增加承载面积，以保障已浇混凝土楼板的安全度。

(5)当楼层高度大于 5m 时，宜采用桁架悬空支模法或多层支架的支模方法。当采用多层支架时，应保证每层横垫板的平稳，立柱应垂直并使上下立柱在同一垂线上，使其传力合理。同时,立柱之间应设必要的拉杆和斜撑,组成稳定的力空间结构,确保模板系统的稳定性。

(6)现浇混凝土梁、板上的埋件和洞口,应与模板牢固连接,位置应准确,不得移位或遗漏。

现浇结构模板安装的允许偏差值,应符合表2-15的规定。

现浇结构模板安装的允许偏差及检验方法　　表2-15

项目		允许偏差(mm)	检验方法
轴线位置		5	钢尺检查
底模上表面标高		±5	水准仪或拉线、钢尺检查
截面内部尺寸	基础	±10	钢尺检查
	柱、墙、梁	+4,-5	钢尺检查
层高垂直度	不大于5m	6	经纬仪或吊线、钢尺检查
	大于5m	8	经纬仪或吊线、钢尺检查
相邻两板表面高低差		2	钢尺检查
表面平整度		5	2m靠尺和塞尺检查

注:检查轴线位置时,应沿纵、横两个方向量测,并取其中的较大值。

预制构件模板安装的偏差应符合表2-16的规定。

预制构件模板安装的允许偏差及检验方法　　表2-16

项目		允许偏差(mm)	检验方法
长度	板、梁	±5	钢尺量两角边,取其中较大值
	薄腹梁、桁架	±10	
	柱	0,-10	
	墙板	0,-5	

续表

项目		允许偏差(mm)	检验方法
宽度	板、墙板	0，-5	钢尺量一端及中部，取其中较大值
	梁、薄腹梁、桁架、柱	+2，-5	
高(厚)度	板	+2，-3	钢尺量一端及中部，取其中较大值
	墙板	0，-5	
	梁、薄腹梁、桁架、柱	+2，-5	
侧向弯曲	梁、板、柱	l/1000且≤15	拉线、钢尺量最大弯曲处
	墙板、薄腹梁、桁架	l/1500且≤15	
板的表面平整度		3	2m靠尺和塞尺检查
相邻两板表面高低差		1	钢尺检查
对角线差	板	7	钢尺量两个对角线
	墙板	5	
翘曲	板、墙板	l/1500	调平尺在两端量测
设计起拱	薄腹梁、桁架、梁	±3	拉线、钢尺量跨中

注：l为构件长度(mm)。

6. 模板的拆除及安全注意事项

(1)模板的拆除

模板拆除的时间，受新浇混凝土达到拆模强度要求的养护期限制。一般工程结构设计对拆模时混凝土的强度有具体规定。如果未做具体规定，应遵守施工规范所做的下列规定：

1)侧模应在混凝土的强度能保持其表面及棱角在拆模时不致损坏时，方准拆除模板。

2)底模及其支架拆除时的混凝土强度应符合设计要求；当设计无具体要求时，混凝土强度应符合表2-17的规定。

底模拆除时的混凝土强度要求表　　　表 2-17

构件类型	构件跨度(m)	达到设计的混凝土立方体抗压强度标准值的百分率(%)
板	≤2	≥50
	>2,≤8	≥75
	>8	≥100
梁、拱、壳	≤8	≥75
	>8	≥100
悬臂构件	—	≥100

3)预制钢筋混凝土构件模板的拆除,如设计无具体要求时,应按下列规范规定进行:

(*a*)构件的侧模板,在混凝土强度能保证构件不变形、棱角完整无损时,即可拆模。

(*b*)构件的芯模或预留孔洞的内模,应在混凝土强度能保证构件和孔洞表面不发生坍陷和裂缝时,方可拆除。

(*c*)构件的承重底模拆除要求强度与构件跨度有关:当跨度等于和小于 4m 时,应在混凝土强度达到设计强度标准值的 50%后拆模;当跨度大于 4m 时,则应达到设计强度标准值的 75%后进行拆模。

(2)安全注意事项

在拆模过程中,如发现混凝土有影响结构安全的质量问题时,应暂停拆除工作,经过研究处理后方可继续拆除。

拆模以后的钢筋混凝土结构,应在混凝土达到设计强度等级后,方准承受全部计算荷载。如果施工荷载产生的效应比使用荷载效应更不利时,必须经过核算并加设临时支撑,保证结构在施工阶段的安全。

拆除的模板和支撑,应及时清理和整修,加以妥善保管,防止模板损坏或变形与锈蚀。

2.2.2 钢筋工程

钢筋工程主要包括:钢筋的进场检验、加工、成型和绑扎安装,以及钢筋的冷加工和焊接等施工过程。

1. 钢筋的冷加工

钢筋冷加工是在常温条件下,通过对钢筋的强力拉伸,达到提高钢筋的抗拉能力,同时还可适当增加细钢筋规格。冷加工常用冷拉和冷拔两种方法。

(1)钢筋的冷拉

冷拉是在常温下进行的,目前多利用卷扬机和滑轮组作拉力装置,以超过钢筋屈服应力的拉力,对钢筋进行拉伸使其产生塑性变形。

冷拉的控制方法:

钢筋冷拉时,多采用控制应力或控制冷拉率两种方法。

1)控制应力法

此法以控制钢筋冷拉应力为主,同时满足最大冷拉率要求。冷拉应力按表2-18中相应级别钢筋控制应力值选用。冷拉时应检查钢筋的冷拉率,其值不得超过表2-18规定的最大冷拉率。冷拉时,如果钢筋达到规定的控制应力,而冷拉率超过规定的最大冷拉率,则应对钢筋进行机械性能检验,按实际的级别使用。

冷拉控制应力及最大冷拉率 **表2-18**

项次	钢筋级别	冷拉控制应力 (N/mm^2)	最大冷拉率
1	HPB235(Ⅰ)	280	10
2	HRB335(Ⅱ)	450	5.5
3	HRB400(Ⅲ)	500	5
4	RRB400(Ⅳ)	700	4

2)控制冷拉率法

该法是按规定的应力所测得的冷拉率控制。而冷拉率必须经试验确定。测定同炉批钢筋冷拉率的冷拉应力,应按照表 2-19 规定的冷拉应力选用。冷拉率的测定方法:从需要冷拉的钢筋中截取试件(试件不少于 4 个),进行拉力试验,测定其达到表 2-19 规定应力值的冷拉率,计算出几个试件冷拉率的平均值,作为该批钢筋实际采用的冷拉率。冷拉率值也必须符合表 2-19 中所做的规定。

测定冷拉率时钢筋的冷拉应力 **表 2-19**

项　次	钢　筋　级　别	冷拉应力(N/mm^2)
1	HPB235	310
2	HRB335	480
3	HRB400	530
4	RRB400	730

冷拉率确定后,根据钢筋长度求出总伸长值,作为冷拉时的控制依据。钢筋冷拉时速度不宜过快,使钢筋在常温下塑性变形均匀,一般可控制在 0.5 ~ 1m/min 较为适宜。当冷拉达到控制指标时,应稍加停顿再放松,以稳定变形。

(2)钢筋的冷拔

钢筋冷拔是在常温下,通过合金拔丝模,强制钢筋沿轴向拉伸并在径向压缩,使钢筋产生较大塑性变形,从而提高钢筋抗拉强度。冷拔用于拉拔 $\phi6 \sim \phi8$ 的 HPB235 级光面钢筋,经冷拔后的钢丝称冷拔低碳钢丝。甲级冷拔钢丝用于中小型构件的预应力筋,乙级则用做一般焊接骨架、网片和构造筋。

通常冷拔工艺由轧头、剥壳和拔丝三个主要过程组成。轧头是为便于插入专用的拔丝模(见图 2-42),剥壳是减小钢筋与模孔的摩擦力，以免拉断或损伤钢筋表面。此外，还可添加一定的润滑剂，减少摩擦阻力。

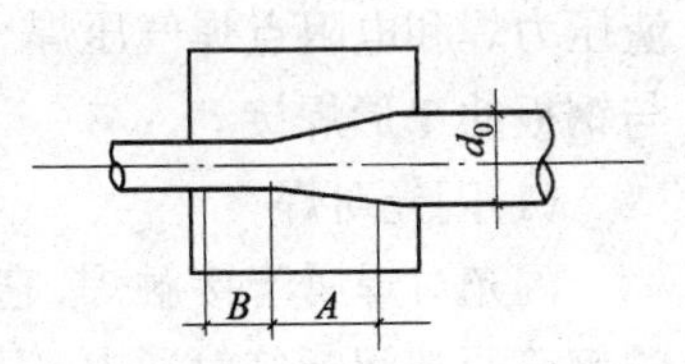

图 2-42　拔丝模示意图
A—工作区段；B—定径区段

影响钢丝质量的关键是冷拔的总压缩率。钢筋由原直径拔至成品钢丝的截面总缩减率。一般用下式表示：

$$\beta = \frac{d_0^2 - d^2}{d_0^2} \times 100\% \tag{2-3}$$

式中　β——总压缩率；

d_0——钢筋原直径(mm)；

d——成品钢丝直径(mm)。

冷拔总压缩率越大，钢丝的强度提高的越多，然而钢丝的塑性降低越多，脆性增加。因此，总压缩率必须控制。按目前的经验一般 ϕ^b5 钢丝由 ϕ^b8 盘条拔制而成，ϕ^b3 和 ϕ^b4 钢丝由 $\phi^b6.5$ 盘条拔制而成。冷拔钢丝并非一次拔成，而需要反复拔几次，逐步缩小钢筋的直径。引拔的次数要选择适当，如反复拔的次数过少，则每一次的压缩量过大，容易拔裂或断条，拔丝磨损也大。相反，反复拔的次数过多，则会影响拔丝效率，而且钢丝容易变脆。通常每次以 d_0/d 等于 1.1～1.15 为宜。

2. 钢筋的焊接

施工规范规定：钢筋混凝土结构中轴心受拉和偏心受拉杆中的钢筋接头，均应焊接。而普通混凝土中直径大于 22mm 的钢筋和轻骨料混凝土中直径大于 20mm 的 HPB235 级钢筋，以及直径大于 25mm 的 HRB335、HRB400 级钢筋，均应采用焊接接头。目的是确保工程结构的质量和安全度。

规范要求热轧钢筋的焊接，应采用闪光对焊、电弧焊、电渣压力焊和电阻点焊气压焊。埋弧压力焊或电弧焊用在钢筋与钢板的T形焊接。

(1)闪光对焊

闪光对焊属于接触焊,它是利用相应的对焊机使电极间的钢筋两端间断接触通电、闪火花,使钢筋端部达到可焊温度后,加压焊合成对焊接头。

根据钢筋的品种、直径和所用对焊机功率大小,闪光对焊分为连续闪光焊和预热闪光焊。

1)连续闪光焊:钢筋夹在对焊机的电极上,闭合电源,然后使两钢筋端面轻微接触。开始由于接触面很小,而电阻很大,故通过的电流密度很大,促使钢筋接触点很快熔化,产生金属飞溅形成闪光现象。随着闪光徐徐移动钢筋,形成连续闪光,直至烧化到一定程度,达到焊接温度后,立即进行带电和断电顶锻,完成全焊接过程。这种焊接工艺称连续闪光焊。连续闪光焊一般用于焊接直径在22mm以内的HPB235~HRB400级钢筋,以及直径在20mm以内的RRB400级钢筋。

2)预热闪光焊:当钢筋直径较大或相对的对焊机功率较小时,可采用预热闪光焊工艺。其焊接过程:首先进行一次闪光将钢筋端部烧平,然后令钢筋端面断续交替接触和分离,产生断续闪光将钢筋预热,并使加热区适当扩展,当钢筋烧化到预热留量以后,即转入连续闪光和顶锻,完成整个焊接过程。

3)接头的通电热处理:对于可焊性较差的RRB400钢筋,为改善焊接接头的塑性,需要进行热处理。处理的方法是在对焊完成后,待焊头稍加冷却后即松开夹具,放大钳口距离并重新夹紧钢筋。在接头已冷却至暗黑色后,利用对焊机进行低频脉冲式通电加热,直到接头附近表面呈桔红色时,即可结束通电，热处理过程结束。

（2）电阻点焊

点焊是用点焊机焊接交叉钢筋网片。点焊机构造简图如图 2-43。点焊过程是将钢筋的交叉点放在点焊机的两个电极间，电极通过钢筋闭合电路通电，利用点接触钢筋的电阻，迅速加热钢筋并达到焊接温度，立即加压把钢筋交叉点焊接在一起。

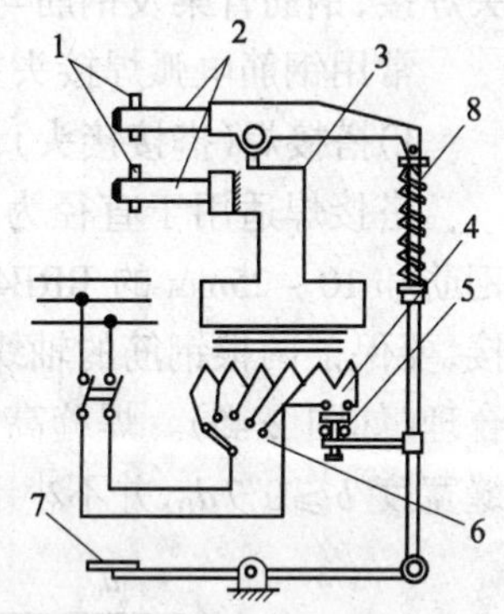

图 2-43　点焊机工作示意图
1—电极；2—电极臂；3—变压器次级线圈；4—变压器初级线圈；5—断路器；6—调节开关；7—踏板；8—压紧机构

常用的点焊机有单头和多头点焊机。单头点焊机用于较粗钢筋的焊接，多头点焊机多用于钢筋网片的点焊。

（3）电弧焊

电弧焊是利用弧焊机和电焊条进行的，如图 2-44 所示。

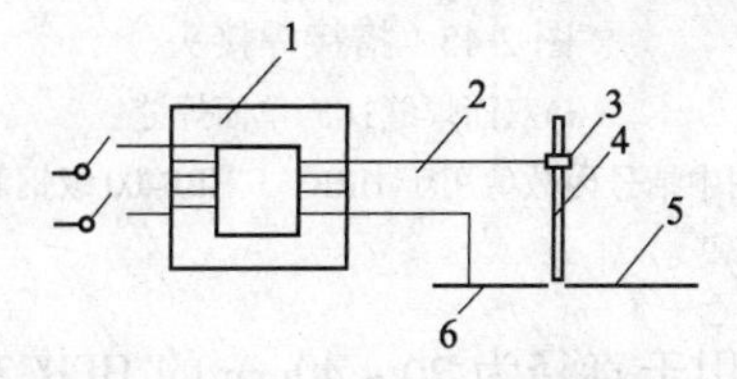

图 2-44　电弧焊工作原理
1—焊接变压器；2—变压器二次线圈；3—焊钳；4—焊条；5、6—焊件

弧焊机的变压器闭合通电后，使焊条和焊件之间产生高温电弧，熔化的焊条和焊件金属冷却结晶后形成焊缝或接头。

弧焊机分为交流弧焊机和直流弧焊机两类。弧焊应用较广,如整体式钢筋混凝土结构的钢筋接长,装配式结构钢筋接头焊接,钢筋骨架及钢筋与钢板的焊接等。

常用钢筋电弧焊接头主要有三种形式:

1)搭接焊(搭接接头)

搭接焊适用于直径为 10~40mm 的 HPB235~RRB400 级钢筋和 10~25mm 的 RRB400 级钢筋。接头钢筋的预弯和拼接,要保证两根钢筋的轴线在一条直线上,使接头处钢筋受力合理(如图 2-45)。焊缝高度 $h \geqslant 0.25d_0$,并不得小于 4mm;焊缝宽度 $b \geqslant 0.7d_0$,并不小于 10mm。

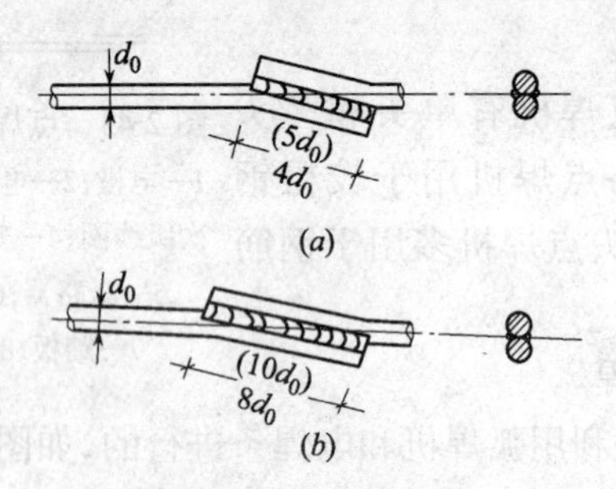

图 2-45 搭接焊接头

(a)双面焊缝;(b)单面焊缝

(图中括号内数值用于 HRB335、HRB400 级钢筋)

2)帮条焊

帮条焊适用于直径为 20~40mm 的 HPB235~HRB400 级钢筋和 20~25mm 的 RRB400 级钢筋。帮条焊接头如图 2-46 所示。焊接时除要求保证主筋接头端面间隙留出 2~5mm 以外,其余与搭接焊要求相同。采用的帮条总截面积的大小与钢筋级别有关,当焊接 HPB235 级钢筋时,帮条钢筋截面积不应小于被焊主筋截面的 1.2 倍;如焊接 HRB335~HRB400 级钢筋时,则应不小于被焊主筋截面积的 1.5 倍。

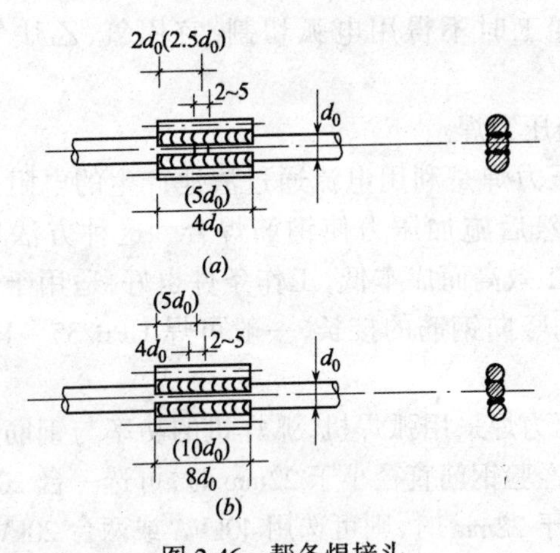

图 2-46　帮条焊接头

（a）双面焊缝；（b）单面焊缝

（图中括号内数值用于 HRB335、HRB400 级钢筋）

3）坡口焊

坡口焊多用于装配式框架柱、梁钢筋对接焊。坡口焊分为平焊和立焊两种。坡口焊的坡口角度和对接钢筋间的间隙，以及焊缝高度等如图 2-47 所示。

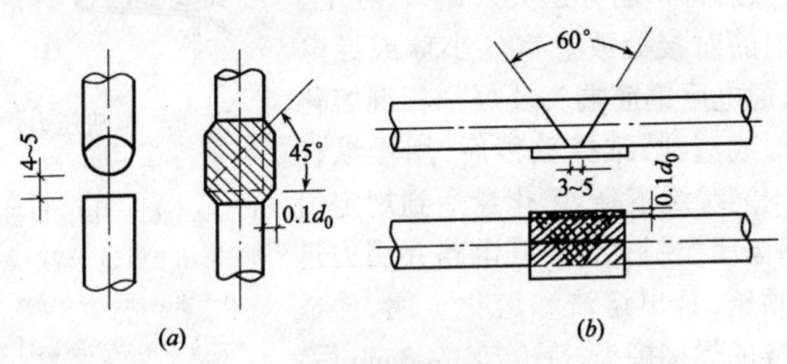

图 2-47　坡口焊接头

（a）立焊；（b）平焊

坡口加工时不得用电弧切割，宜用氧、乙炔气割或锯割。

4)电渣压力焊

电渣压力焊是利用电流通过渣池产生的电阻热将钢筋端部熔化，然后施加压力使钢筋焊合。这种方法比电弧焊容易掌握，工效高而成本低，工作条件也好，适用于现浇钢筋混凝土结构竖向钢筋的接长，一般可焊 HPB235 ~ HRB335 级钢筋。

电渣压力焊采用弧焊机，弧焊机的功率与钢筋直径大小有关，根据经验钢筋直径小于 22mm 时，可选一台 20kVA 交流弧焊机，大于 22mm 时，则可选用 40kVA 或两台 20kVA 弧焊机并联使用。

焊接夹具和焊接示意如图 2-48。夹具由上钳口（滑动电极）、下钳口（固定电极）、加压机构（操纵杆、标尺、滑动架）及焊剂盒组成。焊接时，先清除钢筋端部 120mm 范围内浮锈等，然后将钢筋分别夹入钳口，在上、下钢筋对接处放上钢丝小球或导电剂，通电后钢筋端头及焊剂相继熔化而形成渣池，维持数秒后，用操纵杆使钢筋缓缓下降，熔化量达到规定值（用标尺控制）后，断开电路并用力迅速顶压，挤出熔渣和熔化金属，形成坚实的焊接接头，待冷却 1 ~ 3min 后，打开焊剂盒卸下夹具，敲去熔渣。

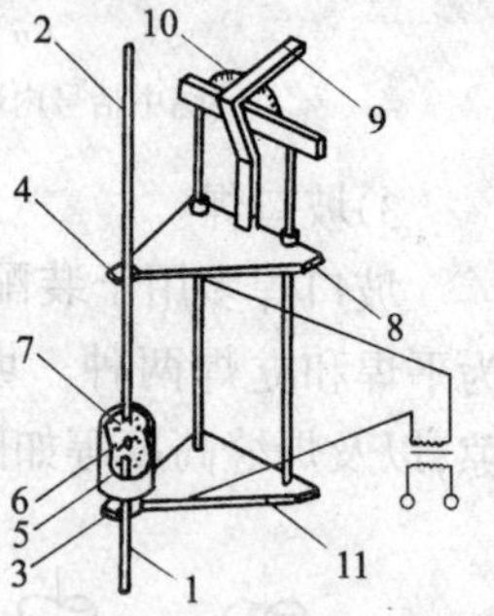

图 2-48　电渣压力焊示意图

1、2—钢筋；3—固定电极；4—滑动电极；5—焊剂盒；6—导电剂；7—焊剂；8—滑动架；9—操纵杆；10—标尺；11—固定架

电渣压力焊的外观检查：要求接头的四周金属浆饱满均

匀,没有裂纹、气孔、咬边和烧伤;钢筋接头轴线弯折角不大于4°;上下钢筋轴线偏移不超过 $0.1d$,且不大于 2mm。强度检查(拉力试验)的要求与闪光对焊接头相同。

(4)钢筋焊接的技术规定

钢筋焊接前,应根据施工的具体条件进行试焊,经检验合格后方准正式焊接。

1)经过冷加工后的钢筋焊接

冷拉钢筋的闪光对焊或电弧焊,施工及验收规范明确规定:焊接必须在冷拉之前进行。此外,焊接后再冷拉可以使焊头经受冷拉获冷强效果,并可对焊头进行一次检验。同理,冷拔低碳钢丝的接头不得采用闪光对焊和电弧焊。

2)焊接接头在构件内的错位

规范规定,在同一构件内的钢筋焊接接头应相互错开,使构件内任何截面一定的范围内,接头不过分集中。规范要求在受力钢筋直径 $35d$ 的区段范围内(并不小于 500mm),一根钢筋不得有两个接头。有接头的钢筋截面面积占钢筋总截面面积的百分率,应符合下列规定:

(a)非预应力钢筋在受拉区时不宜超过 50%;而在受压区和装配式结构节点的钢筋接头则不予限制。

(b)受拉区的预应力筋,有焊接接头的钢筋截面面积所占钢筋总截面的百分率不宜超过 25%,但是如果采用闪光对焊并有保证质量的可靠措施时,其百分率可放宽至 50%;在受压区的钢筋和后张法的螺丝端杆的焊接接头则不受此限。焊接接头错位要求如图 2-49 所示。

此外,焊接接头的位置应避开最不利的受力位置。规范规定接头距钢筋弯曲处的距离,不应小于钢筋直径的 10 倍,也不宜位于构件的最大弯矩处。

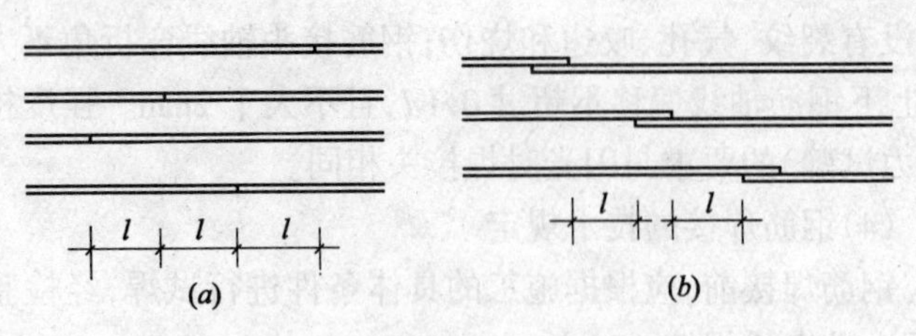

图 2-49　钢筋接头错位示意图

(a)闪光对焊接头;(b)电弧焊接头

(图中 $l = 35d_0$,并不小于 500mm)

3. 钢筋的加工

钢筋加工制备前,应根据工程施工图按不同的构件提出配料单,作为钢筋加工的依据。

(1)钢筋的配料

钢筋配料是根据构件配筋图计算构件所有钢筋的直线下料长度,总根数及钢筋的总重量,并编制钢筋配料单,绘出钢筋加工形状、尺寸,作为钢筋加工的依据。

1)钢筋下料长度计算

计算钢筋的下料长度时,一般应按设计图的配筋图纸累计钢筋的外形尺寸,减去钢筋因弯曲后引起的量度差值,再加上钢筋端部的弯钩长度,最后得出下料长度。下料计算包括弯折量度差值,弯起筋斜长和端钩增长值计算。

(a)弯起钢筋中间弯折量度差值

钢筋弯折后的量度差值,与钢筋的弯折角度和钢筋的直径(d_0)有关。按现行施工及验收规范规定的弯曲直径(D)进行测算结果,弯折不同角度的量度差值如下:

当钢筋弯折 30°时,量度差值为 $0.3d_0$;

弯折 45°时,量度差值为 $0.5d_0$;

弯折 60°时,量度差值为 $1.0d_0$;

弯折90°时，量度差值为$2.0d_0$；

弯折135°时，量度差值为$3.0d_0$。

在实际生产中，实际加工弯曲直径与理论弯曲直径会有出入，弯曲工艺也不尽相同，所以采用的量度差值也不完全相同。因此，应根据各地情况做弯曲试验取得可靠数据。

(b)钢筋末端弯钩或弯折的增长值

钢筋末端弯钩或弯折的增长值与钩的形状、弯曲角度及钢筋直径(d_0)有关。按照施工及验收规范规定的弯曲直径(D)测算结果，钢筋末端弯钩或弯折增长值如下所列：

用于普通钢筋混凝土结构时，HPB235级钢筋的180°弯钩每钩增长值为$6.25d_0$；在轻骨料混凝土中的HPB235级钢筋180°弯钩增长值为$7.25d_0$。

HRB335级钢筋末端的90°弯折增长值取$1d_0$并加上钩的平直部分长度；弯折135°时增长值取$3d_0$并加上钩的平直部分长度。

HRB400级钢筋末端的90°弯折增长值取$1d_0$并加上钩的平直部分长度；弯折135°时增长值取$3.5d_0$加钩的平直部分。

2)钢筋代换

在钢筋配料中，如遇到钢筋现有级别和直径与设计规定不符，需要代换时，应在征得设计单位同意后，按下列原则进行代换。

(a)等强度代换

构件配筋受强度控制时，可按代换前后强度相等的原则代换，称作“等强度代换”。代换时应满足下式要求：

$$A_{s2}f_{y2} \geqslant A_{s1}f_{y1} \tag{2-4}$$

即：

$$A_{s2} \geqslant A_{s1}\frac{f_{y1}}{f_{y2}}$$

或 $$n_2 d_2^2 f_{y2} \geqslant n_1 d_1^2 f_{y1}$$

即: $$n_2 \geqslant \frac{n_1 d_1^2 f_{y1}}{d_2^2 f_{y2}}$$

式中 A_{s1}——原设计钢筋总面积;

A_{s2}——代换后钢筋总面积;

f_{y1}——原设计钢筋强度;

f_{y2}——代换后钢筋强度;

n_1——原设计钢筋根数;

n_2——代换后钢筋根数;

d_1——原设计钢筋直径;

d_2——代换后钢筋直径。

(b)等面积代换

构件按最小配筋率配筋时,按代换前后面积相等的原则进行代换,称"等面积代换"。代换时应满足下式要求:

$$A_{s2} \geqslant A_{s1} \tag{2-5}$$

(c)构件配筋受裂缝宽度或挠度控制时,代换后应进行裂缝宽度或挠度验算。

钢筋代换应注意以下几点:

某些重要构件如吊车梁、薄腹梁和桁架下弦等,不宜用HPB235级光圆钢筋代替螺纹钢筋,以免裂缝宽度开展过大;

梁的纵向受力钢筋及弯起钢筋要分别进行代换,以保证正截面与斜截面强度;

偏心受压或受拉构件的钢筋代换,不能按整截面配筋量计算,应按受拉或受压钢筋分别代换;

钢筋代换后,仍应满足结构构造要求,如钢筋最小直径、间距、根数和锚固长度等。

(2)钢筋的加工

钢筋加工包括调直、除锈、切断和弯曲成型等。钢筋加工后的形状、尺寸必须符合设计要求。钢筋的表面应洁净、无损伤、无油污、无漆污，铁锈应清除干净，带有颗粒状或片状老锈不得使用，以保证钢筋强度及钢筋与混凝土的牢固结合。

1)钢筋的调直

钢筋通常采用机械调直(多用于直径较大钢筋)和冷拉调直(多用于直径小的钢筋)。调直后钢筋应平直不得有局部弯折，以免影响钢筋受力状况。调直后钢筋应符合下列规定：

(*a*)采用冷拉方法调直钢筋时 HPB235 级钢筋的冷拉率不宜大于 4%；HRB335、HRB400 级钢筋冷拉率不宜大于 1%；

(*b*)冷拔低碳钢丝在调直机上调直后，其表面不得有明显的擦伤，抗拉强度不得低于设计要求。

2)钢筋的弯钩与弯折

钢筋的形状、各部分尺寸以及弯钩都是经过严格计算决定的，因此，钢筋弯折的形状、尺寸和端钩都应符合设计要求和施工及验收规范规定：

(*a*)HPB235 级钢筋末端需做 180°弯钩，其圆弧弯曲直径(D)应不小于钢筋直径(d_0)的 2.5 倍，钩的平直部分长度不得小于 3.0 倍钢筋直径(d_0)，如图 2-50 所示。如果用于轻骨料混凝土结构时，其弯曲直径(D)不得小于 3.5 倍直径(d_0)。

(*b*)HRB335、HRB400 级钢筋末端需做 90°或 135°弯折时，钢筋的弯曲直径(D)不宜小于 4 倍钢筋直径(d_0)，见图 2-51。

(*c*)弯起钢筋中间部位的弯曲直径(D)，不应小于钢筋直径的(d_0)的 5 倍(见图 2-52)。

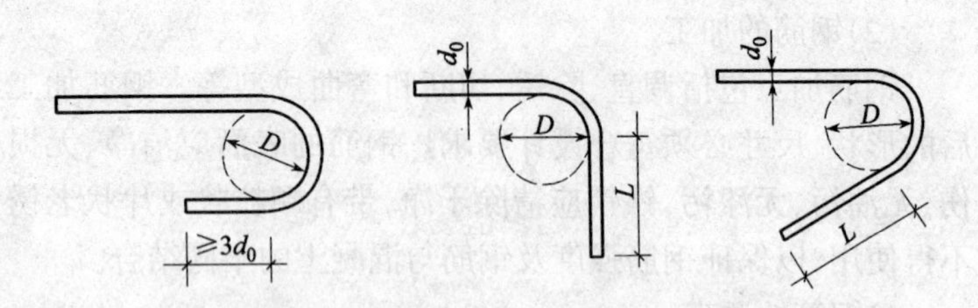

图 2-50　180°端钩示意图　　　图 2-51　90°端钩和 135°弯折示意图

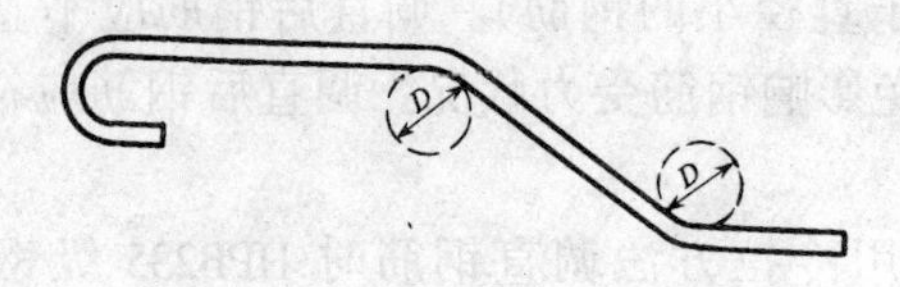

图 2-52　弯起钢筋弯折示意图

3)箍筋的弯钩与弯折

用 HPB235 级钢筋或冷拔低碳钢丝制作的箍筋，其末端应做弯钩，弯钩的弯曲直径应大于受力钢筋，且不小于箍筋直径的 2.5 倍。弯钩的平直部分的尺寸，一般结构不宜小于箍筋直径的 5 倍；有抗震要求的结构，平直部分不应小于箍筋直径的 10 倍。

弯钩的形式，如设计无要求时，可按图 2-53 所示的 90°/180°、90°/90°、135°/135°形式加工。

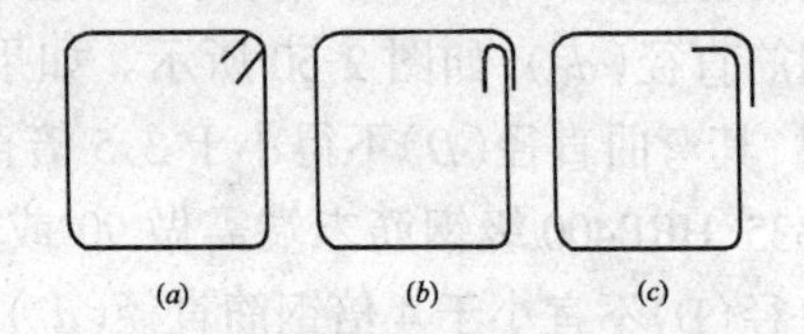

图 2-53　箍筋端钩形式

(*a*)135°/135°；(*b*)90°/180°；(*c*)90°/90°

按上述规定的弯曲直径测算箍筋端钩增长值如下：

箍筋 90°弯钩时每钩增长值为：

$$\frac{\pi}{4}(D+d_0)-\left(\frac{D}{2}+d_0\right)+\text{平直部分长}$$

箍筋 135°弯钩时每钩增长值为：

$$\frac{3}{8}\pi(D+d_0)-\left(\frac{D}{2}+d_0\right)+\text{平直部分长}$$

箍筋 180°弯钩时每钩增长值为：

$$\frac{\pi}{2}(D+d_0)-\left(\frac{D}{2}+d_0\right)+\text{平直部分长}$$

式中　d_0——箍筋直径。

(3)钢筋下料长度计算与钢筋代换例题

1)钢筋下料长度计算例题

某建筑工程首层有 L_1 梁 20 根(如图 2-54)，要求按图计算各号钢筋下料长度和编制 L_1 梁的钢筋配料单。

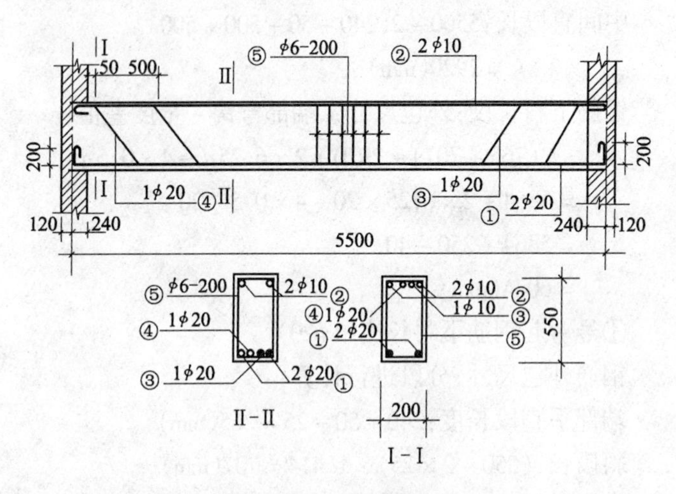

图 2-54　L_1 梁配筋图

解：

①号钢筋的下料长度(梁的保护层取 25mm)(2ϕ20)

钢筋外包尺寸：$5500 - 2 \times 25 = 5450$(mm)

钢筋下料长度：$5450 + 2 \times 6.25 d_0 + 2 \times 200 - 2 \times 2 d_0$

$= 5450 + 2 \times 6.25 \times 20 + 2 \times 200 - 2 \times 2 \times 20$

$= 5700 + 400 - 80$

$= 6020$(mm)

②号钢筋下料长度(2ϕ10)

钢筋外包尺寸：$5500 - 2 \times 25 = 5450$(mm)

钢筋下料长度：$5450 + 2 \times 6.25 \times 10 = 5575$(mm)

③号弯起钢筋下料长度(1ϕ20)

钢筋外包尺寸：分段进行计算

端部平直部分长：$240 + 50 + 500 - 25 = 765$(mm)

斜段长：$(550 - 2 \times 25) \times 1.414 = 707$(mm)

中间直段长：$5500 - 2(240 + 50 + 500 + 500)$

$= 2920$(mm)

钢筋下料长度：外包尺寸 + 端部弯钩 - 量度差值：

$2(765 + 707) + 2920 + 2 \times 6.25 d - 4 \times 0.5 d$

$= 5864 + 2 \times 6.25 \times 20 - 4 \times 0.5 \times 20$

$= 5864 + 250 - 40$

$= 6074$(mm)

④号弯起钢筋下料长度(1ϕ20)

钢筋外包尺寸：分段进行计算

端部平直段长度：$240 + 50 - 25 = 265$(mm)

斜段长：$(550 - 2 \times 25) \times 1.414 = 707$(mm)

中间直段长：$5500 - 2(240 + 50 + 500) = 3920$(mm)

钢筋下料长度：$2(265+707)+3920+2\times6.25\times20$

$-4\times0.5\times20$

$=1944+3920+250-40$

$=6074(\text{mm})$

⑤号箍筋下料长度($\phi6$)

钢筋外包尺寸：宽度 $200-2\times25+2\times6=162(\text{mm})$

高度 $550-2\times25+2\times6=512(\text{mm})$

端钩增长值：端钩形式为 90°/180°

弯曲直径 $D=25\text{mm}$

钩的平直段取 $5d_0$ 则：

$$90°\text{弯钩增长值为}\frac{\pi}{4}(D+d_0)-\left(\frac{D}{2}+d_0\right)+5d_0$$

$$=\frac{\pi}{4}(25+6)-\left(\frac{25}{2}+6\right)+5\times6$$

$$=36(\text{mm})$$

$$180°\text{弯钩增长值为}\frac{\pi}{2}(D+d_0)-\left(\frac{D}{2}+d_0\right)+5d_0$$

$$=\frac{\pi}{2}(25+6)-\left(\frac{25}{2}+6\right)+5\times6$$

$$=60(\text{mm})$$

钢筋三处 90°弯折，量度差值为 $3\times2d_0=6d_0$

箍筋的下料长度：$2\times(162+512)+36+60-6\times6$

$=1408(\text{mm})$

最后，按配料单（表 2-20）分别绘制钢筋配料牌，牌上注明工程名称、构件编号、钢筋规格、总加工根数、下料长度、弯曲形状和外包尺寸。钢筋加工后将牌绑在钢筋上，以备查找。

钢 筋 配 料 单　　　　表 2-20

项次	构件名称	钢筋编号	钢筋形状简图	直径(mm)	钢号	下料长度(mm)	单位根数	合计根数	重量(kg)(10N)
1	L_1梁共20根	①		20	ϕ	6020	2	40	582.49
2		②		10	ϕ	5575	2	40	134.98
3		③		20	ϕ	6074	1	20	293.86
4		④		20	ϕ	6074	1	20	293.86
5		⑤		6	ϕ	1408	28	560	171.73

注：ϕ6 总重 171.73kg(1717.3N)；ϕ20 总重 1170.21kg(11702.1N)；ϕ10 总重 134.98kg(1349.8N)。

2)钢筋代换例题

已知某梁截面尺寸及配筋如图 2-55，梁混凝土强度等级为 C20，原设计纵向受拉钢筋为 4Φ18，其钢筋截面 $A_{s1}=1017$ (mm^2)，拟用同直径的 HPB235 级钢筋代换，求所需钢筋根数及钢筋排列方法。

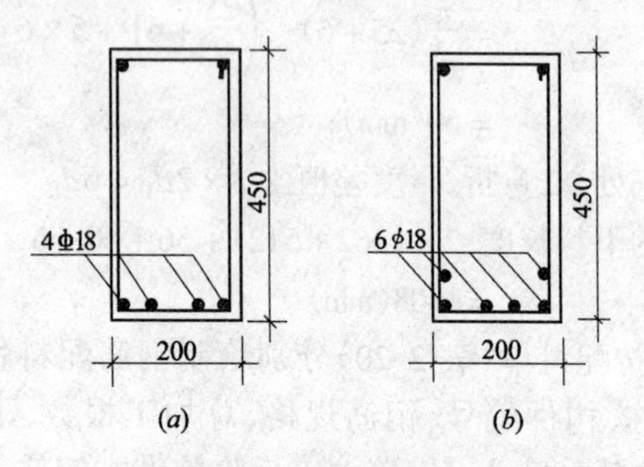

图 2-55　矩形梁钢筋代换示意图
(a)代换前的截面；(b)代换后的截面

解：

按照等强度代换，选用公式 2-4，求出代换后的钢筋总截面积。

已知：4Φ18 钢筋的总截面积为 $1017mm^2$，HRB335 级钢筋的受拉设计强度为 $310N/mm^2$，HPB235 级钢筋受拉设计强度为 $210N/mm^2$，梁保护层 25mm。

求代换后的钢筋总截面积：

$$A_{s2} \geqslant A_{s1}\frac{f_{y1}}{f_{y2}}$$

代入后得：$A_{s2} = 1017 \times \dfrac{310}{210}$

$= 1501(mm^2)$

拟选 6 根 HPB235 级 ϕ18 钢筋，其总面积为 $1526(mm^2)$，则 $1526 > 1501(mm^2)$

复核 6 根钢筋的净距：

$$S = \frac{200 - 2\times 25 - 6\times 18}{5} = 8.4 < 25(mm)$$

钢筋净距过小，必须排双层，但梁截面有效高度 h_0 会减小，需要验算截面强度是否满足设计要求。可根据弯矩相等原则按下式计算：

$$A_{s2}f_{y2}\left(h_{02} - \frac{x_2}{2}\right) \geqslant A_{s1}f_{y1}\left(h_{01} - \frac{x_1}{2}\right)$$

由 $bxf_{cm} = A_s f_y \quad x = \dfrac{A_s f_y}{f_{cm}\cdot b}$

代入上式

$$A_{s2}f_{y2}\left(h_{02} - \frac{A_{s2}f_{y2}}{2f_{cm}\cdot b}\right) \geqslant A_{s1}f_{y1}\left(h_{01} - \frac{A_{s1}f_{y1}}{2f_{cm}\cdot b}\right)$$

式中 A_{s1}、A_{s2}——代换前后钢筋总截面积；

f_{y1}、f_{y2}——代换前后钢筋设计强度;

h_{01}、h_{02}——代换前后构件截面有效高度;

f_{cm}——混凝土弯曲抗压设计强度;

x——应力图形换算成矩形受压区高度。

首先查出 f_{cm}值,C20$f_{cm} = 10.5N/mm^2$

求构件截面有效高度 h_0

代换前 $h_{01} = h - a_s = 450 - (25 + 9) = 416$

代换后 $h_{02} = h - a_s = 450 - \left[\frac{4 \times (25 + 9) + 2 \times 77}{6}\right]$

$= 402$

验算构件截面强度

代换前 $A_{s1} f_{y1}\left(h_{01} - \frac{A_{s1} f_{y1}}{2 f_{cm} \cdot b}\right)$

$= 1017 \times 310\left(416 - \frac{1071 \times 310}{2 \times 10.5 \times 200}\right)$

$= 107507070 (N \cdot mm)$

$= 107507 (N \cdot m)$

代换后 $A_{s2} f_{y2}\left(h_{02} - \frac{A_{s2} f_{y2}}{2 f_{cm} \cdot b}\right)$

$= 1501 \times 210\left(402 - \frac{1501 \times 210}{2 \times 10.5 \times 200}\right)$

$= 103057909 (N \cdot mm)$

$= 103058 (N \cdot m)$

比较代换前后差值:

$$103058 < 107507 (N \cdot m)$$

相差 4449(N·m)即比原设计截面强度低 4.1%。征得设计人同意后方准采用。

4. 钢筋的绑扎与安装

钢筋的交叉点应用钢丝(火烧丝)绑牢,以保证受力钢筋和弯起钢筋的位置准确，以及钢筋间距的正确。钢筋搭接长度和位置应符合施工及验收规范规定。

(1)钢筋绑扎的要求

钢筋的接头和交叉点一般采用20~22号钢丝或镀锌钢丝进行绑扎。绑扎墙和板的钢筋网时，除靠近外围两行钢筋的交叉点全部扎牢外，网的中间部分的交叉点可以交错跳点绑扎，但应能保证受力钢筋不发生位移。而对于双向受力的钢筋则必须绑扎全部交叉点，确保所有受力筋的准确位置，使其受力合理。

柱、梁的箍筋绑扎，除设计有特殊要求外，应保证与梁、柱受力主筋垂直，箍筋的端钩位置应错开布置不能集中在某一根受力主筋上，将箍筋开口处的弱点分散开，使其受力更趋合理。柱的竖向受力筋接头处的弯钩应指向柱的中心，这样既有利于钩的嵌固，又能避免露筋。

此外，在绑扎墙、板钢筋时，应注意受力筋的方向，受力钢筋与构造筋的上下位置不能倒置，以免减弱受力筋抗弯能力。

(2)钢筋的绑扎接头

钢筋的接头不宜位于钩件最大弯矩处，钢筋搭接部分的末端距钢筋弯折处的距离，不得小于钢筋直径的10倍。在受拉区域内的HPB235级钢筋搭接部分的末端应做弯钩；而HRB335、HRB400级钢筋因表面有螺纹可不做弯钩。钢筋搭接部分的两端和中间都应用钢丝绑牢。绑扎接头的搭接长度应符合施工质量验收规范的规定。

1)当纵向受拉钢筋的绑扎搭接接头面积百分率不大于25%时，其最小搭接长度应符合表2-21的规定。

2)当纵向受拉钢筋搭接接头面积百分率大于25%，但不大于50%时，其最小搭接长度应按表2-21中的数值乘以系数1.2取用；当接头面积百分率大于50%时，应按表2-21中的数值乘以系数1.35取用。

纵向受拉钢筋的最小搭接长度　　表2-21

钢筋类型		混凝土强度等级			
		C15	C20～C25	C30～C35	≥C40
光圆钢筋	HPB235级	45d	35d	30d	25d
带肋钢筋	HRB335级	55d	45d	35d	30d
	HRB400级、RRB400级	—	55d	40d	35d

注：两根直径不同钢筋的搭接长度，以较细钢筋的直径计算。

3）当符合下列条件时，纵向受拉钢筋的最小搭接长度应根据第1）条至第2）条确定后，按下列规定进行修正：

（a）当带肋钢筋的直径大于25mm时，其最小搭接长度应按相应数值乘以系数1.1取用；

（b）对环氧树脂涂层的带肋钢筋，其最小搭接长度应按相应数值乘以系数1.25取用；

（c）当在混凝土凝固过程中受力钢筋易受扰动时（如滑模施工），其最小搭接长度应按相应数值乘以系数1.1取用；

（d）对末端采用机械锚固措施的带肋钢筋，其最小搭接长度可按相应数值乘以系数0.7取用；

（e）当带肋钢筋的混凝土保护层厚度大于搭接钢筋直径的3倍且配有箍筋时，其最小搭接长度可按相应数值乘以系数0.8取用；

（f）对有抗震设防要求的结构构件，其受力钢筋的最小搭接长度对一、二级抗震等级应按相应数值乘以系数1.15采用；对三级抗震等级应按相应数值乘以系数1.05采用。

在任何情况下,受拉钢筋的搭接长度不应小于300mm。

4)纵向受压钢筋搭接时,其最小搭接长度应根据第1)条至第3)条的规定确定相应数值后,乘以系数0.7取用。在任何情况下,受压钢筋的搭接长度不应小于200mm。

焊接的钢筋网片用绑扎方法连接时,在受力钢筋方向的搭接长度,应符合表2-22的规定;非受力钢筋方向搭接长度不宜小于100mm。

受拉焊接网片绑扎接头的搭接长度　　表2-22

钢筋类型		混凝土强度等级		
		C20	C25	高于C25
HPB235级钢筋		$30d_0$	$25d_0$	$20d_0$
月牙纹	HRB335级钢筋	$40d_0$	$35d_0$	$30d_0$
	HRB400级钢筋	$45d_0$	$40d_0$	$35d_0$
冷拔低碳钢丝		250mm		

注:1. 受压区接网片的搭接长度可取表中数值的0.7倍;
2. 螺纹钢筋直径 d_0 不大于25mm时,其搭接长度应按表中值减少 $5d_0$;
3. 受拉区不得小于250mm,受压区不得小于200mm。

受力钢筋绑扎接头位置应相互错开,从任一绑扎接头中心至搭接长度的1.3倍区段范围内,绑扎接头的受力钢筋截面积占受力钢筋总截面面积的百分率,应符合如下规定:

受拉区不得超过25%;

受压区不得超过50%。

焊接钢筋网片在构件宽度方向,其接头位置应错开。在绑扎接头的搭接长度区段内,有绑扎接头的受力筋截面积不得超过受力钢筋总截面面积的50%。上述规定目的是避免接头弱点过于集中。

安装钢筋时,钢筋级别、直径、根数和间距均应符合设计规定。

钢筋安装位置的偏差应符合表 2-23 的规定。

钢筋安装位置的允许偏差和检验方法　　表 2-23

项目			允许偏差（mm）	检验方法
绑扎钢筋网	长、宽		±10	钢尺检查
	网眼尺寸		±20	钢尺量连续三档,取最大值
绑扎钢筋骨架	长		±10	钢尺检查
	宽、高		±5	钢尺检查
受力钢筋	间距		±10	钢尺量两端、中间各一点,取最大值
	排距		±5	
	保护层厚度	基础	±10	钢尺检查
		柱、梁	±5	钢尺检查
		板、墙、壳	±3	钢尺检查
绑扎箍筋、横向钢筋间距			±20	钢尺量连续三档,取最大值
钢筋弯起点位置			20	钢尺检查
预埋件	中心线位置		5	钢尺检查
	水平高差		+3,0	钢尺和塞尺检查

注:1. 检查预埋件中心线位置时,应沿纵、横两个方向量测,并取其中的较大值;

2. 表中梁类、板类构件上部纵向受力钢筋保护层厚度的合格点率应达到90%及以上,且不得有超过表中数值 1.5 倍的尺寸偏差。

2.2.3 混凝土工程

混凝土工程包括:配料、搅拌、运输、浇灌、振捣和养护等主要施工过程。其施工工艺流程如图 2-56。

1. 混凝土的配料及搅拌

混凝土配料的准确性和搅拌的均匀性,直接影响混凝土的强度和耐久性。因此,要严格控制这一施工过程。

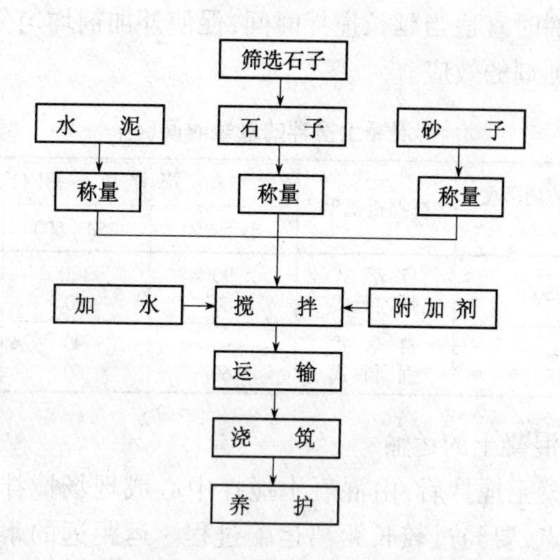

图2-56　混凝土工程工艺流程

混凝土的制备，首先应严格控制水泥、粗细骨料、拌合水和外加剂的质量，并要按照设计规定的混凝土强度等级和混凝土施工配合比，控制投料的数量，各种材料的投料偏差不得超过施工及验收规范规定值：

水泥、外掺混合材料±2%；

粗、细骨料±3%；

水、外加剂溶液±2%。

混凝土搅拌的均匀性与投料顺序、搅拌机的类型和搅拌时间长短有关。加料顺序宜选择最佳方案，一般先在搅拌机料斗中装入石子，再装入水泥及砂子。在鼓筒内先加水或在提升料斗过程中加水。

混凝土搅拌的时间是随选用搅拌机类型、搅拌机的容量和坍落度要求大小变化的。施工及验收规范规定，混凝土搅拌的最短时间（即自全部材料装入至开始卸料止）见表2-24。

掺外加剂时宜适当延长搅拌时间，促使外加剂均匀分布，充分发挥外加剂的效应。

混凝土搅拌的最短时间(s)　　表 2-24

混凝土的坍落度(mm)	搅拌机机型	搅拌机容积(L)		
		小于 250	250～500	大于 500
≤30	自落式	90	120	150
	强制式	60	90	120
>30	自落式	90	90	120
	强制式	60	60	90

2. 混凝土的运输

混凝土搅拌后，由混凝土搅拌中心或现场搅拌站运送到浇筑地点，要经过较长距离运输过程。运距远的水平运输宜采用搅拌运输车，运距短的宜采用翻斗车。施工现场的混凝土垂直运输，一般多采用混凝土料斗利用塔式起重机或井架提升转送至浇筑地点。有条件的可采用混凝土泵进行输送。为了保证混凝土工程质量，运输时应符合施工及验收规范以下有关规定：

(1)混凝土在运输过程中，不应产生分层、离析现象，也不得漏浆和失水。

(2)混凝土的运输应以最少的转运次数、最短的运输时间，从搅拌地点输送到浇筑地点。且不宜超过表 2-25 的规定，不得达到水泥初凝时间。

(3)混凝土运输工作应能保证混凝土浇筑工作连续进行，配备运输工具应考虑运输与浇筑效率的协调一致。

(4)采用泵送混凝土时，应使混凝土供应、输送和浇筑的效率协调一致，原则上应保证泵送工作连续进行，防止泵的管道阻塞。

混凝土从搅拌机中卸出至浇筑完毕的延续时间(min)　　表 2-25

气　温	延续时间(min)			
	采用搅拌车		其他运输设备	
	≤C30	>C30	≤C30	>C30
≤25℃	120	90	90	75
>25℃	90	60	60	45

3. 混凝土浇筑

混凝土浇筑包括浇灌和振捣两个过程。保证浇灌混凝土的匀质性和振捣的密实性是确保工程质量的关键。混凝土浇筑应做好以下几项施工工作。

(1)混凝土浇筑前的检查与准备

混凝土浇筑前应对模板和支架进行检查,包括模板支搭的形状、尺寸和标高;支架的稳定性;模板缝隙、孔洞封闭情况;预埋件的位置、数量和牢靠程度等。必须保证模板在混凝土浇筑过程中不产生位移或松动。

还要检查钢筋的种类、规格、数量、弯折和接头位置、搭接长度等。同时还需检查预埋管道和钢筋保护层厚度。检查结果应填入隐检记录。

清理模板内的杂物,木模应浇水润湿以防过多吸收水泥浆,造成混凝土保护层的疏松。木模吸水后膨胀挤严拼缝,可避免漏浆。

准备好浇筑混凝土时必须的道路、脚手架等。做好技术与安全交底工作。

(2)混凝土的浇筑

混凝土浇筑应保证混凝土的均匀性,不得产生骨料与水泥浆的分离；并应有利于混凝土的振捣，有利于混凝土结构的整体性。因此，浇筑混凝土时应控制投料高度和选择正确的投料方法，采用分层浇筑工艺，正确留设施工缝等，才能保证混凝土浇筑质量。

1)混凝土的自由下落高度

浇筑混凝土时为避免产生离析现象，施工及验收规范规定：混凝土从料斗向模内倾落的自由高度不应超过2m。下落高度超过上述限值时，应采用溜槽或串筒，防止混凝土产生离析现象。溜槽一般用木板制作外包镀锌薄钢板，使用时其水平倾角不宜超过30°。串筒用薄钢板制成，每节长度约700mm，用钩环串连起来，筒内设有缓冲挡板。串筒使用方法如图2-57。

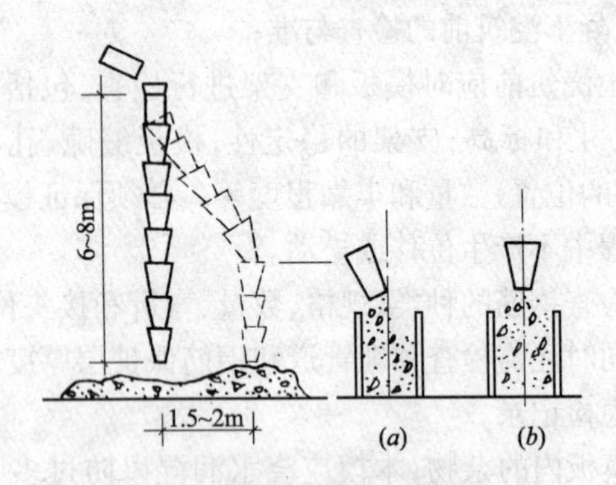

图2-57 串筒使用方法示意图

(a)不正确的用法；(b)正确的用法

2)混凝土的分层浇筑

混凝土一次浇筑厚度与混凝土种类、捣实混凝土的方法有关。当构件截面高度超过振捣器作用深度时，应分层浇筑和振捣，以保证混凝土的密实度。分层浇筑时混凝土浇筑层的厚度应符合表2-26的规定。但在分层浇筑时,要保证各层之间连为一体,应在下一浇筑层凝结前将上一层混凝土浇捣完毕。

混凝土浇筑层的厚度 表2-26

捣实混凝土的方法		浇筑层的厚度(mm)
插入式振捣		振捣器作用部分长度的1.25倍
表面振捣		200
人工振捣		
(1)在基础、无筋混凝土或配筋少的结构中		250
(2)在梁、墙板、柱结构中		200
(3)在配筋密列的结构中		150
轻骨料混凝土	插入式振捣	300
	表面振捣(加荷)	200

3)墙、柱混凝土的浇筑

墙、柱混凝土一般投料高度大,又有钢筋阻挡,所以混凝土拌合物容易分散离析,石子易于集中墙、柱的底部。因此,浇筑混凝土前,墙、柱底部应先填50~100mm厚与混凝土相同的水泥砂浆,保证混凝土达到匀质的要求。墙、柱浇筑高度超过3m时,应采用串筒或溜管送下混凝土,防止混凝土离析。

4)梁、板混凝土的浇筑

一般情况下梁、板混凝土应同时浇筑,以利于梁板整体性。但当梁的高度大于1m时,也可以单独浇筑。

在浇筑同柱或墙连为整体的梁和板时,应在柱或墙的混凝土浇筑完毕后1~1.5h,待其初步沉实,再继续浇筑梁和板的混凝土。否则,会在梁与柱的连接处产生裂缝。

5)施工缝

混凝土的浇筑应连续进行,尽量缩短间歇时间。其允许的间歇时间与水泥品种和硬化时的气温有关,一般不得超过表 2-27 的规定。如果不得已中断且间歇时间超过表 2-27 的规定时,则应留置施工缝。

混凝土的凝结时间(min) **表 2-27**

混凝土强度等级	气温 (℃)	
	低于 25	高于 25
≤C30	210	180
>C30	180	150

注:本表数值包括混凝土的运输和浇筑时间。

(*a*)施工缝的位置

浇筑混凝土前,应预先确定施工缝的位置。施工缝应留在结构受剪力较小且便于施工的部位。一般柱应留水平缝,梁、板和墙应留垂直缝,施工缝留设具体位置如下:

柱施工缝留在基础顶面、梁或吊车梁牛腿的下面、吊车梁的上面和无梁楼盖柱帽下面;

与板连接为一体的大截面梁,施工缝应留在板底面以下 20~30mm 处;

单向板留在平行于板的短边的任何位置;

有主次梁的楼盖,宜顺着次梁方向浇筑,施工缝留在次梁跨度的中间 1/3 范围内(见图 2-58)。

(*b*)施工缝的处理

在施工缝处继续浇筑混凝土时,已浇筑的混凝土抗压强度不应小于 1.2N/mm^2,以抵抗继续浇筑混凝土时的扰动。应清除施工缝处的浮浆和松动石子,洒水润湿冲刷干净,然后浇水泥浆或与混凝土成分相同的水泥砂浆一层,最后继续浇筑混凝土,但应注意不得振动钢筋,使接槎处混凝土密实。

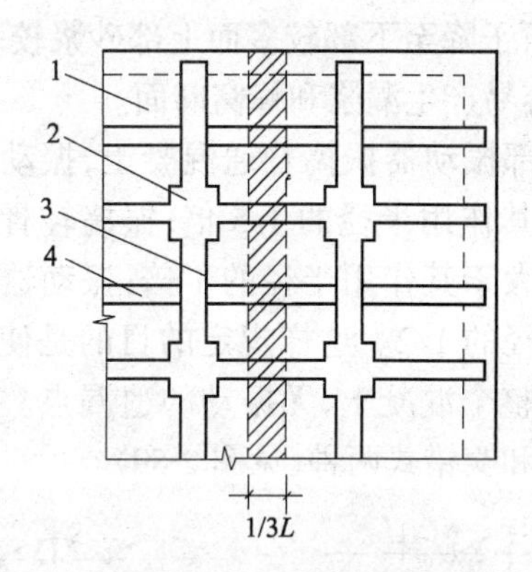

图 2-58　肋形楼盖的施工缝

1—楼板；2—柱；3—主梁；4—次梁

(3)混凝土的振捣

新拌混凝土混合物注入模板后，由于骨料和砂浆之间摩阻力与粘结力作用，混凝土流动性很低，不能自动充满模板内各角落，在疏松的混凝土内部存在较多空隙和空气，达不到混凝土密实度要求，必须进行适当的振捣。促使混合物克服阻力并逸出气泡消除空隙，使混凝土满足设计强度等级要求和足够的密实度。

混凝土的振捣方法分人工振捣和机械振捣两种，以机械振捣的效果最佳。人工振捣作为辅助。机械振捣常用表面振动器、内部振动器和附着式振动器。

采用振动器捣实混凝土时，应符合施工及验收规范的下列要求：

1)每一振点的振捣延续时间，应以使混凝土密实为准，即表面呈现浮浆和混凝土不再下沉。振捣时间过短或过长均不利，如果振捣时间过短，混凝土拌合物内的空气排出不净且空隙较多，将影响混凝土的密实度；如果振捣时间过长，则混凝土容易离析，石子降至下部较多而上部砂浆较多，影响混凝土的匀质性，并容易产生漏浆和蜂窝麻面。

2)采用内部振动器振捣普通混凝土，振动器插点的移动距离不宜大于其作用半径的1.5倍；振捣轻骨料混凝土时的插点间距则不大于其作用半径的1倍；振动器距离模板不应大于其作用半径的1/2。这样规定的目的是使振动器的作用半径全面覆盖整个混凝土，无振动的遗漏点。插点的布置方式分为行列式和交错式两种(见图2-59)。

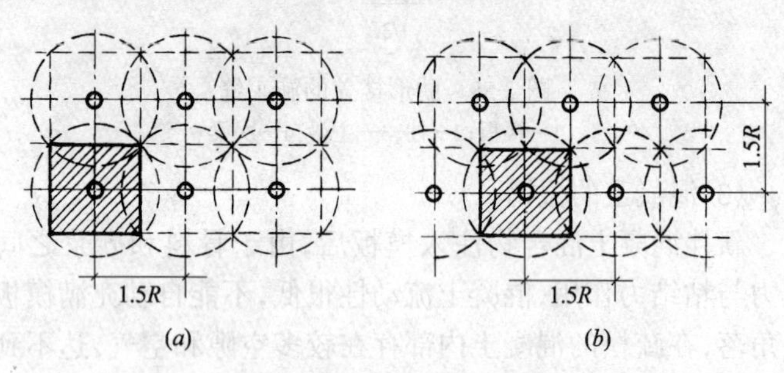

图2-59　插点排列方式

(a)行列式；(b)交错式

为使分层浇筑的上下层混凝土结合为整体，振捣时振动器应插入下面一层的混凝土中，深度一般不少于50mm(如图2-60)。此外，振动器应尽量避免碰撞钢筋、模板、芯管和预埋件等，以防止影响模板的几何尺寸和混凝土与钢筋的牢靠结合。

3)采用表面振动器的移动距离，应能保证振动器的平板压过已振实的混凝土边缘，一般压边30~50mm。在一个停放点连续振动时间约为25~40s，以混凝土表面均出现浮浆为准。表面振动器一般有效作用深度为200mm。表面振动器振实后应紧跟着抹平。

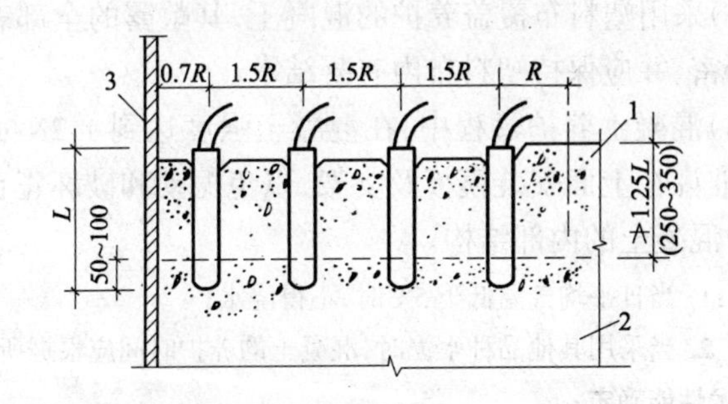

图 2-60 内部振动器插入深度

1—新浇筑层;2—已浇筑层;3—模板

4)采用振动台振实干硬性混凝土和轻骨料混凝土时,宜采用加压振动的方法,加压重 1000 ~ 3000N/m^2,以加速混凝土的密实。

4. 混凝土的自然养护

混凝土浇筑后,应提供良好的温度和湿度环境,保证混凝土能正常凝结和硬化。自然养护是在常温下(平均气温不低于 5℃)选择适当的覆盖材料并洒适量的水,使混凝土在规定的时间内保持湿润环境。自然养护应符合下列规定:

(1)混凝土浇筑完毕后,应在 12h 以内覆盖并开始洒水养护;

(2)洒水养护的期限与水泥的品种有关。普通硅酸盐水泥和矿渣硅酸盐水泥拌制的混凝土不得少于 7d,掺用缓凝型外加剂或有抗渗要求的混凝土不得少于 14d。

(3)洒水次数以能保持混凝土湿润状态为准。水化初期水泥化学反应较快,水分应充分,故洒水次数多些,气温较高时也需多洒水。应避免因缺水造成混凝土表面硬化不良而松散粉化,混凝土的养护用水应与拌制用水相同。

(4)采用塑料布覆盖养护的混凝土,其敞露的全部表面应覆盖严密,并应保持塑料布内有凝结水。

(5)混凝土养护过程中,在混凝土强度达到1.2N/mm^{2}以前,不准许在上面安装模板及支架,以免振动和破坏正在硬化过程中混凝土的内部结构。

注:1. 当日平均气温低于5℃时,不得浇水;

2. 当采用其他品种水泥时,混凝土的养护时间应根据所采用水泥的技术性能确定;

3. 混凝土表面不便浇水或使用塑料布时,宜涂刷养护剂;

4. 对大体积混凝土的养护,应根据气候条件按施工技术方案采取控温措施。

5. 混凝土的冬期施工

根据施工及验收规范规定:根据当地多年的气温资料,室外日平均气温连续5d稳定低于5℃时,混凝土及钢筋混凝土工程施工,应按冬期施工有关规定进行。

(1)混凝土冬期施工特点

混凝土冬期施工的关键问题是如何解决冻结对混凝土正常硬化的影响,保证其工程质量。

冬期施工在气温降至零度以下时,对混凝土中水的状态影响极大。一般混凝土中的游离水在-2℃时结冰,化合水在-4℃时结冰,此时水即由液态转入固态。化合水一旦结冰,水泥的水化作用将停止进行,混凝土的强度停止增长。同时,游离水与化合水的体积因结冰而膨胀约0.09倍,因而在混凝土内部形成强大的冰胀应力,当混凝土硬化强度低于冰胀力时,混凝土的内部结构将因冻胀而破坏,出现裂缝,严重影响混凝土的强度。

冻结对混凝土的影响经试验证明:

混凝土浇筑后经过1d标准养护，混凝土强度达到设计强度等级的12%。遭冻后其最终强度值将损失60%左右；经过五天的标准养护后受冻，由于混凝土已获得的强度达到设计强度等级的40%，其最终强度值将损失约30%。如果经过7d的标准养护后受冻，因其已经达到设计强度等级的60%，其最终强度损失只有20%。上述情况说明，混凝土受冻时已具备的强度愈高，其强度损失愈小。如果混凝土遭受冻结前已经具备抵抗冰胀应力的强度，混凝土内部结构不致受冻结的损害，这种能抵抗冰胀应力的最低的强度，称为混凝土冬施的"临界强度"。因此，施工及验收规范规定，冬期浇筑的混凝土受冻前，其抗压强度不得低于下列规定：

硅酸盐水泥或普通硅酸盐水泥配制的混凝土，应达到设计的混凝土强度标准值的30%；

矿渣硅酸盐水泥配制的混凝土，应达到设计的混凝土强度标准值的40%，但C10和C10以下的混凝土，其抗压强度不得低于5N/mm^2。

(2)混凝土工程冬期施工方法

混凝土冬期施工的方法，应根据全国各地冬期平均气温的具体条件选择。

1)蓄热法、蒸汽加热法、暖棚法和电热法

这一类冬期施工方法，实质上是利用不同的手段创造一个正温环境，来保证新浇筑的混凝土强度能够正常地增长，甚至可以加速硬化。这样能够保证冬期混凝土施工质量，但是施工费用增加较多，应通过技术经济比较后确定。

(a)蓄热法施工

蓄热法是利用混凝土原材料加热，使混凝土拌合物具有一定的初温度，再加上混凝土中水泥的水化热，创造了混凝土在正温度下硬化的条件。混凝土浇筑后用保温材料覆盖加以保温,使混凝土冷却到零度前,达到混凝土冬施的"临界强度"。

蓄热法只适用于室外平均气温不低于 -10℃条件下的混凝土施工。

蓄热法首先是根据对混凝土搅拌温度的要求,按混凝土原材料的比热大小和加热保温的难易,确定对哪种材料和加热的温度值。一般优先加热水,其次是加热砂,再次才是加热石子,水泥不加热只要保持正温即可。由于技术和经济上的原因,施工及验收规范对原材料加热的最高温度做了具体规定,如表 2-28 所列。

拌合水及骨料最高温度　　　　表 2-28

项　　目	拌合水(℃)	骨　料(℃)
强度等级小于 42.5 级的普通硅酸盐水泥、矿渣硅酸盐水泥	80	60
强度等级等于及大于 42.5 级的硅酸盐水泥、普通硅酸盐水泥	60	40

注:当骨料不加热时,水可加热到 100℃,但水泥不应与 80℃以上的水直接接触;投料时,应先投入骨料和已加热的水,然后再加入水泥。

初步确定原材料加热温度后,即可按《混凝土结构工程施工质量验收规范》(GB50204—2002)及《建筑工程冬期施工规程》(JGJ104—97)附录 B 所列公式计算混凝土拌合物的搅拌最终温度。即:

$$T_0=[0.92(m_{ce}T_{ce}+m_{sa}T_{sa}+m_gT_g)+4.2T_w(m_w-w_{sa}m_{sa}-w_gm_g)+c_1(w_{sa}m_{sa}T_{sa}+w_gm_gT_g)-c_2(w_{sa}m_{sa}+w_gm_g)]\div[4.2m_w+0.9(m_{ce}+m_{sa}+m_g)] \quad (2\text{-}6)$$

式中　T_0——混凝土拌合物的温度(℃);

m_w、m_{ce}、m_{sa}、m_g——水、水泥、砂、石的用量(kg)；

T_w、T_{ce}、T_{sa}、T_g——水、水泥、砂、石的温度(℃)；

w_{sa}、w_g——砂、石的含水率(%)；

c_1、c_2——水的比热容(kJ/kg·K)及溶解热(kJ/kg)。

当骨料温度>0℃时，$c_1=4.2$，$c_2=0$；

骨料温度≤0℃时，$c_1=2.1$，$c_2=335$。

计算出混凝土搅拌温度后，考虑搅拌机棚内的温度，再求出混凝土拌合物的出机温度。

$$T_1 = T_0 - 0.16(T_0 - T_i)$$

式中 T_1——混凝土拌合物的出机温度(℃)；

T_i——搅拌机棚内温度(℃)。

计算出混凝土搅拌温度后，再求混凝土经过运输、浇筑至成型完成时的温度如下式：

$$T_2 = T_1 - (\alpha t_t + 0.032n)(T_1 - T_a) \quad (2\text{-}7)$$

式中 T_2——混凝土拌合物经运输至成型完成时的温度(℃)；

t_t——混凝土自运输至浇筑成型完成的时间(h)；

n——混凝土转运次数；

T_a——运输时的环境气温(℃)；

α——温度损失系数(h^{-1})。

当用混凝土搅拌输送车时，$\alpha=0.25$；

当用开敞式大型自卸汽车时，$\alpha=0.20$；

当用开敞式小型自卸汽车时，$\alpha=0.30$；

当用封闭式自卸汽车时，$\alpha=0.10$；

当用手推车时，$\alpha=0.50$。

考虑模板和钢筋吸热影响，混凝土成型完成时的温度如下式：

$$T_3=\frac{c_c m_c T_2+c_f m_f T_f+c_s m_s T_s}{c_c m_c+c_f m_f+c_s m_s} \tag{2-8}$$

式中 T_3——考虑模板和钢筋吸热影响，混凝土成型完成时的温度（℃）；

c_c、c_f、c_s——混凝土、模板材料、钢筋的比热容（kJ/kg·K）；

m_c——每立方米混凝土的重量（kg）；

m_f、m_s——与每立方米混凝土相接触的模板、钢筋的重量（kg）；

T_f、T_s——模板、钢筋的温度，未预热者可采用当时环境气温（℃）。

混凝土蓄热养护过程中的温度计算如下所述：

混凝土蓄热养护开始至任一时刻 t 的温度如下式：

$$T=\eta e^{-\theta\nu_{ce}t}-\varphi e^{-\nu_{ce}t}+T_{m,a} \tag{2-9}$$

混凝土蓄热养护开始至任一时刻 t 的平均温度如下式所示：

$$T_m=\frac{1}{\gamma_{ce}t}\left(\varphi e^{-\nu_{ce}t}-\frac{\eta}{\theta}e^{-\theta\nu_{ce}t}+\frac{\eta}{\theta}-\varphi\right)T_{m\cdot a}$$

其中 θ、φ、η 为综合参数，计算公式如下：

$$\theta=\frac{\omega K\psi}{\nu_{ce}c_c\rho_c},\varphi=\frac{\nu_{ce}c_{ce}m_{ce}}{\nu_{ce}c_c\rho_c-\omega K\psi} \tag{2-10}$$

$$\eta=T_3-T_{m\cdot a}+\varphi$$

式中 T——混凝土蓄热养护开始至任一时刻 t 的温度（℃）；

T_m——混凝土蓄热养护开始至任一时刻 t 的平均温度（℃）；

t——混凝土蓄热养护开始至任一时刻的时间（h）；

$T_{m,a}$——混凝土蓄热养护开始至任一时刻 t 的平均温度（℃），可采用蓄热养护开始至 t 时气象预报的平均气温，若遇大风雪及寒潮降临，可按每时或每日平均气温计算；

ρ_c——混凝土质量密度(kg/m^3)；

m_{ce}——每立方米混凝土水泥用量(kg/m^3)；

c_{ce}——水泥累积最终放热量(kJ/kg)，见表2-29；

ν_{ce}——水泥水化速度系数(h^{-1})，见表2-29；

ω——透风系数，见表2-30；

φ——结构表面系数(m^{-1})；

ψ 的计算式是：$\psi = \frac{A_c(\text{混凝土结构表面积})}{\nu_c(\text{混凝土结构总体积})}$

K——围护层的总传热系数($kJ/m^2 \cdot h \cdot K$)；

K 的计算式是：

$$K = \frac{3.6}{0.04 + \sum_{i=1}^{n} \frac{d_i}{k_i}} \tag{2-11}$$

d_i——第 i 围护层的厚度(m)；

k_i——第 i 围护层的导热系数($W/m \cdot K$)；

e——自然对数之底，可取 $e = 2.72$。

水泥累积最终放热量 c_{ce} 和水泥水化速度系数 ν_{ce} 　　表2-29

水泥品种及强度等级	c_{ce}(kJ/kg)	v_{ce}(h^{-1})
42.5级硅酸盐水泥	400	0.013
42.5级普通硅酸盐水泥	360	
32.5级普通硅酸盐水泥	330	
32.5级矿渣、火山灰、粉煤灰水泥	240	

透 风 系 数 ω **表 2-30**

围护层的种类	透风系数 ω		
	小 风	中 风	大 风
围护层由易透风材料组成	2.0	2.5	3.0
易透风保温材料外面包不易透风材料	1.5	1.8	2.0
围护层由不易透风材料组成	1.3	1.45	1.6

注:小风速 $v_w < 3m/s$,中风速 $3m/s \leqslant v_w \leqslant 5m/s$,大风速 $v_m > 5m/s$。

当施工需要计算混凝土蓄热养护冷却至0℃的时间时,可根据公式2-9采用逐次逼近的方法进行计算,如果实际采取的蓄热养护条件满足$\frac{\varphi}{T_{m,a}} \geqslant 1.5$,且 $K\psi \geqslant 50$ 时,也可按下式直接计算:

$$t_0 = \frac{1}{v_{ce}} \ln \frac{\varphi}{T_{m,a}} \tag{2-12}$$

式中 t_0——混凝土蓄热养护冷却至0℃的时间(h)。

混凝土蓄热养护开始冷却至0℃时间 t_0 内的平均温度,可根据公式2-10取 $t = t_0$ 进行计算。

计算出冷却时间,再查阅混凝土龄期与强度相关表,判断此时混凝土是否达到"临界强度"要求。如果低于"临界强度"则需要提高搅拌温度,重新计算一遍直至符合要求为止。

(*b*)蒸汽加热法

蒸汽加热法施工是在平均气温很低或构件的表面系数很大时采用。可利用低压饱和蒸汽养护混凝土,在较短的时间内获得较高的强度。常用的是内部通汽法,即在混凝土构件内部预留孔道,将蒸汽通入孔道加热养护混凝土。蒸汽养护后孔道用水泥砂浆填实。内部通汽法节省蒸汽,温度容易控制,费用较低,但是,应注意冷凝水的处理。此法宜用于截面较大的构件。

此外，还有毛管法和汽套法，但由于这两种方法设备复杂，耗汽量也大，模板损失较严重，目前已很少采用。

采用蒸汽加热法，也需要进行热工计算，计算内容包括升温、等温和降温时间计算，及蒸汽量计算。需要时可查阅《建筑施工手册》有关部分。

2)外加剂法

外加剂法的实质，是在搅拌混凝土时加入单一或复合型外加剂，使混凝土中的水在负温下保持液相状态，使水泥的水化作用能正常进行，混凝土在负温下其强度能持续地增长。只要严格按照规范和有关技术规定进行施工，完全可以保证冬期施工混凝土工程质量。外加剂法操作简单，耗费少，是常用的混凝土冬施方法。

外加剂的类型和掺入量的选择，必须通过试验决定。冬期浇筑混凝土宜采用引气型减水剂，其含气量应为3%～5%，可以提高混凝土的抗冻性能。但含气量不能过大，否则会增加混凝土的孔隙率，从而影响混凝土的强度和耐久性。

在钢筋混凝土结构施工中，选用氯盐作外加剂时，应注意氯盐对钢筋的腐蚀作用，因此氯盐掺量不得超过水泥重量的1%(按无水状态计算)。一般采用氯盐时应加入一定量的阻锈剂(如亚硝酸钠)，以缓解氯盐对钢筋的腐蚀作用。掺氯盐的混凝土振捣要充分，保证混凝土的密实性，且不宜采用蒸汽养护。

施工及验收规范规定，在下列钢筋混凝土结构中不得掺用氯盐作抗冻剂：

高湿度空气环境中使用的结构；

处于水位升降部位的结构；

露天结构或经常受水淋的结构；

与含酸、碱和硫酸盐等介质相接触的结构；

经常处于60℃以上环境温度的结构；

使用冷拉钢筋或冷拉低碳钢丝的结构；

薄壁结构、中或重级工作制吊车梁、屋架、落锤或锻锤基础等结构；

电解车间和靠近直流电源的结构；

靠近高压电源的结构；

预应力混凝土结构等。

以避免氯盐与水作用产生酸腐蚀，或因氯盐介质引起导电现象发生。

在无筋混凝土中氯盐的使用：当混凝土用热材料拌制时，氯盐掺量不得大于水泥重量的3%；混凝土用冷材料拌制时，则氯盐掺量不得大于拌合水重量的15%。

(3)混凝土与钢筋混凝土冬期施工注意事项

1)钢筋的冷拉与焊接

冷拉钢筋可以在负温度下进行，但温度不宜低于-20℃，防止钢筋低温下变形时冷脆断裂。

冬期钢筋焊接应在室内进行，如必须在室外焊接时，其最低气温不宜低于-20℃，并应有防雪挡风措施。焊接完毕的接头严禁立即碰到冰雪，以避免骤冷产生裂纹。

2)混凝土的配制和搅拌

冬期施工混凝土配制时，应优先选用硅酸盐水泥或普通硅酸盐水泥，水泥强度等级不应低于32.5级，每立方米混凝土最小水泥用量不宜少于3kN(300kg)，以获得较高的早期强度和更高的水化热量。水灰比不应大于0.6，以减少单方混凝土的用水量。

水泥不得直接加热,用前应预先转入暖棚内存放,使水泥保持在正温以上。混凝土搅拌时骨料不得带有冰雪及冻团。搅拌时间应比常温时适当延长,保证混凝土的拌合均匀度。

3)混凝土的运输和浇筑

冬期运输和浇筑混凝土时,运输工具和容器应有保温措施,尽量减少热量损失,热量损失值应与热工计算相符,保证混凝土养护前的初温度不低于计算规定值。在采用加热法养护时,混凝土养护前的温度不得低于2℃。

冬期不得在强冻胀性的基土上浇筑混凝土,而在弱冻胀性基土上浇筑时,基土应进行保温以防遭冻,这些是基础混凝土冬施中的关键,必须严格遵守,否则,将可能产生基土降陷而影响结构的安全度。

装配式结构接头的浇筑,应先将结合处的表面加热至正温,以减少新浇混凝土的热量损失。浇筑后的接头混凝土在温度不超过45℃的条件下,应养护至设计要求的强度。当设计无具体规定时,应养护到设计强度等级的70%以上。为利于低温下混凝土硬化,接头混凝土内宜掺入无腐蚀钢筋作用的外加剂。

4)混凝土冬期施工的测温要求

混凝土冬期施工,应按日测定天气风雪、气温、原材料加热温度、混凝土温度以及各测温点的温度,并按规定表格做好测温记录。

混凝土搅拌的测温,每工作班至少测量四次原材料的加热、搅拌出料温度。混凝土入模后开始养护时的温度测定结果必须填入记录。

混凝土养护期间,室外气温及周围环境温度每昼夜至少定时定点测量四次。当采用蓄热法养护时,在养护期间混凝土的温度每昼夜检测四次。如采用蒸汽或电热加热法养护时,在升温和降温期间每小时测温一次,在恒温养护期间每两小时测温一次。以便于随时掌握混凝土养护期内的硬化温度变化,及时采取保障措施。

混凝土养护测温方法,应按冬施技术措施规定进行。在浇筑混凝土的结构构件上,按规定设置测温孔,全部测温孔均应编号,并绘制测温孔布置图,与测温记录相对应。测温时应使测温表与外界气温隔绝,真实反映混凝土内部实际温度。测温表在每个测孔内停留不少于3min,使测得数值与混凝土温度一致。考虑测温孔时应使其位置具有一定的代表性。

6. 混凝土工程验收

混凝土与钢筋混凝土工程验收时,应提供下列资料:

(1)设计变更和钢材代换证件;

(2)原材料质量合格证件;

(3)混凝土试块的试验报告及质量评定记录;

(4)混凝土工程施工记录;

(5)钢筋及焊接接头的试验数据;

(6)隐蔽工程验收记录;

(7)冬期施工热工计算及施工记录;

(8)工程的重大问题处理文件;

(9)竣工图及其他文件。

钢筋混凝土结构工程的验收,除检查有关记录外,尚应进行外观检查。

现浇结构的外观质量缺陷,应由监理(建设)单位、施工单位等各方根据其对结构性能和使用功能影响的严重程度,按表2-31确定。

现浇结构外观质量缺陷　　表2-31

名称	现象	严重缺陷	一般缺陷
露筋	构件内钢筋未被混凝土包裹而外露	纵向受力钢筋有露筋	其他钢筋有少量露筋
蜂窝	混凝土表面缺少水泥砂浆而形成石子外露	构件主要受力部位有蜂窝	其他部位有少量蜂窝
孔洞	混凝土中孔穴深度和长度均超过保护层厚度	构件主要受力部位有孔洞	其他部位有少量孔洞
夹渣	混凝土中夹有杂物且深度超过保护层厚度	构件主要受力部位有夹渣	其他部位有少量夹渣
疏松	混凝土中局部不密实	构件主要受力部位有疏松	其他部位有少量疏松
裂缝	缝隙从混凝土表面延伸至混凝土内部	构件主要受力部位有影响结构性能或使用功能的裂缝	其他部位有少量不影响结构性能或使用功能的裂缝
连接部位缺陷	构件连接处混凝土缺陷及连接钢筋、连接件松动	连接部位有影响结构传力性能的缺陷	连接部位有基本不影响结构传力性能的缺陷
外形缺陷	缺棱掉角、棱角不直、翘曲不平、飞边凸肋等	清水混凝土构件有影响使用功能或装饰效果的外形缺陷	其他混凝土构件有不影响使用功能的外形缺陷
外表缺陷	构件表面麻面、掉皮、起砂、沾污等	具有重要装饰效果的清水混凝土构件有外表缺陷	其他混凝土构件有不影响使用功能的外表缺陷

现浇结构拆模后，应由监理（建设）单位、施工单位对外观质量和尺寸偏差进行检查，作出记录，并应及时按施工技术方案对缺陷进行处理。

现浇结构和混凝土设备基础拆模后的尺寸偏差应符合表2-32、表2-33的规定。

现浇结构尺寸允许偏差和检验方法　　表2-32

项目			允许偏差(mm)	检验方法
轴线位置	基础		15	钢尺检查
	独立基础		10	
	墙、柱、梁		8	
	剪力墙		5	
垂直度	层高	≤5m	8	经纬仪或吊线、钢尺检查
		>5m	10	经纬仪或吊线、钢尺检查
	全高(H)		H/1000且≤30	经纬仪、钢尺检查
标高	层高		±10	水准仪或拉线、钢尺检查
	全高		±30	
截面尺寸			+8,-5	钢尺检查
电梯井	井筒长、宽对定位中心线		+25,0	钢尺检查
	井筒全高(H)垂直度		H/1000且≤30	经纬仪、钢尺检查
表面平整度			8	2m靠尺和塞尺检查
预埋设施中心线位置	预埋件		10	钢尺检查
	预埋螺栓		5	
	预埋管		5	
预留洞中心线位置			15	钢尺检查

注:检查轴线、中心线位置时,应沿纵、横两个方向量测,并取其中的较大值。

混凝土设备基础尺寸允许偏差和检验方法 表2-33

项目		允许偏差(mm)	检验方法
坐标位置		20	钢尺检查
不同平面的标高		0,-20	水准仪或拉线、钢尺检查
平面外形尺寸		±20	钢尺检查
凸台上平面外形尺寸		0,-20	钢尺检查
凹穴尺寸		+20,0	钢尺检查
平面水平度	每米	5	水平尺、塞尺检查
	全长	10	水准仪或拉线、钢尺检查
垂直度	每米	5	经纬仪或吊线、钢尺检查
	全高	10	
预埋地脚螺栓	标高(顶部)	+20,0	水准仪或拉线、钢尺检查
	中心距	±2	钢尺检查
预埋地脚螺栓孔	中心线位置	10	钢尺检查
	深度	+20,0	钢尺检查
	孔垂直度	10	吊线、钢尺检查
预埋活动地脚螺栓锚板	标高	+20,0	水准仪或拉线、钢尺检查
	中心线位置	5	钢尺检查
	带槽锚板平整度	5	钢尺、塞尺检查
	带螺纹孔锚板平整度	2	钢尺、塞尺检查

注:检查坐标、中心线位置时,应沿纵、横两个方向量测,并取其中的较大值。

2.3 预应力混凝土工程

预应力混凝土结构构件,较普通钢筋混凝土结构改善了受拉区混凝土的受力性能,充分发挥了高强钢材的受拉性能,从而提高了钢筋混凝土结构刚度、抗裂度和耐久性,减轻了结构自重。

预应力混凝土结构中的钢筋,有预应力钢筋和非预应力钢筋,其中非预应力钢筋多采用 HPB235 级、HRB335 级、HRB400 级钢筋和乙级冷拔低碳钢丝;而预应力钢筋则多用冷拉 JL785 级、冷拉 JL835 级、冷拉 RL540 级以及 RRB400 级(热处理)钢筋,常用的预应力钢丝有甲级冷拔低碳钢丝、碳素钢丝、刻痕钢丝和钢绞线等。

预应力混凝土的强度等级不宜低于 C30,采用高强钢丝时则不宜低于 C40。配制预应力混凝土所用的水泥强度等级宜比混凝土强度等级高 $10N/mm^2$。

预应力混凝土的施工工艺,有先张法、后张法、后张自锚法和电热法多种。而以先张法和后张法应用较多,工艺较典型。

采用机械方法进行张拉的先张法与后张法,预应力钢筋张拉和固定均需用夹具或锚具。通常把永久锚固在构件钢筋端部的称作锚具,主要用于后张法;将用于临时夹持预应力筋,在浇筑混凝土达到强度后可以取下的称为夹具。有些锚具与夹具可以互换使用。

预应力混凝土施工所用机具设备种类较多,目前常用的有液压拉伸机(由千斤顶、油泵和连接油管三部分组成),以及电动或手动张拉机等。此外还有预应力筋(丝)镦粗设备、刻痕及轧波设备，灌浆及测力设备等。

2.3.1 锚具设备

1. 预应力混凝土结构常用锚具种类

常见的锚(夹)具种类很多，本节只介绍几种典型锚具，以便了解其简单形式和用途。

(1)螺丝端杆锚具

螺丝端杆锚具适用于锚固冷拉 JL785 级与 JL835 级钢筋。由螺丝端杆、螺母和垫板组成。螺丝端杆采用 45 号钢制作，螺母和垫板则用 Q235 钢制作。螺丝端杆锚具如图 2-61 所示。螺丝端杆与预应力筋的焊接，应在预应力筋冷拉之前进行，以防止因焊接高温影响钢筋的冷强效应。焊后再冷拉对焊接点是一次拉伸检验。

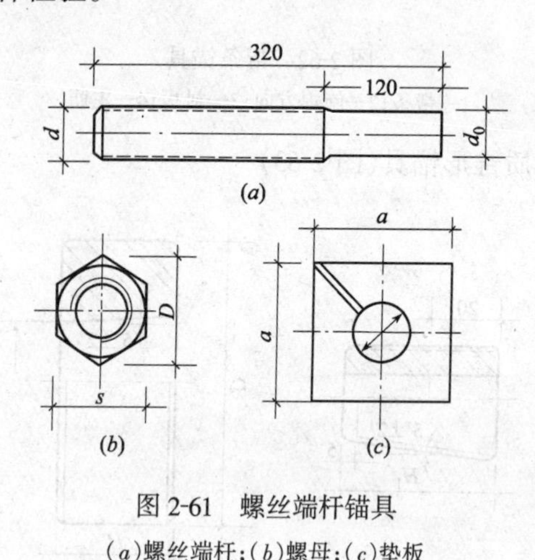

图 2-61 螺丝端杆锚具

(a)螺丝端杆；(b)螺母；(c)垫板

(2)帮条锚具

帮条锚具(见图 2-62)可作为冷拉 JL785、JL835 级钢筋及冷拉 RRB400 级钢筋固定端的锚固用。帮条锚具由帮条和衬板组成。帮条筋采用与预应力筋同级钢筋,而衬板则可用普通低碳钢钢板,焊条应选用结 50X。焊接帮条时,三根帮条与衬板相接触面应在同一垂直平面上,防止受力后产生扭曲。焊接时的地线严禁搭在预应力筋上,并严禁在预应力钢筋上引弧,以免损伤预应力钢筋,焊接帮条可在冷拉前或冷拉后进行,有条件尽可能在冷拉前焊接。

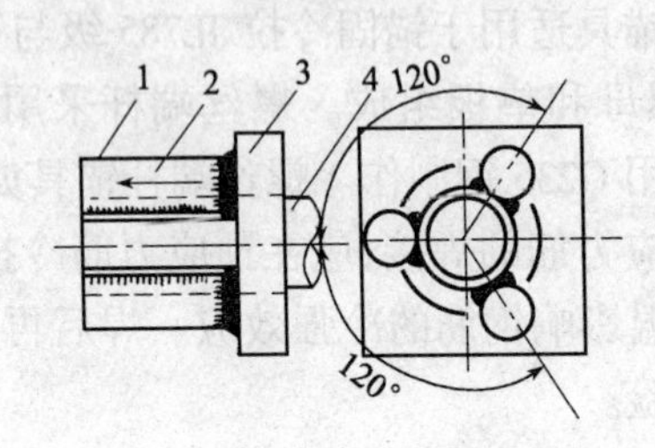

图 2-62　帮条锚具

1—帮条;2—施焊方向;3—衬板;4—主筋

(3)钢质锥形锚具(图 2-63)

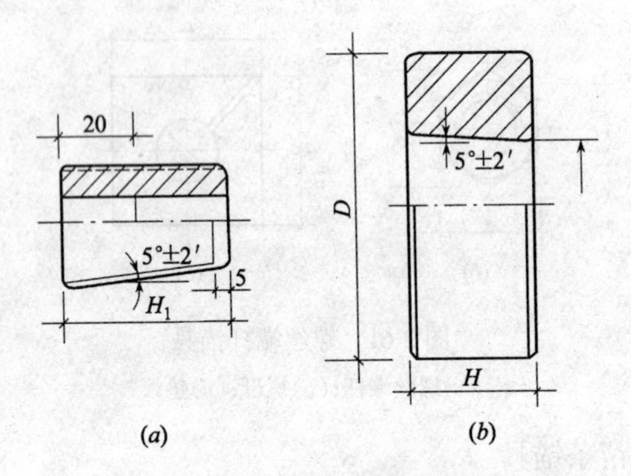

图 2-63　钢质锥形锚具

(a)锚塞;(b)锚环

钢质锥形锚具由锚塞和锚环组成。一般适用于锚固 6-30ϕ^P5 和 12-24ϕ^P7 钢丝束。锚环采用 45 号钢制作。锚塞采用 45 号钢或 T7、T8 碳素工具钢，保证对钢丝的挤压力均匀，不致影响摩阻力。

(4)镦头锚具

镦头锚具由锚环、锚板和螺母组成(见图 2-64)。镦头锚具适用锚固任意根 ϕ^b5 与 ϕ^P7 钢丝束。锚环与锚板采用 45 号钢，而螺母用 30 号钢或 45 号钢制作。ϕ^b5 钢丝镦头的镦粗直径为 7～7.5mm，高为 4.8～5.3mm，头型不应偏歪。

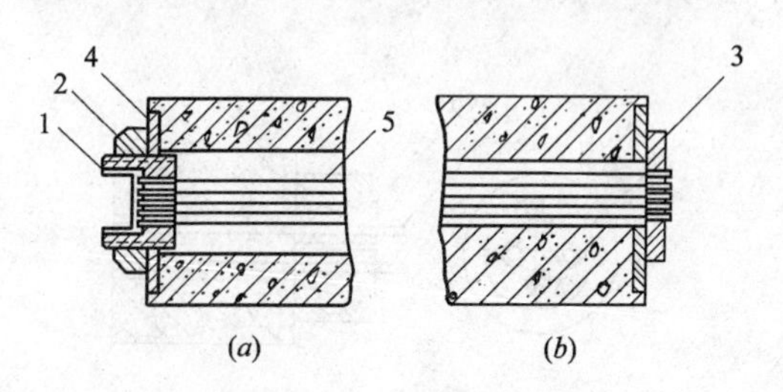

图 2-64　镦头锚具示意图

(a)张拉端；(b)固定端

1—锚环；2—螺母；3—锚板；4—垫板；5—镦头预应力钢丝束

(5)锥形螺杆锚具

锥形螺杆锚具是由锥形螺杆、套筒、螺帽和垫板组成(见图 2-65)。锥形螺杆和套筒均采用 45 号钢制作，螺母和垫板采用 Q235 钢制作。该锚具适用于 14～28 根 ϕ^b5 碳素钢丝的锚固。

(6)JM-12 型锚具

JM-12 锚具由锚环和夹片组成(见图 2-66)。锚环和夹片均由 45 号钢制作。预应力钢筋靠夹片压紧的摩阻力固定。多用于钢绞线束的锚固。JM-12 锚具有良好的锚固性能，预应力筋滑移量比较小,施工方便,但是加工量大且成本高。

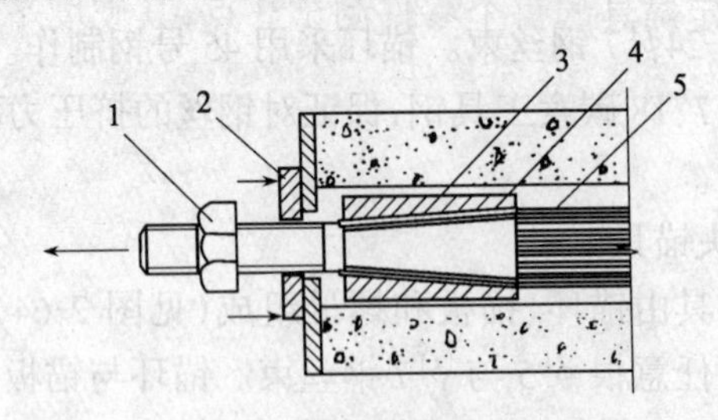

图 2-65　锥形螺杆锚具示意图

1—螺母;2—垫板;3—套筒;4—锥形螺杆;5—预应力钢丝束

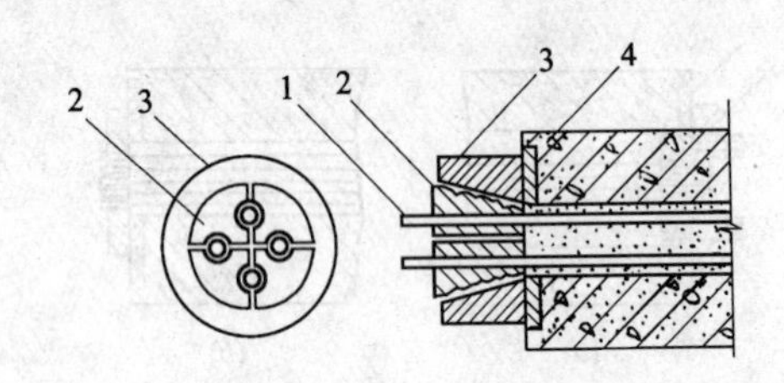

图 2-66　JM-12 锚具

1—预应力筋;2—夹片;3—锚环;4—垫板

2. 锚具进场验收

预应力钢筋所用的锚具,已有标准定型产品,可按需要选购。它应有出厂证明书,进场时需按下列规定验收:

(1)外观检查

外观按抽样方法检查,以同一材料和同一生产工艺,数量不超过 200 套的锚具为一批,每批中抽取 10% 的锚具并不少于 10 套。检查其表面状态、外形尺寸与锥度。如有一套表面有裂纹或超过允许偏差时,应取双倍样品重新检验,如果仍有一套锚具不符合要求,则应逐套检查,合格者方准使用。

(2)硬度检验

每检验批抽取5%的锚具并不少于5套,进行锚具的硬度试验。按规定锚具的每个零件测试3点,其硬度平均值应在设计要求的范围之内,而且任一点的硬度读数应小于等于设计要求范围的3个洛氏硬度单位。如有一个零件不合格则应再取双倍数量的零件重做试验;如仍有一个零件不合格,则应逐个检验,合格者方可使用。

(3)锚固能力试验

锚固能力试验是在上述两项检验合格后进行的。按规定从同批中抽取3套锚具,将锚具装在预应力筋的两端,在无粘着的状态下置于试验机上试验。测得锚固能力值不得低于预应力钢筋标准抗拉强度的90%,锚固时预应力筋的内缩量,不得超过锚固的设计要求数值。如有一套不符合要求,则应取双倍数量的锚具重做试验。若仍有一套不合格,则认为该批锚具为不合格品。

2.3.2 先张法施工

先张法施工的工艺特点,是在浇筑混凝土前,先在台座上或钢模上张拉预应力钢筋,用锚(夹)具将预应力筋固定在台座的横承梁上,然后支模、绑扎非预应力筋和浇筑混凝土。经过养护达到设计强度后,放松预应力钢筋,通过钢筋将应力传递给混凝土截面,对混凝土构件产生预压应力。

1. 先张法的施工设备

先张法施工的主要设备,包括预应力钢筋的固定用夹具、张拉用台座和张拉机具。

(1)台座

台座是先张法张拉和固定预应力钢筋的承力结构。目前台座形式有墩式和槽式等多种。

1)墩式台座

墩式台座是由传力墩、台面和横梁组成的(见图 2-67)。

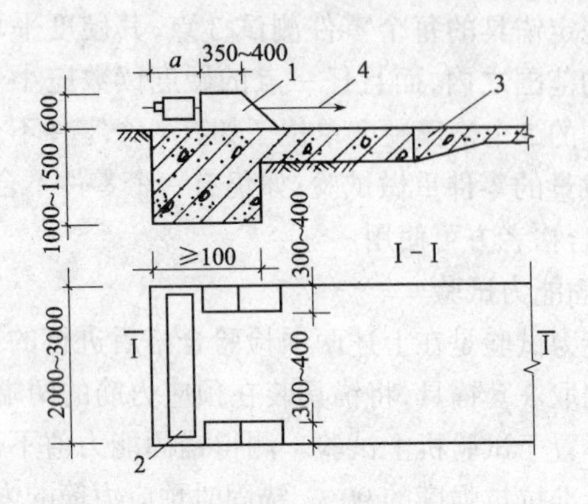

图 2-67 墩式台座

1—混凝土墩;2—横梁;3—台面;4—预应力筋

传力墩是台座的主要承力结构,它是靠混凝土自重和局部的土压力平衡因张拉力产生的倾覆力矩,并靠土的反力和摩阻力来阻止由张拉引起的水平位移。混凝土台面是预应力混凝土成型的底模,应力求平整光滑。在台面与传力墩连接处的局部范围内适当加厚,增大与传力墩外伸部分的接合面。横梁是锚固预应力钢筋支承梁,可用型钢或钢筋混凝土制作。由于横梁的刚度直接影响预应力筋的内力值,故要求横梁的挠度最大值应小于 2mm。

墩式台座的稳定性包含台座的抗倾覆和抗滑移的能力。施工及验收规范规定:台座的抗倾覆安全系数 K,应大于或等于 1.5;抗滑移安全系数 K_0 应大于或等于 1.3。

2)槽式台座

槽式台座由钢筋混凝土传力柱、上下横梁、台面和砖墙组成(见图 2-68)。

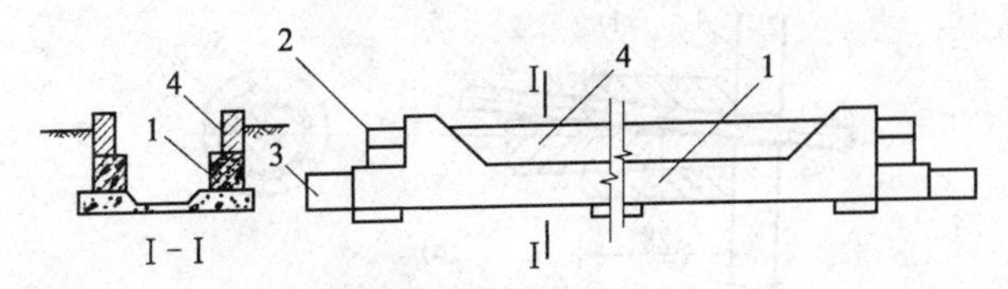

图 2-68 槽式台座

1—传力柱;2—上横梁;3—下横梁;4—砖墙

传力柱是台座的主要承力结构,抵抗张拉和倾覆力矩能力大。砖墙起挡土作用,并作为蒸汽养护时的侧壁,与传力柱、台面共同组成养护坑槽。槽式台座长度一般为 45 ~ 76m,便于连续生产多根大型构件。

(2)夹具

夹具是先张法施工临时固定预应力筋的工具,夹具必须工作可靠、构造简单、装卸方便。夹具型式很多,这里仅介绍常见的几种典型夹具。

1)锥形夹具

锥形夹具是用于预应力钢丝的锚具,由锥形孔套筒和刻齿锥形板(或销)组成。它又分为圆锥齿板式夹具和圆锥三槽式夹具,见图 2-69。

圆锥齿板式夹具的套筒和齿板均用 45 号钢制作。它是靠细齿锥形板和套筒间的挤压摩阻力固定钢丝。一般可锚固 ϕ^b3 ~ ϕ^b5 的钢丝,因钢丝直径不同,锥形齿板又分为Ⅰ型和Ⅱ型,Ⅰ型可锚固 ϕ^b3 和 ϕ^b4 的钢丝;Ⅱ型可锚固 ϕ^b4 和 ϕ^b5 的钢丝。

圆锥三槽式夹具的套筒和锥销均采用 45 号钢制作。它是利用圆锥销与套筒之间的挤压摩阻力固定钢丝。由于锥销上有直径不同的三个半圆槽,同一锥销可以锚固 ϕ^b3,也可以锚固 ϕ^b4 或 ϕ^b5 的钢丝。

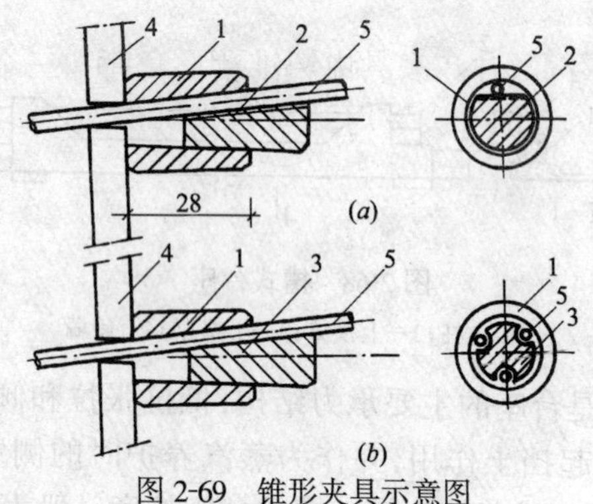

图 2-69 锥形夹具示意图

(a)圆锥齿板式;(b)圆锥三槽式

1—套筒;2—齿板;3—锥销;4—定位板;5—预应力筋

2)镦头锚具

它是利用预应力钢筋末端镦粗加以固定的,镦头卡在锚固垫板上。冷拔低碳钢丝可采用冷镦(即在常温下镦粗)或热镦法(用通电加热挤压镦头)加工,而碳素钢丝只能用冷镦法加工。粗钢筋需用热镦头机镦粗。这种镦头锚具用于预应力筋的固定端。如图 2-70 所示。

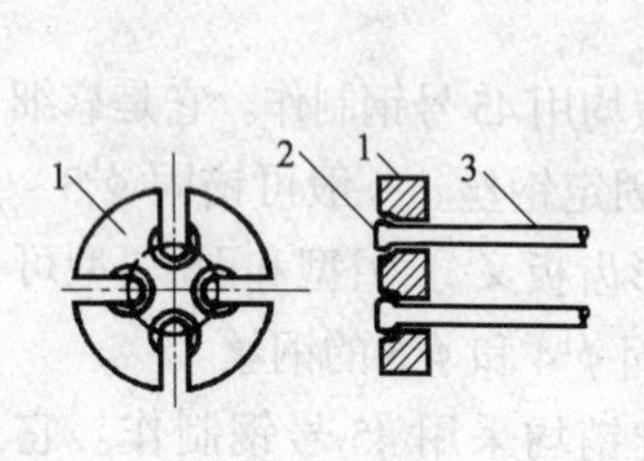

图 2-70 固定端镦头锚具

1—锚固板;2—镦粗头;3—预应力筋

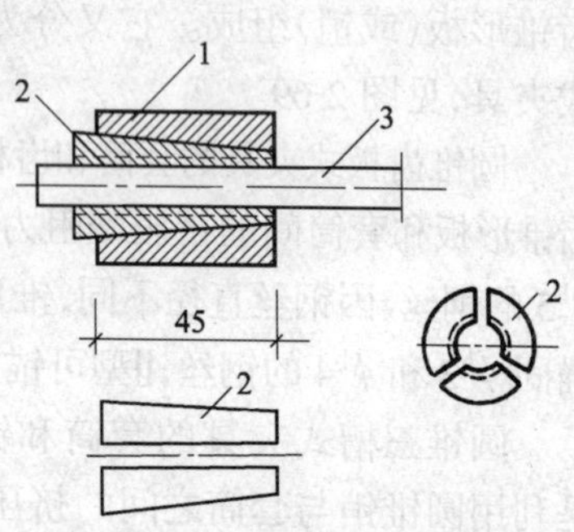

图 2-71 圆套筒三片式夹具

1—套筒;2—夹片;3—预应力钢筋

3)圆套筒三片式夹具

圆套筒三片式夹具由圆锥孔形套筒和三个夹片组成(见图2-71)。套筒和夹片均由45号钢制作。

该夹具用于锚固 $\phi12$ 或 $\phi14$ 的单根冷拉JL785、JL835、RL540级钢筋。它是利用挤压摩阻力自锁固定的。

(3)张拉机械

先张法施工所用的张拉机种类较多,常用的有下列几种。

1)YC-20型穿心式千斤顶

该机由偏心式夹具、油缸和弹性顶压头三部分组成(如图2-72所示)。其最大张拉力为200kN,张拉行程为200mm,可用来张拉12~20mm直径的预应力钢筋。

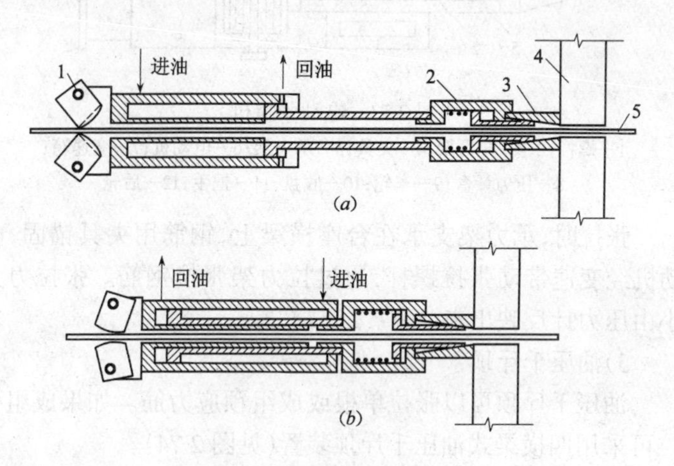

图2-72 YC-20穿心式千斤顶

(a)张拉;(b)复位

1—偏心块夹具;2—弹性顶压头;3—夹具;4—台座横梁;5—预应力筋

穿心式千斤顶的张拉过程：首先穿入预应力钢筋，然后由后油嘴进油推动油缸向后伸出（同时偏心块夹具锁紧预应力钢筋），随油缸的后移钢筋被张拉直至达到控制应力（如图2-72a）。利用钢筋回弹和弹性顶压头的作用，将夹具的夹片顶入套筒把钢筋锚固在台座横梁上。

2)电动螺杆张拉机

电动螺杆张拉机由电动机、变速箱、测力装置、张拉螺杆、承力架和夹具组成，如图2-73。

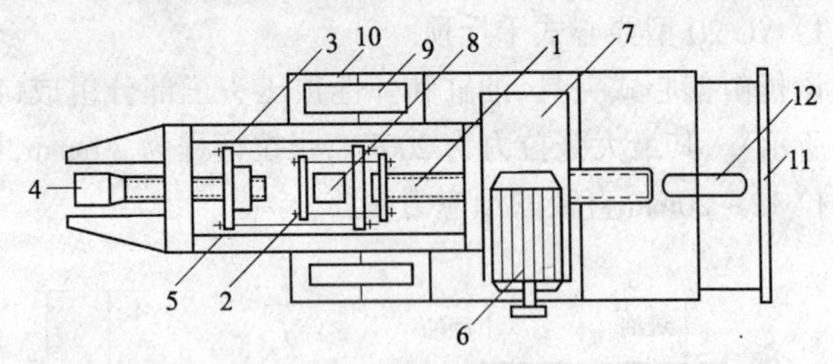

图2-73　电动张拉机

1—螺杆；2、3—拉力架；4—夹具；5—承力架；6—电动机；7—变速箱；8—压力计盒；9—车轮；10—底盘；11—把手；12—后轮

张拉时，承力架支承在台座横梁上，钢筋用夹具锚固，电动机经变速带动张拉螺杆，通过拉力架张拉钢筋。张拉力大小由压力计反映出来。

3)油压千斤顶

油压千斤顶可以张拉单根或成组预应力筋。如果成组张拉可采用四横梁式油压千斤顶装置（见图2-74）。

四横梁式油压千斤顶的张拉力很大，一次可以张拉多根钢筋。但是耗钢量较大且大螺丝杆加工较困难，张拉钢筋时多根钢筋之间的初应力调整费时间，而且千斤顶行程小需多次回程重复张拉，张拉效率低。

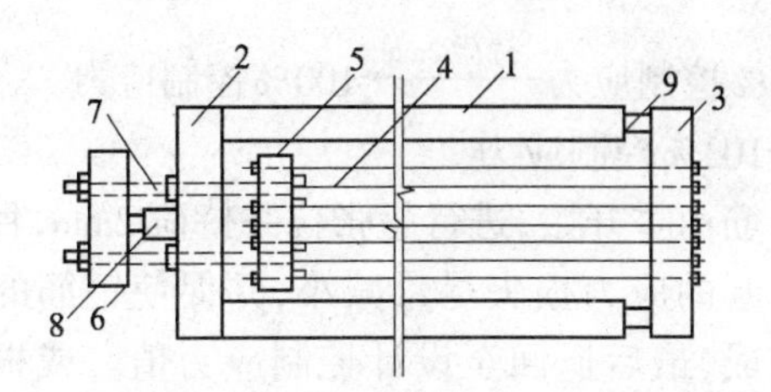

图 2-74　四横梁式油压千斤顶装置

1—台座承力柱；2—前横梁；3—后横梁；4—预应力筋；5、6—拉力架横梁；
7—大螺丝杠；8—液压千斤顶；9—放张装置

2. 先张法张拉工艺

先张法施工过程包括台座准备、预应力钢筋就位与张拉、支模板与绑扎非预应力筋、浇筑混凝土并进行养护、放松预应力筋。其中关键是预应力钢筋的张拉与固定，以及预应力筋的放张。钢筋的绑扎和混凝土的浇筑同第 2.2 节。

(1)预应力钢筋的张拉

预应力筋的就位，在固定在台座横梁上时，钢筋的定位板必须安装准确，定位板的挠度不应大于 1mm，横梁挠度不大于 2mm，以免影响预应力筋的内力。预应力筋的张拉应按设计要求进行。

1)张拉控制应力的确定：预应力筋的张拉控制应力，应按设计规定数值选用。施工时为克服应力损失需要超张拉时，其最大超张拉力应符合施工及验收规范规定：预应力筋为冷拉 JL785 级至 RL540 级钢筋时为其屈服点的 95%；钢丝、钢绞线及热处理钢筋则为其抗拉强度的 75%。

2)张拉程序的确定：张拉程序指的是预应力筋由初始应力达到控制应力的加载过程和方法。为了减少因钢筋受力产生松弛引起的应力损失值，一般采用超张拉工艺。预应力筋的张拉程序目前常用如下两种：

$$0 \rightarrow 105\% \text{控制应力} \xrightarrow{\text{持荷 2min}} 100\% \text{控制应力}$$

或:0→103%控制应力

预应力筋由零开始,进行超张拉并持荷 2min,目的是使钢筋因松弛引起的应力损失尽量减小,并促使钢筋的松弛过程尽快趋于完成,最后退回至设计控制应力值。或根据经验从零一次连续拉至控制应力的 103%,不再经过 2min 的持荷过程,也不退至控制应力值,是考虑预留出 3%的应力损失。采用超张法张拉时,其超张控制应力总值不得超过钢筋的屈服强度,以保证预应力筋处于弹性工作状态。

3)预应力筋的检查:预应力筋的检查着重在以下几个方面。

如果采取多根成组地进行预应力筋张拉时,应严格控制多根钢筋之间内应力的一致性,避免产生因内力大小不均而导致应力集中现象,因此,正式进行张拉前应检查和调整预应力筋的初始应力,使初始应力趋于一致。

多根钢丝同时进行张拉完毕后,应抽查钢丝的内应力值,一根钢丝的预应力值的偏差,不得大于或小于按一个构件全部钢丝预应力总值的 5%,避免各钢丝受力的不均衡性。

预应力筋张拉后,对设计位置的偏差不得超过 5mm,同时也不得大于构件截面最短边尺寸的 4%。否则,将会影响设计的受力状况。

应合理确定截面内预应力筋的张拉顺序,原则上应尽量避免使台座承受过大的偏心压力,故宜先张拉靠近台座截面重心处的预应力筋,预防台座产生弯曲变形。

(2)混凝土的浇筑和养护注意事项

预应力混凝土构件的混凝土浇筑,应一次连续浇筑完成,不允许留设施工缝,并且尽可能采用低水灰比,控制水泥用量,选用级配优良的骨料。浇筑时应充分捣实,尤其要注意靠近端部混凝土的密实度。这些都是为了减少混凝土在预加应力作用下的收缩和徐变值,从而减小应力损失。

当台座上制作预应力构件需要蒸汽养护时,应选择合理的养护制度。通常应采用二次升温的方法,以减少因台座与钢筋间的温差过大引起预应力损失。一般第一次加热时,使二者间的温差控制为20℃以内,待混凝土硬化具有约$10N/mm^2$的强度后,再按正常升温制度加热养护。这样因钢筋与混凝土间已具有足够的粘结力,限制了钢筋的热变形,避免了过多的应力损失。

(3)预应力筋的放张

在先张法施工中,混凝土浇筑以后,何时允许放松预应力钢筋,则应视混凝土强度是否已经达到设计规定值。当设计无具体要求时,应按施工及验收规范规定进行,即放张时混凝土的强度不得低于设计强度标准值的75%。具体放张时间要通过同条件养护的混凝土试块试压结果决定。如果放张过早将会引起较大的应力损失或产生钢丝滑动,造成质量事故。

放松预应力筋时会有很大的冲击和振动,严重时会使构件端部裂缝或发生翘曲,所以应按照以下原则进行放张。

1)对于轴心受压构件,所有预应力筋应同时放张,避免产生偏心受压现象;

2)对于偏心受压构件,应先同时放张预压力较小区域内的预应力筋,然后再同时放张压力较大区域内的预应力筋,否则,容易产生弯曲或裂缝。

3)如果按上述二原则放张有困难时,则应分阶段、对称、相互交错地进行放张,这样可以防止在放张过程中构件翘曲或裂缝。

此外,放张时要防止切断钢筋时产生突然的过大冲击力,应采用缓冲办法予以缓解，如砂箱缓冲装置等。

2.3.3 后张法施工

后张法施工的工艺特点是先支模、绑非预应力筋，同时在设计规定的位置上预留出穿预应力筋的孔道，然后浇筑混凝土，待混凝土经养护达到设计规定的强度，进行穿筋和张拉，达到张拉控制应力后，即加以锚固和灌浆。

后张法对钢筋施加预应力，是依靠已达到设计强度的混凝土构件作支承，不需要另外设置台座，张拉设备较简单。适于在施工现场上生产预应力混凝土大型构件。

1. 后张法的张拉设备

(1)锚具

锚具是预应力筋进行张拉和永久固定的工具。锚具应工作可靠、构造简单、施工方便，预应力损失要小。常用的锚具类型如第一节中所述。

(2)张拉机械

后张法张拉预应力筋，采用较多的是拉杆式千斤顶、穿心式千斤顶和双作用千斤顶。下面扼要说明其工作特点。

1)拉杆式千斤顶

拉杆式千斤顶由主缸、主缸活塞、副缸、副缸活塞、拉杆、连接器和传力架等组成(图 2-75)。拉杆式千斤顶主要用于张拉螺丝端杆锚具的粗钢筋、带螺杆式锚具或镦头式锚具的钢丝束。

拉杆式千斤顶的工作过程：首先连接螺丝端杆和连接器，将传力架支承在构件端部的预埋钢板上。当高压油进入主缸后，即推动主缸活塞向右移动，同时带动拉杆和螺丝端杆向右移动，实施对钢筋的张拉。待达到张拉控制应力后，即拧紧螺丝端杆的螺母进行最后固定。张拉结束后，高压油进入副缸，推动副缸使主缸活塞和拉杆向左移动，回复到张拉前的原位上。拉杆式千斤顶的拉力有 40kN、600kN 和 800kN 等几种。

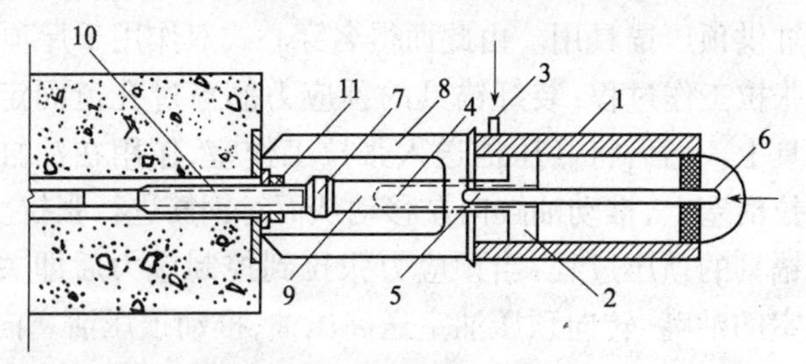

图 2-75　拉杆式千斤顶

1—主缸；2—主缸活塞；3—主缸进油孔；4—副缸；5—副缸活塞；6—副缸进油孔；7—连接器；8—传力架；9—拉杆；10—螺丝端杆；11—锚固螺母

2）YC-60 型穿心式千斤顶

YC-60 型穿心式千斤顶广泛地用于预应力筋的张拉。它适用于张拉各种形式的预应力筋。它主要由张拉油缸、顶压油缸、顶压活塞和弹簧组成(图 2-76)。

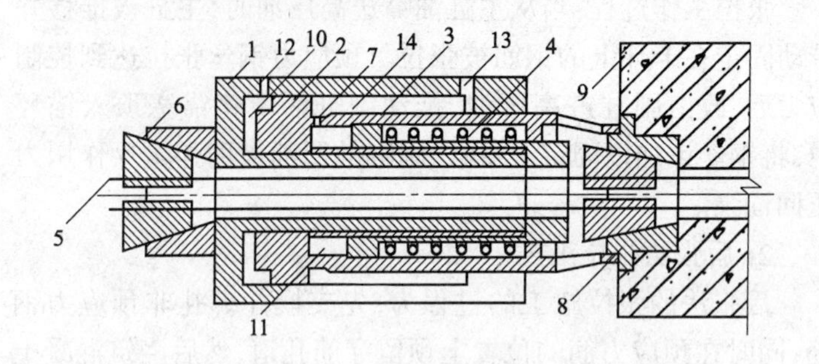

图 2-76　YC-60 穿心式千斤顶示意图

1—张拉油缸；2—顶压油缸；3—顶压活塞；4—弹簧；5—预应力筋；6—工具式夹具；7—油孔；8—锚具；9—构件；10—张拉油室；11—顶压油室；12—张拉油室油嘴；13—顶压油室油嘴；14—回程油室

该机特点是沿千斤顶轴心有贯通孔道,预应力钢筋可以通过。而沿径向有内外两层工作油缸,外层油缸用于张拉,内层油缸供顶压锚具用。由此而得名穿心式双作用千斤顶。

张拉工作过程:装好锚具的预应力筋穿过孔道固定在工作锚具上。然后将高压油送入张拉工作室,作用在油缸底面和张拉活塞上,推动油缸向左移动从而对钢筋进行张拉。

锚具的顶压过程:当预应力张拉到控制应力后即关闭张拉油室的油嘴,转向顶压油室送高压油,推动顶压活塞向右移动,顶压锚具的夹片进入锚环,达到顶压力后将预应力筋固定。最后回油卸压,弹簧回复到原位,完成张拉与顶压全过程。

3)锥锚式双作用千斤顶

锥锚式双作用千斤顶用于张拉锥形锚具锚固的预应力钢丝束。它是由主缸、主缸活塞、副缸、副缸活塞、顶压头、卡环和销片等主要部件所组成,其构造和张拉工作过程如图 2-77。

张拉工作过程:当从主缸油嘴送高压油时,主缸被推移并带动固定在卡环上的钢筋被张拉。预应力钢丝张拉达到控制应力后,改由副缸进高压油,推动副缸活塞将锚塞顶入锚环内,将钢丝束加以固定。主缸、副缸的回油借助弹簧反作用力压回油泵。

2. 后张法张拉工艺

后张法的张拉施工的过程为:先支模并绑扎非预应力钢筋,同时在预应力筋的位置上预留穿筋孔道,然后浇筑混凝土并进行养护。在适当时刻抽出预埋孔的工具管,待混凝土达到设计强度等级后,开始张拉钢筋和锚固。关于非预应力筋的绑扎和支模、浇筑混凝土的施工方法和要求,已在第 2.2 节做过详细介绍。下面重点说明孔道预留、预应力筋张拉与锚固和孔道灌浆施工。

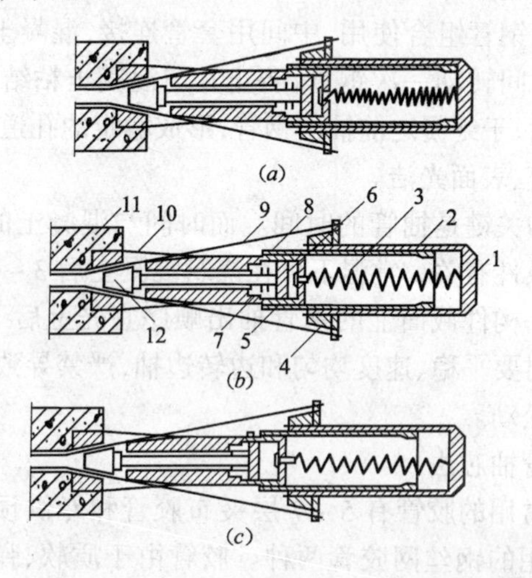

图 2-77 锥锚式双作用千斤顶工作原理

(a)将钢筋固定在卡环上;(b)主缸进油张拉钢筋;(c)副缸进油推顶锚塞

1—主缸油嘴;2—主缸;3—主缸弹簧;4—工具锚;5—副缸;6—副缸活塞;

7—副缸弹簧;8—副缸油嘴;9—预应力筋;10—支腿;11—锚圈;12—锚塞

(1)孔道的预留

预应力混凝土构件孔道的预留是后张法施工的关键工序之一。孔道位置准确度和孔的尺寸形状都直接影响预应力筋的受力状况。因此,孔道的留设空间位置必须正确,孔道直径应比预应力筋直径或钢筋对焊接头外径或钢丝所带锚具(需要穿过孔道时)的外径大于 10~15mm,以免产生张拉摩阻力。孔道留设方法很多,下面只介绍常用的两种典型做法。

1)钢管抽芯法

在浇灌混凝土前,先将钢管敷设在模板内的孔道位置上并加以固定,钢管每隔 1m 用钢筋井字架予以固定。一般钢管的长度不超过15m,以便于钢管的转动和抽出,长度较大的构件可用两根钢管组合使用,中间用套管连接,混凝土浇筑后,每隔一定时间转动一次钢管,防止其与混凝土粘结。待混凝土初凝以后,于终凝之前抽出钢管,形成稳定的孔道。选用的钢管应平直、表面光洁。

抽管的关键是抽管的时间。而时间与混凝土的性质、气温和养护条件有关。常温下可在浇筑混凝土后3~6h即可抽管。在同一构件截面上的钢管抽出顺序宜先上后下、先曲后直。抽管时要平稳、速度均匀和边转边抽,严禁导致孔道边缘的混凝土松动。

2)胶管抽芯法

目前常用的胶管有5~7层夹布胶管和专供预应力混凝土预留孔用的钢丝网胶管两种。胶管由于质软、弹性好便于弯曲,适用于直线和曲线形孔道。为增强胶管的刚度和便于抽出,使用前宜先在管内充入压力为0.6~0.8N/mm^{2}的压缩空气或压力水,皮管直径扩大约3~4mm,每隔500mm用井字形钢筋支架将胶管固定在预应力筋的设计位置上。然后浇筑混凝土,待混凝土硬化并具有一定的强度后,即可释放管内的压缩空气或压力水,胶管回缩后抽出比较容易。钢丝网胶管质硬且具有较大弹性,其自身能够承受住混凝土的冲击和压力。混凝土浇筑后不需要中间转动,在混凝土硬化到一定程度之后,可以利用管的弹性特点,在拉力作用下截面缩小而抽出。

(2)预应力筋的张拉

后张法预应力筋的张拉应在构件混凝土达到设计要求的强度后进行。如果需要提前张拉时混凝土强度不得低于设计强度标准值的75%。对于块体拼装的混凝土构件,除应符合上述规定外，其拼接立缝混凝土或砂浆强度不应低于块体混凝土设计强度等级的 40%，并且不得低于 15N/mm²。上述规定的目的是为防止因混凝土强度不足在张拉时引起裂缝，以及因较大的压缩变形引起过大的应力损失，以确保预应力混凝土构件的质量。

1)张拉控制应力和张拉程序

张拉控制应力取值应按设计规定，或直接按《钢筋混凝土结构设计规范》的规定取值。

张拉程序与所采用锚具种类有关，一般与先张法相同。即：

$$0 \rightarrow 105\%\text{控制应力} \xrightarrow{\text{持荷 2min}} 100\%\text{控制应力}$$

$$\text{或 } 0 \rightarrow 103\%\text{控制应力}$$

2)张拉顺序

配有多根预应力筋的混凝土构件，需要分批并按一定顺序进行张拉，避免构件在张拉过程中承受过大的偏心压力，引起构件弯曲裂缝现象。通常是分批、分阶段、对称地进行张拉。在分批张拉时，要考虑后批张拉的钢筋对混凝土产生的弹性压缩，导致前批已张拉的钢筋内应力降低。因此，应设法补足前批钢筋的应力损失，或预先计算出预应力损失值，加在首批(或前批)钢筋张拉控制应力内，以补足损失值。也可采用相同的张拉力值逐根复拉补足的办法。

曲线预应力筋或长度大于 24m 的直线预应力筋的张拉，要考虑钢筋与孔道壁之间的摩擦对张拉控制应力的影响，应在构件的两端进行张拉，尽量减小摩阻力影响。对于长度等于或小于 24m 的直线预应力筋，可在一端进行张拉，但张拉端宜交替设置在构件两端。

当两端同时张拉一根(束)预应力筋时，为了减少预应力损失，在最后锚固时，宜先锚固一端，另一端则需在补足张拉力后再锚固。

平卧重叠浇筑的预应力混凝土构件，预应力筋的张拉应自上而下逐层进行，减少上层构件重压和粘结力对下层构件张拉影响，为了减少上下层构件之间因摩阻力引起的应力损失，可自上而下逐层加大张拉力，但底层构件的张拉力不宜比顶层构件的张拉力大5%（用于钢丝、钢绞线和热处理钢筋）或9%（用于冷拉JL785～RL540级钢筋），并且不得超过超张值的限制值。

预应力筋锚固后的外露长度不宜小于15mm，并采取可靠的防锈措施，严防锚固端钢筋和锚具的锈蚀，保证结构的安全性。

(3)孔道灌浆

预应力筋张拉完毕后，应尽快进行孔道灌浆，以防止预应力筋的锈蚀，并能增强预应力筋与构件混凝土之间的粘结力，这样有利于预应力混凝土结构的抗裂性能和耐久性。因此，孔道灌浆应符合强度和密实度的要求。

灌浆采用纯水泥浆时，应选用不低于32.5级的普通硅酸盐水泥进行搅制。当预应力筋周围的空隙较大时，可在水泥浆中掺入适量的细砂，可改善灰浆的密实性并减少收缩。灰浆或细砂浆的强度不低于M20，以保证预应力筋和混凝土的良好结合。

水泥浆的水灰比为0.4～0.45，搅拌后3h泌水率宜控制在2%，最大不得超过3%。为了增加孔道灌筑密实度，水泥浆内可加入无腐蚀作用的外加剂或膨胀剂。灌浆时要做试块，当灰浆强度达到15N/mm^{2}以上时才能移动构件，强度达到100%设计强度等级时才允许吊装。以免损害灰浆与钢筋和孔壁的粘结。

2.4 装配式结构安装工程

2.4.1 安装机械的选择

装配式建筑的结构类型较多，常见的有单层装配式工业厂房、多层装配式轻工业厂房、装配式中高层框架结构和预制装配式墙板建筑等。由于结构和构件的不同，通常分为单层厂房结构安装和多层装配式框架安装。需要根据结构特点和构件特点选用相应的起重机械。

1. 选择安装机械的依据

选择安装机械时，应根据工程设计图提供装配式结构吊装基本数据，以及现有可供选择的机械设备情况，做出多种机械选择方案，经过技术、经济比较择优选用。

(1)常用的安装机械

结构安装工程常用的起重机械有：履带式起重机、轮胎式起重机、汽车式起重机、塔式起重机和桅杆式起重机等。起重机械的构造及详细的性能数据见《建筑机械》教材。

1)履带式起重机

履带式起重机操纵比较灵活，使用方便，车身能做360°的全回转；可以负载行驶并能在一般的坚实平坦地面上行驶吊装作业。缺点是稳定性较差，不宜超负荷吊装，如果需要加长起重臂或超载吊装时，要进行稳定性验算，并采取相应的保障措施。

2)汽车式起重机和轮胎式起重机

汽车式起重机的优点是行驶速度快，移动迅速且对路面损坏性小。但是，吊装作业时稳定性较差，需设可伸缩的支腿用以增强汽车的侧向稳定,给每一次的吊装作业增加操作工序,使吊装作业复杂化。汽车式起重机不能负荷行驶。一般在结构安装工程中多用于构件装卸和辅助立塔式起重机等。

轮胎式起重机的特点与汽车式起重机相似,起重机构与履带式起重机基本相同,只是行驶装置不同。轮胎式起重机起重量较大,多用于一般工业厂房的施工。

3)塔式起重机

塔式起重机设有竖直的高耸塔身,起重臂安装在塔身顶端,因此它具有较大的工作空间,起重的高度和起重半径均较大。塔式起重机适用在高大的工业厂房和多层及高层装配式结构安装工程。

目前常用的塔式起重机类型较多,下面仅做简要介绍。

QT_1-2 型塔式起重机,是一种塔身回转式轻型塔,塔身可以折叠并能整体运输,起重力矩为 160kN·m,起重荷载 10 ~ 20kN,轨距为 2.8m。多用在 5 层以下的民用建筑工程预制构件的安装。

QT_1-6 型塔式起重机,是塔顶回旋式用塔臂起落变幅的塔式起重机,最大起重力矩为 400 ~ 450kN·m,起重荷载 20 ~ 60kN,起重高度达 40m,适用于 5 层以上的多层结构安装工程。

QT-60/80 型塔式起重机,塔顶回转式起重机,起重力矩为 600 ~ 800kN·m,最大起重荷载约 100kN。该机的外型特征与 QT_1-6 型起重机相类似。适用于多层装配式结构安装,尤其适宜装配式大板建筑安装工程。

QT_5-4/40 型、QT_3-4 型爬升式塔式起重机,适用于高层装配式结构安装工程,它的起重高度远远超过一般塔式起重机。

但是，在采用该机时必须对承托塔式起重机的框架梁进行结构验算，按需要进行加固。

QT_4-10 型（起重荷载 30 ~ 100kN）、ZT-120 型（起重荷载 40 ~ 80kN）、ZT-100 型（起重荷载 30 ~ 60kN）等是附着式塔式起重机。附着式起重机固定在混凝土基础上，塔身沿高度方向每隔 20m 左右与结构锚固连接，保证塔身的工作稳定性。附着式起重机一般用于中高层结构安装工程。

除了上述最常用的三种类型外，还有桅杆式起重机，形式有独脚拔杆、悬臂拔杆和人字拔杆等。桅杆式起重机分为钢制和木制两类。这类机械制作简单、装拆方便，在其他自行式起重机不能满足需要时，也常被用于结构安装工程。但是，桅杆式起重机要设较多的缆风绳，用以维持桅杆的工作稳定性，而造成移动困难，灵活性很差，影响安装工作效率。

(2)选择起重机的依据

起重机的选择包括：根据工程安装的需要，合理确定机械的类型、型号和台数。在确定型号中主要是计算机械的臂杆长度和起重参数。

起重机类型的选择依据是：工程结构的类型、特点；建筑结构的平面形状；建筑结构的平面尺寸；建筑结构的最大安装高度；构件的最大重量和安装位置等。以此选择适宜的类型。

在确定了起重机类型后，即可根据建筑结构构件的尺寸、重量和最大的安装高度来选择机械的型号。所选的型号必须满足臂长、起重高度、起重幅度和起重量的要求。

起重机的台数，是根据工程结构的装配工程量、起重机的台班生产率和安装工期要求综合考虑确定的。

2. 选择起重机的方法

装配式结构分单层工业厂房和多层预制装配式建筑。起重机的选择按两大类结构形式分别进行选定。由于施工条件、工程特点和设备的不同,可供选择的方案较多。这里仅就单层工业厂房和多层装配式结构的安装,介绍两种典型的机械选择方法。

(1)履带式起重机的选择方法

单层工业厂房的类型较多,一般常见的中小型厂房平面尺寸较大、构件较轻、安装高度不大,生产设备的安装多在厂房结构装配完成后进行,安装工程施工阶段现场比较空旷,适宜采用履带式起重机(或塔式起重机)进行安装。

履带式起重机的型号,应根据安装要求的起重量、起重高度和起重半径三个参数确定。

1)起重量

所选择的起重机的起重量,必须大于构件的重量与索具重量之和。即:

$$Q \geqslant Q_1 + Q_2 \tag{2-13}$$

式中 Q——起重机的起重量(t);

Q_1——构件的重量(t);

Q_2——索具的重量(t)。

2)起重高度

所选择的起重机的起重高度,必须满足所安装构件的安装高度要求(如图 2-78)即:

$$H \geqslant h_1 + h_2 + h_3 + h_4 \tag{2-14}$$

式中 H——起重机的起重高度(m),从停机面算起至吊构中心;

h_1——至安装支座表面的高度(m),从停机面算起至安装支座表面;

h_2——安装时安全距离,不少于 0.2m;

h_3——绑扎点至起吊构件底面距离(m);

h_4——索具绳高度(m),即自绑扎点至吊钩中心的距离,应视具体情况而定。

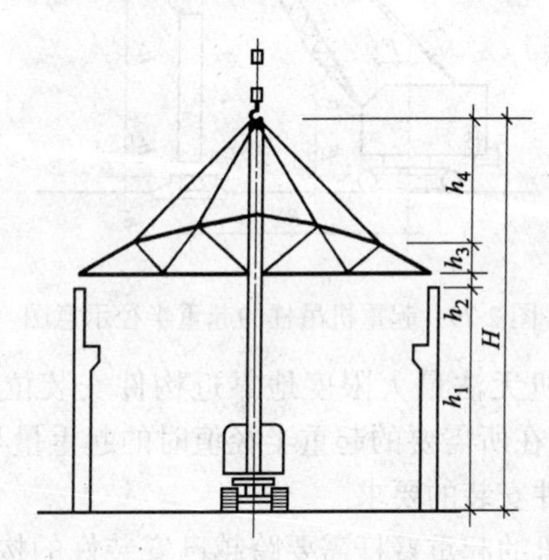

图 2-78　起重机起重高度示意图

3)起重半径

起重机的起重半径的计算分两种情况:

当起重机能靠近吊装的构件安装位置,中间无障碍物限制起重臂杆的活动空间时(如厂房柱、吊车梁的吊装),对起重半径没有特殊限制,则应尽可能使用起重臂杆的较大仰角即较小的起重半径,以获得较大的起重量,但应以构件不碰撞臂杆为限。

根据上述原则,按照所需要的起重半径、起重高度和起重量的相关关系,选择相应的起重臂杆长度,然后根据三参数间的相互关系,选择能满足起重量和起重高度条件下的起重半径即可。如图 2-79 所示。

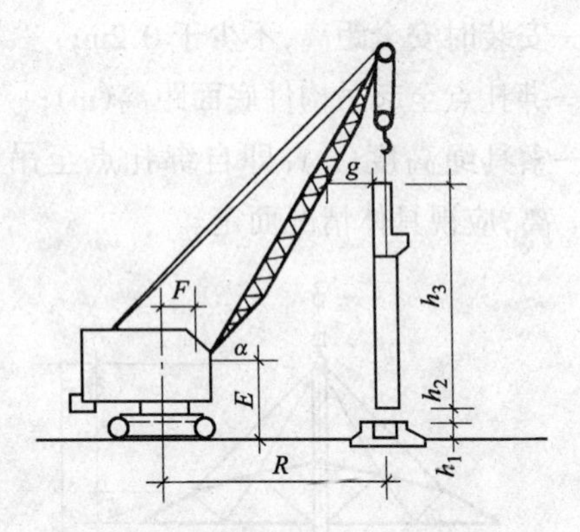

图 2-79 起重机吊柱的起重半径示意图

当起重机无法最大限度地靠近构件安装位置进行吊装时，则应验算在所需要的起重半径值时的起重量与起重高度，能否满足构件安装的要求。

当起重机的起重臂杆需要跨越已安装好的构件上空去安装构件时，例如跨过已安装的屋架去安装屋面板，则要考虑起重臂杆不得与屋架相碰，一般需留出 1m 左右的安全距离，以此计算所需臂杆的最小长度、起重杆与水平线夹角（即臂杆的仰角），求出起重半径和停机位置等。

起重机臂杆最小长度可用数解法或图解法求出。

a. 数解法

用数解法求解起重机最小臂杆长的计算简图见图 2-80 并按下式进行计算。

$$L = l_1 + l_2 = \frac{h}{\sin\alpha} + \frac{a + g}{\cos\alpha} \tag{2-15}$$

式中 L——起重杆的长度（m）；

h——起重臂底铰至构件安装支座的高度（m）；

a——起重钩需跨过已安好构件的距离（m）；

g——起重杆轴线与已安好的屋架间的距离，至少取 1m；

α——起重杆的仰臂杆仰角 α 的求解可用下列导出公式。

$$\alpha = \mathrm{arctg}\sqrt[3]{\frac{h}{a+g}} \tag{2-16}$$

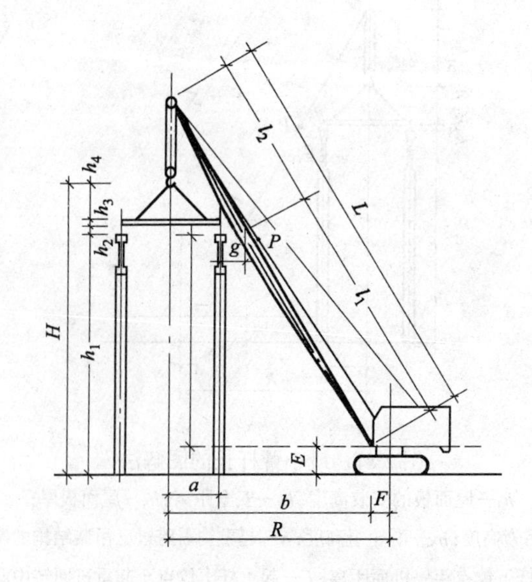

图 2-80　最小臂杆长计算简图

将求得的 α 值代入式(2-15)后，即可求出最小的臂杆长。根据求出的臂杆长选择出实际安装用的杆长，并计算出起重半径 R：

$$R = F + L\cos\alpha \tag{2-17}$$

式中　F——起重机回转中心至臂杆下铰点距离。

最后根据实际采用的臂长和起重半径，查阅起重机性能

表复核起重量 Q 及起重高度 H。

b. 作图法

用作图法求解起重机臂杆的最小长度,可参考图 2-81 并按下述步骤求出。

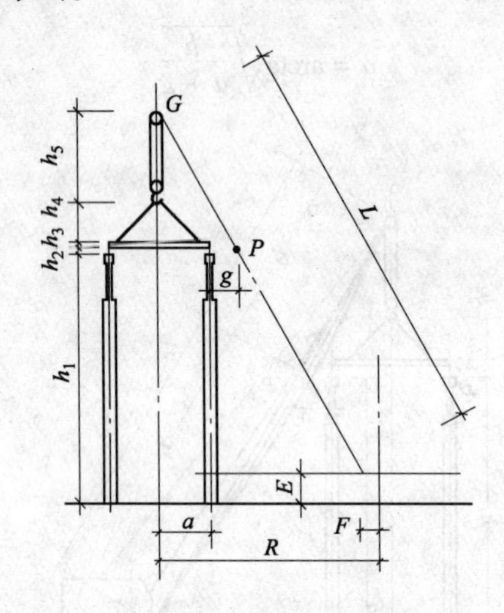

图 2-81 最小臂杆长的图解法

h_1—屋面板的安装高度;h_2—安全距离;h_3—屋面板厚;h_4—吊索高度;h_5—滑轮组高度;a—起重钩需跨过已吊装结构的距离;E—起重杆下铰点距停机面距离;F—起重杆下铰点至起重机回转中心的距离

第一步:按比例画出厂房结构的一个节间的纵剖画图,并画出起重机吊装屋面板时通过吊钩处的垂线 $V—V$;再绘出平行于停机面的水平线 $H—H$,此水平线距地平面(停机面)的距离为 E(E 是起重机臂杆下铰点至停机面的距离)。E 值一般可根据柱子吊装所选用的起重机型号取值。

第二步,自靠近起重机一侧的屋架顶面向起重臂杆方向量出一安全距离 $g \geqslant 1$m,定出一点 P。

第三步：自屋架上弦顶面向上沿 $V—V$ 垂线找出一点 G。G 点距屋架上弦顶面的距离应等于屋面板距屋架的安全距离（≥0.2m）、屋面板厚度、吊索高度和滑轮组长度（约 2.5～3.5m）之和。如果吊装柱子的机械型号已定，滑轮组长度值则成定值。只是吊索高度在一定范围内可变（与吊索和构件的夹角有关，夹角宜≥45°为宜）。

第四步：连接 G、P 两点并延长连线，交 $H—H$ 水平线于一点 S，所绘出的 GS 线即是臂杆长度。GS 线与水平线 $H—H$ 的夹角即为起重臂的仰角。量出起重杆水平投影长度 b，再加上起重杆下铰点至起重机回转中心的距离 F，即得到起重机的起重半径。

根据图解求出臂长、起重半径，最后对照机械性能表选定起重机吊装屋面板时的臂杆实际长度，并校核起重半径和起重量。

一般说来，选择一台起重机来安装柱子、屋架、屋面板等全部构件往往是不经济的。因此，可以选择不同的起重机或选用同一台起重机而用不同的臂杆长去安装不同的构件。例如柱子重但安装高度不大，可以用较短的起重杆；屋架和屋面板的重量较轻而安装高度大，则可采用较长臂杆。柱子吊装完毕后即进行臂杆接长，然后吊装屋架和屋面板。

(2)塔式起重机的选择方法

塔式起重机型号的选择，主要根据建筑物的高度、平面形状和尺寸、构件重量及其所在空间位置等条件决定。

确定塔式起重机的型号和起重工作参数，可先绘制工作参数计算简图（图 2-82）。图中应画出建筑物的剖面示意图，并在图上标出最高一层主要构件的重量 Q_1。离起重机中心的距离 R_1（即所需的起重半径），最高一层构件的安装高度、构件的高度、吊索的高度和安全距离，作为选择型号和起重参数的依据。然后，分别算出所需的起重高度、起重半径和起重力矩（按最大构件重量）。

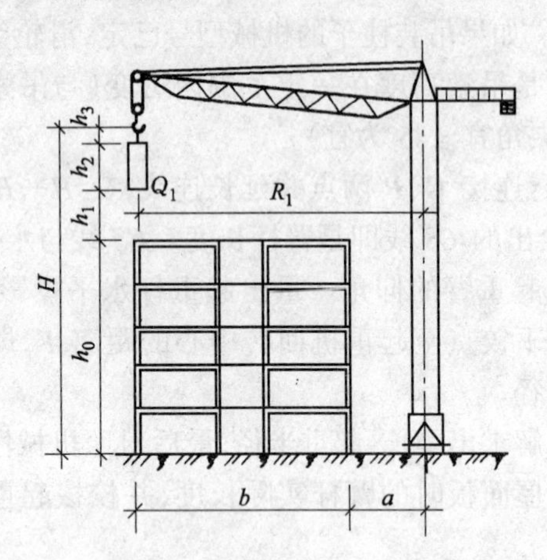

图 2-82　塔式起重机工作参数计算示意图

起重机的起重高度应满足下列要求

$$H \geqslant h_0 + h_1 + h_2 + h_3 \tag{2-18}$$

式中　H——塔式起重机最大起吊高度（m）；

h_0——建筑物总高度（m）；

h_1——建筑物顶层上空安全高度（m）；

h_2——构件的高度（m）；

h_3——吊索至吊钩中心的高度（m）。

起重机的起重力矩应大于吊装需要的起重力矩。即：

$$M \geqslant Q_i R_i \tag{2-19}$$

式中　Q_i——取最大构件重量；

R_i——取最大的安装半径。

起重机的起重半径，则应根据建筑物的宽度和起重机的布置方式综合考虑。当建筑物的宽度较小时，常采用单侧布置方式，其优点是塔轨道长度较短，塔式起重机的外侧有较宽敞的场地，可供堆置构件和材料之用。当建筑物的宽度较大时或采用单侧布置安装有困难时，常采用双侧布塔方式。布塔方式如图 2-83 所示。

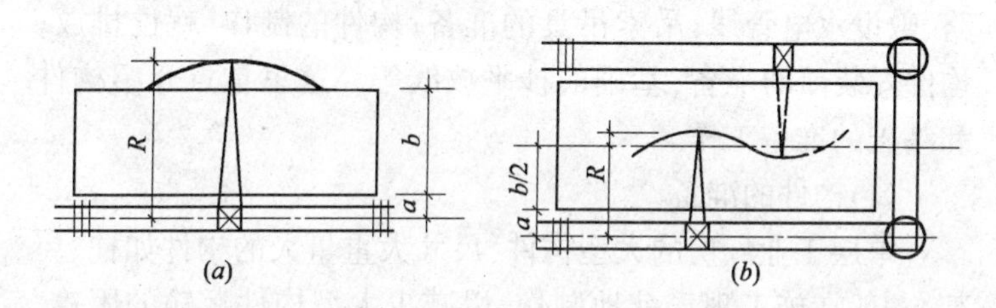

图 2-83　塔式起重机的布置方式

(a)单侧布置；(b)双侧布置

当采用单侧布塔时，起重机的起重半径应符合下列条件：

$$R \geqslant b + a \tag{2-20}$$

式中　b——建筑物的宽度(m)；

a——建筑物外皮至塔道中心的距离，其大小与机械型号有关，按塔道铺设的有关技术规定取值。

当采用双侧布塔时，塔的起重半径应满足下面的条件：

$$R \geqslant \frac{b}{2} + a \tag{2-21}$$

式中符号意义同式 2-20。

2.4.2　单层工业厂房结构安装

单层工业厂房结构一般由大型预制钢筋混凝土柱(或大型钢组合柱)、预制吊车梁和连系梁，预制屋面梁(或屋架)、预制天窗架和屋面板组成。结构安装工程主要是采用大型起重机械安装上述厂房结构构件。

单层工业厂房结构安装工程，包括构件的准备、基础抄平放线和准备；构件的吊装工艺；厂房结构的安装流水方法；起重机的开行路线及构件的现场平面布置等内容。

1. 构件及基础的准备工作

厂房结构安装前的准备工作包括：平整场地、修筑临时道路、敷设水电管线；吊索吊具的准备；构件的制作、就位排放；构件安装前的准备；基础的抄平放线等。这里重点介绍构件和基础的准备工作。

(1)构件的准备

单层工业厂房的大型构件（尺寸大重量大的构件如柱、屋架）一般在施工现场就地制作，以减少大型构件运输的困难。其他小型构件多在预制厂制作，运至现场进行就位排放。

现场预制构件时，应按照构件吊装的方法要求，确定预制排放的位置，尽可能在预制位置原地起吊，避免二次排放和搬运。制作时应遵守钢筋混凝土工程的有关规定。

由预制厂制作的构件应采用适宜的车辆，直接运送到构件安装的地点。钢筋混凝土预制构件的起运强度不得低于设计强度等级的75%。运输过程中构件不能产生过大变形，也不得发生倾倒或损坏。行车应平稳，减少颠簸。构件的装卸要平稳，堆放的支垫位置要正确，堆场应坚实可靠，以免因局部沉陷引起构件断裂。

预制构件在吊装前，要严格检查构件的各部尺寸、形状、清理预埋铁件和插筋。并对不同构件按安装需要弹出轴线、中心线、十字线或辅助线等，作为安装时的对位、校正标志。对于屋架等截面较小的构件应进行必要的加固，以免在起吊、扶直和安装过程中产生变形裂缝等事故。

(2)基础的准备

钢筋混凝土柱一般为杯形基础，以混凝土灌筑为一体。钢柱则通过基础预埋螺栓连接为整体。下面重点阐述杯形基础的准备。

杯形基础在浇筑时，即应保证定位轴线、杯口尺寸和杯底标高的正确。柱子安装前应在杯口顶面弹出轴线和辅助线，与柱子所弹墨线相对应，作为对位和校正依据。同时抄平杯底并弹出标高准线，作为调整杯底标高的依据。

杯底抄平，即对所有杯形基础底面标高进行测量，确定杯底找平的标高和尺寸，以保证柱牛腿顶面标高的准确和一致。杯底抄平与调整的方法（见图2-84）：首先利用杯口侧壁抄平弹出的准线，用尺测量杯底实际标高尺寸 H_1（大柱应测量四个角点，小柱可测中间一点）。牛腿顶面设计标高 H_2 与杯底实际标高 H_1 的差，即是柱根底面至牛腿顶面的应有长度 L_1，再与柱实际制作长度 L_2 相比，得出制作与设计标高的误差值，即杯底杯高调整值 ΔH。用水泥砂浆或细石混凝土垫筑至所需标高处。在实际施工中为避免杯底超高，往往在浇筑混凝土时留 40～50mm 不浇，待杯底抄平调整时一次补至调整标高数值。

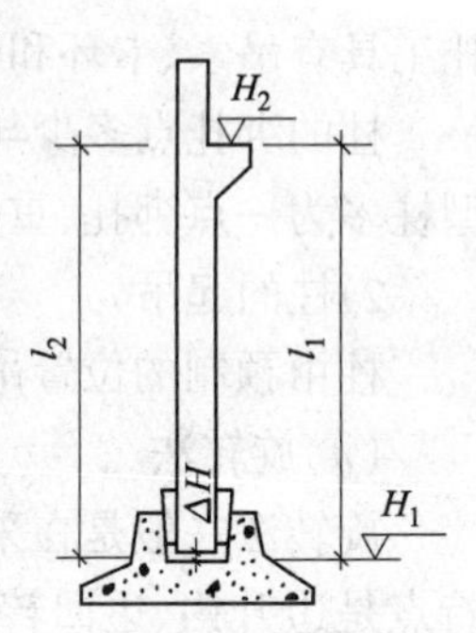

图 2-84　杯形基础杯底抄平与调整

2. 构件的吊装工艺

单层工业厂房预制构件的吊装工艺过程包括：绑扎、起吊、对位与临时固定、校正、最后固定等。上部构件吊装需要搭设脚手台，以供安装操作人员使用。

(1)柱的吊装

单层工业厂房的预制钢筋混凝土柱,一般截面尺寸和重量都很大,使吊装工作趋于复杂,应特别注意起吊与安装的安全。

柱的吊装常用旋转法和滑行法。

1)柱的绑扎

柱的绑扎应力求简单、可靠和便利于安装就位工作。吊点多选择在牛腿以下部位,既高于构件重心又便于绑扎。绑扎工具有吊索、卡环和横吊梁等。

柱的绑扎点多少与柱的几何尺寸和重量有关。一般中小型柱多为一点绑扎,重型柱多取两点绑扎。

2)柱的起吊

柱由预制的位置吊至杯口进行安装,常用下述两种方法。

(*a*)旋转法

旋转法一般是在采用带起重臂杆的起重机时选用。吊升特点是边升钩、边回转臂杆,使柱子以下端为支点旋转成竖直状态,随即插入基础杯口。这种方法操作简单,柱身受震动小且生产效率高。

柱的平面布置方法应满足旋转法吊装要求:即原则上应使吊点、柱下端中心点、杯口中心点三点共弧,也就是三点都在起重机工作半径的圆弧上。同时柱下端靠近杯口,尽可能加快安装速度。旋转法的平面布置如图 2-85 所示。

(*b*)滑行法

滑行法可用于有臂杆和无臂杆的不同起重机进行柱的吊装。滑行法吊柱的特点是吊钩对准杯口,只提升吊钩而臂杆不动,柱随吊钩提升逐渐竖直滑向杯口,竖直后即吊入杯口。这种方法因柱下端与地面滑动摩擦力大而受振动,并且在滑起的瞬间产生冲击,应注意吊升安全。

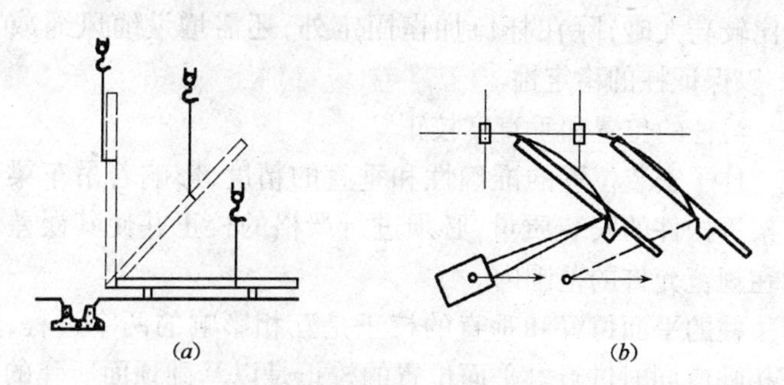

图 2-85　旋转法吊柱示意图

(a)柱吊升过程;(b)柱平面布置

滑行法吊柱的布置特点:柱的吊点(牛腿下部)靠在杯口近旁,要求吊点和杯口中点共弧(所谓两点共弧),以便使柱吊离地面后稍作旋转即可落入杯口内(图 2-86)。

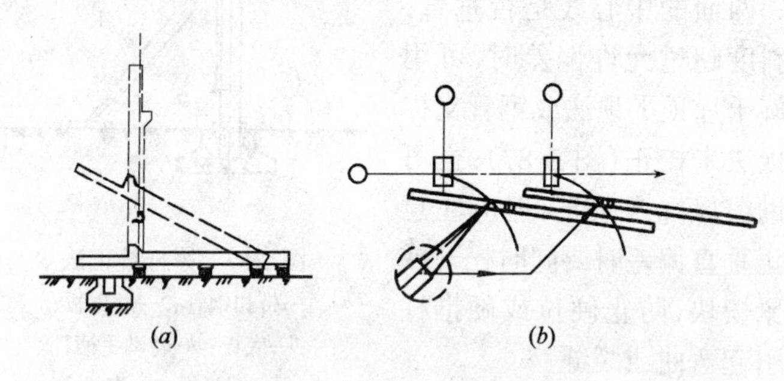

图 2-86　滑行法吊柱示意图

(a)柱吊升过程;(b)柱平面布置

3)柱的临时固定

柱插入杯口后应悬空对位,同时用 8 块楔子边对位边固定。对位基本准确后才准脱钩,以减少校正时的难度。另外脱钩时应注意起重机因突然卸载可能发生的摆动现象。当柱子比较高大时，除在杯口加楔固定外，还需增设缆风绳或支撑，以保证柱的稳定性。

4)柱的位置和垂直度校正

柱子安装位置的准确性和垂直的精度，影响着吊车梁和屋架等构件的安装质量，必须进行严格的校正并使其误差限制在规范允许的范围内。

柱的平面位置和垂直的校正是互相影响的两个过程，应互相呼应同时进行。平面位置的校正是以基础顶面所弹的轴线、中心线或辅助线为校核依据，采用敲打楔块(另一侧松楔块)办法进行校正。柱身垂直度校正是以柱身弹出的中心线(或辅助线)为校核的基准线，通常利用两台经纬仪观测柱的相邻两面的中心线是否垂直，倾斜度超过允许偏差时，可用螺旋千斤顶平顶法或钢管支撑斜顶法来校正(图 2-87)，也可借助缆风绳来校正，但应注意校正垂直偏差时要同时松开或打紧楔块，防止硬拉或硬推柱身引起弯曲或裂缝。

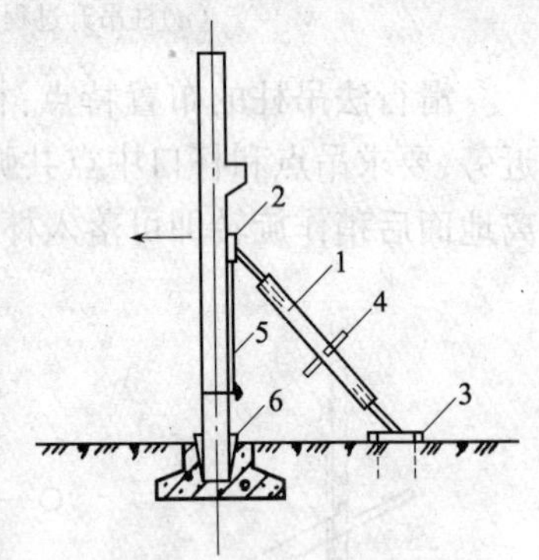

图 2-87　撑杆校正法

1—带扣钢管；2—摩擦板；3—底板；4—转动手柄；5—钢丝绳；6—楔块

5)柱的最后固定

柱经过校正后立即进行最后固定。杯口空隙内的混凝土应分两次浇筑，首次浇至楔底待混凝土达到设计强度等级的25%后，再去掉楔块浇至杯口顶面。接头混凝土应密实并注意养护，待其达到规范规定的强度后，方准在柱上安装其他构件。

(2)吊车梁的吊装

吊车梁一般用两点绑扎水平起吊就位,要对准牛腿顶面弹出的轴线(十字线)。吊车梁较高时应与柱牢固拉结。

吊车梁的校正多在屋盖吊装完毕后进行。吊车梁校正的内容是:平面位置、垂直度和标高。

吊车梁的标高在柱基杯底抄平时根据牛腿顶面至柱底的距离对杯底标高进行调整,吊车梁吊装后标高偏差不会很大,较小的误差待安装吊车的轨道时再调整。

吊车梁的垂直度可用垂球检测,其偏差可用钢垫块支垫找直。

吊车梁的平面位置的校正,主要是校核吊车梁的跨度和吊车梁的纵向轴线,使柱列上的所有吊车梁的轴线在一直线上。通常用通线法进行校正。

通线法(俗称拉钢丝法)如图 2-88 所示。根据定位轴线在厂房两端地面上测设吊车梁轴线桩,用经纬仪将吊车梁轴线投测到端柱的横杆上,在横杆投测点上拉钢丝通线(此线即是吊车梁轴线),依此逐一检查和拨正吊车梁的轴线。

吊车梁校正合格后,应立即进行最后固定,焊好连接钢板并浇筑接头细石混凝土。

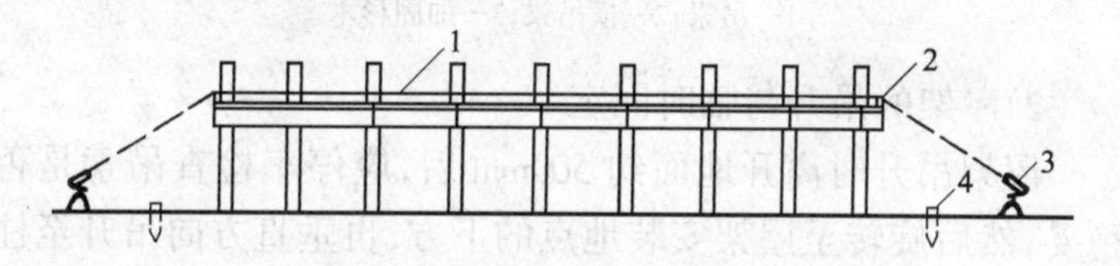

图 2-88　通线法校正吊车梁轴线

1—通线;2—横杆;3—经纬仪;4—辅助桩

(3)屋架的吊装

1)屋架绑扎

屋架起吊的吊索绑扎点,应选择在屋架上弦节点处且左右对称。吊索与水平线的夹角不宜小于45°。屋架吊点的数目和位置与屋架的型式及跨度有关。一般屋架跨度在18m以内者多用两点绑扎,其跨度超过18m者可用四点绑扎。跨度等于和大于30m者则应采用横吊梁辅助吊装,以减小吊索高度和吊装时对杆件的压力。屋架跨度过大且构件刚度较差时,应对腹杆及下弦进行加固。屋架绑扎如图2-89。

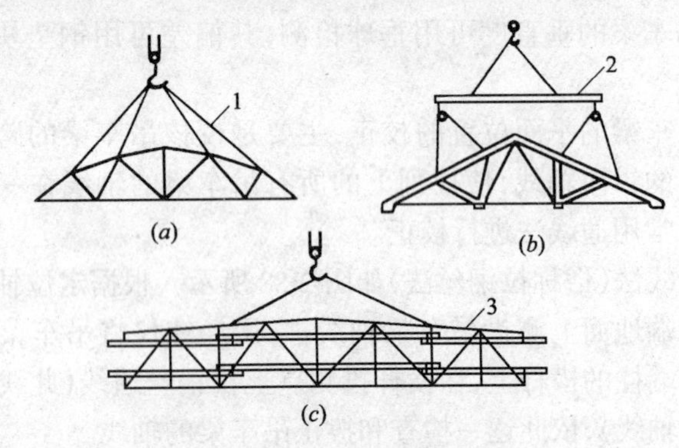

图2-89 屋架绑扎示意图

(a)四点吊;(b)用横吊梁的四点吊;(c)加固

1—吊索;2—横吊梁;3—加固杉木

2)屋架的吊升与临时固定

屋架吊升时离开地面约500mm后,应停车检查吊索是否稳妥,然后旋转至屋架安装地点的下方,再垂直方向吊升至柱顶就位,对准柱顶的轴线,同时检查和调整屋架的间距和垂直度,随后做好临时固定,稳妥后起重机才能脱钩。

第一榀屋架的临时固定必须可靠,一方面一榀屋架形成不稳定结构，侧向稳定性很差，另外第二榀屋架要以它为依托进行固定，所以第一榀的固定是个关键且难度较大。常见的临时固定方法有两种，一种是利用四根缆风绳从两侧将屋架拉牢，另一种是与抗风柱连接固定。第二榀及以后各榀屋架的固定，常采用工具式卡具与第一榀卡牢。工具式卡具还可用于校正屋架间距。屋架的临时固定如图 2-90 所示。

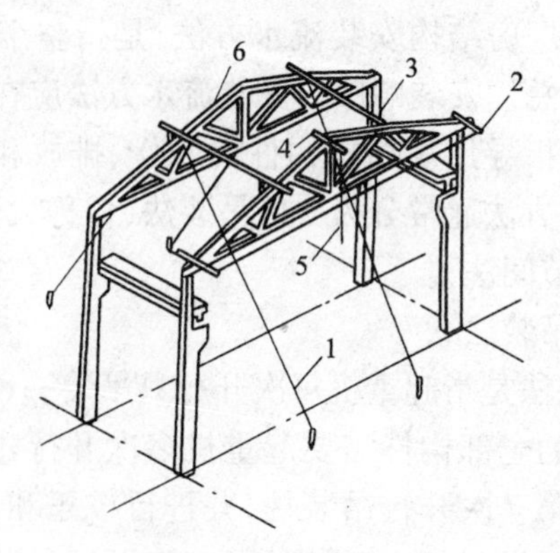

图 2-90　屋架的临时固定

1—缆风绳；2、4—挂线方木；3—屋架卡具（校正器）；5—线锤；6—屋架

3)屋架的校正和最后固定

屋架主要校正垂直度，可用经纬仪或线锤进行检测。用经纬仪检查屋架垂直度时，预先在屋架上弦两端和中央固定三根方木，并在方木上画出距上弦中心线定长（设为 a）的标志。在地面上作一条平行横向轴线间距为 a 的辅助线，利用辅助线支经纬仪测定三根方木上的标志是否在同一垂直面上。如偏差值超出规定，应进行调正并将屋架支座用铁片垫实，然后进行焊接固定。

(4)屋面板的吊装

屋面板较轻,一般可单吊或一次吊两块板,以充分发挥起重机的效率。屋面板采用四点起吊。屋面板吊装的顺序,应从屋架两端开始对称地向屋脊方向安装,应严格避免屋架承受半边荷载。屋面板就位后即应进行焊接固定,固定焊接至少三个支点。

3. 厂房结构安装流水方法

单层工业厂房结构安装流水方法,是指整个厂房结构全部预制构件的总体安装顺序。安装流水方法应在结构安装方案中确定。以指导厂房结构构件的制作、排放和安装。厂房结构安装流水方法通常分为分件吊装法(俗称大流水)和综合吊装法(俗称节间法)。

(1)分件吊装法

分件吊装法是指起重机每次开行只吊装一种(或两种)构件,厂房结构的全部构件需要起重机多次开行才能完成装配工作。例如,第一次开行吊装柱,并进行校正和最后固定;第二次开行吊装吊车梁和连系梁;第三次开行吊装屋架和屋面板。

分件吊装法起重机每次开行只吊一种构件,起重机根据这一构件确定起重参数。能充分发挥机械效能,而且吊装时不需要换吊具和吊索,工人操作熟练可加快吊装速度。此外,由于两种构件吊装的时间间隔长,能为柱的校正和永久固定的混凝土养护留出充裕时间。由于每次吊装一种构件,构件的平面布置比较简单。所以,分件吊装法是单层厂房结构安装的常用方法。

(2)综合吊装法

综合吊装法是指起重机在跨内开行一次,即安装完厂房结构全部预制构件。一般起重机以节间为单位(四根柱和屋盖全部构件为一节间),在一个停车点上安完一个节间的全部构件。综合吊装法具有起重机开行路线短、停机次数少的优点。但是因一次停机要吊装几种构件,索具更换频繁影响吊装效率,轻重构件同时吊装,起重机性能不能充分发挥;构件的校正要相互穿插进行,时间紧迫校正困难;构件类型多布置困难较大;安装技术比较复杂。所以在吊装轻型厂房结构、钢结构或采用桅杆起重机时才可能采用,一般中型以上的厂房用的较少。

4. 起重机的开行路线及构件就位排放

起重机的开行路线主要根据起重机的起重半径和起重量,结合厂房跨度和构件重量综合考虑。构件的吊装前的就位排放,应满足吊装方法的要求,同时结合现场条件综合考虑决定。

(1)柱吊装时起重机的开行路线及构件排放

柱子吊装应根据起重机的起重半径和吊升方法,确定起重机的开行路线位置,然后根据起重机的开行路线及停机位置,决定柱子的预制和吊装的排放位置。一般可视厂房场地条件决定起重机沿柱列跨内或跨外开行,而柱子也随之排放在跨内或跨外。起重机开行路线距柱列轴线的距离取决于起重机的起重半径和机车回转的安全要求,以保证柱子能顺利插入杯口内。根据吊装柱子的方法要求,柱可取与纵轴斜向布置或平行布置如图 2-91 所示。

布置柱子时,应注意柱子牛腿的朝向,以免在安装时调转方向。一般布置在跨内时,牛腿应朝向起重机;布置在跨外时,则牛腿应背向起重机。

(2)吊装屋架时的开行路线及构件排放

屋架和屋面板的吊装,一般情况下起重机是沿跨中开行。

屋架和屋面板的就位排放必须满足起重机吊装回转半径的要求,避免起重机负载行驶。

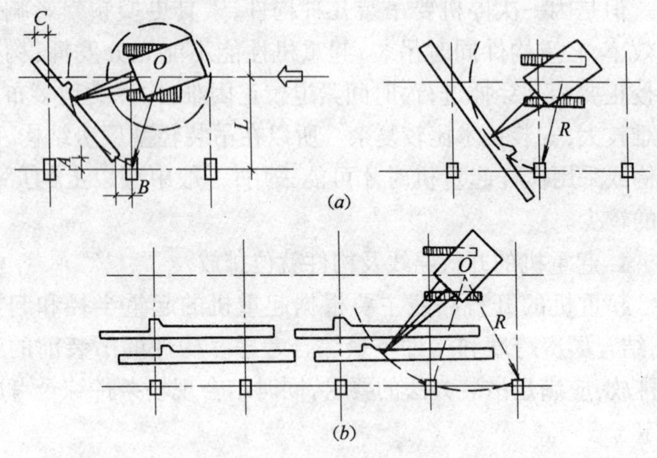

图 2-91 柱子的布置

(a)柱子斜向布置;(b)柱子纵向布置

屋架吊装前,应将屋架由预制地点就位到屋架准备起吊位置。通称就位排放或二次排放。屋架就位排放分为沿柱边斜向布置(图 2-92)和沿柱边纵向布置(图 2-93)。屋架排放应满足吊装要求,使屋架吊点中心和屋架安装中心点均应在起重机起重半径的圆弧上。另外,屋架应用支撑或支架固定稳定,屋架之间留出一定的操作间隙,以便于绑扎和挂钩。

屋架斜向就位排放,吊装方便且机车不需要负载行驶即可进行安装,但占地较大。

屋架纵向就位排放占地较少,但必须集中 4~5 榀屋架成组布置,吊装时,起重机不可避免要负载行驶,增加了吊装的难度和机械的磨损。一般只在跨内场地狭小时采用,以便留出屋面板和天窗架构件的堆场。

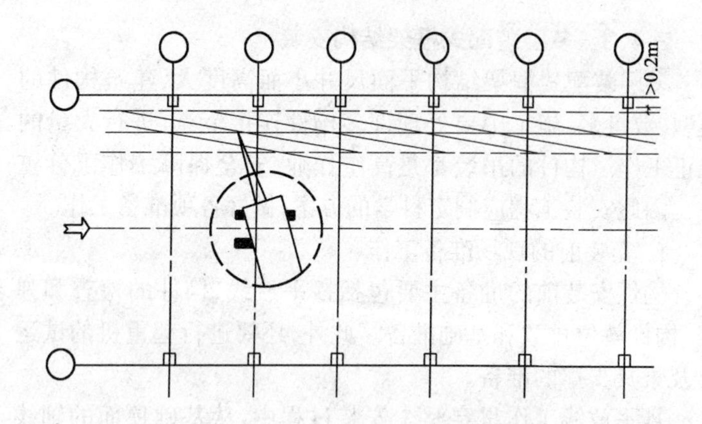

图 2-92　屋架斜向排放示意图

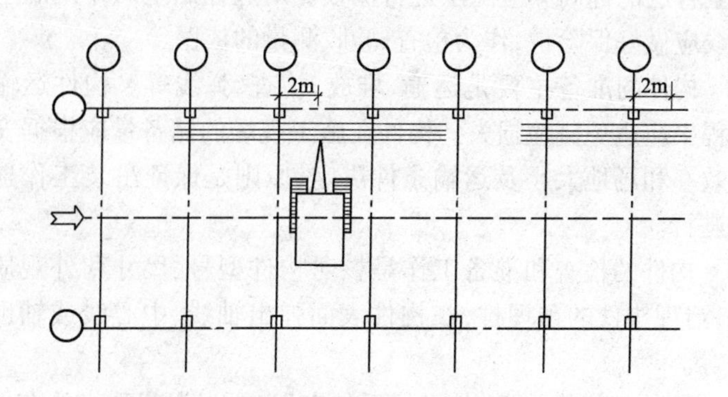

图 2-93　屋架纵向排放示意图

屋面板及天窗架的吊装,一般与屋架安装同时进行,其起重机的开行路线与吊装屋架的开行路线相同。但是起重半径不同需要做相应的调整。屋面板和天窗架应排放在起重机的起重半径圆弧上,可以布置在跨内或跨外。板的堆放不应超过 8 层,并应支垫平稳。

2.4.3 多层装配式框架结构安装

多层装配式框架结构平面尺寸小而高度大,建筑构件的类型、数量多,施工中要处理许多构件连接节点,进行大量的校正工作。构件的吊装都是高空作业,安全保障工作十分重要。因此安装工程应制定科学的方案,做好各项准备工作。

1. 安装前的现场准备工作

构件安装前的准备主要包括抄平放线、构件的检查和弹线、构件就位排放和基础准备。此外,还要进行起重机的试运转及索具支撑的准备。

抄平放线工作贯穿整个安装过程中,从基础顶面的轴线和构件位置外包线,到各结构层的轴线、外包线的测设。由基础至各层的标高亦应随层进行测设。对起控制全局作用的主轴线应做好保险桩,作为检查、验收测量的依据。

构件的准备主要是运输、堆放、检查、弹线等。构件运输过程中应避免碰撞损失。构件在施工现场的储备量应根据安装效率和场地大小及运输条件决定,原则是保证吊装工作连续进行。

构件的检查和准备工作是核对构件型号、尺寸和外观质量,清理构件的预埋件,在构件表面弹出轴线、中心线或辅助线等。

构件就位排放:构件进场后的布置,要根据起重机的布置方式和吊装参数要求确定。同时应考虑吊装的先后顺序,方便构件编号查找。构件布置一般应遵循以下原则:

(1)预制构件应排放在起重机起重半径回转范围内,避免二次搬运。条件不允许时,一部分小型构件可集中堆放在建筑物附近,吊装时再转运到起吊地点。

(2)重型构件应尽量排放在靠近起重机一侧,中小型构件可布置在外侧。

(3)构件堆放位置应与其在结构上的安装位置相协调一致,尽量减少起重机的移动和变幅。

(4)预制构件堆放时,应便于构件的弹线和其他准备工作的进行。

构件的排放方式应根据现场条件,分别采用构件平行于起重机轨道、垂直于轨道或与轨道斜交方式。不同的构件宜分类集中堆放,避免混类叠压,以便加速起吊。构件堆放场地应经夯实;并有排水设施。垫木应合理放置防止产生裂缝。

2. 构件的吊装

装配式框架结构吊装主要是预制柱、梁、板和楼梯等构件的安装及其节点处理。

(1)框架吊装顺序及其流水方法

多层装配式框架结构安装的顺序和流水方法,同样有分件流水安装和综合流水安装。

分件流水安装即塔式起重机每开行一次吊装一种构件(如第一次吊柱,第二次吊梁,最后吊楼板)。经多次开行完成框架结构的装配全过程。由于一次只吊一种构件,为构件的校正和节点接头处理留有充裕时间,而且不需要更换吊索,故起重机工作效率较高。但是形成空间稳定结构的时间较迟,当柱子高度较大时则对柱的稳定不利。

分件流水安装可以分层分段地进行流水作业,也可不分段采用分层大流水作业。图 2-94 所表示的即是分层分段流水安装顺序。其具体顺序是:每层划分为 4 个流水段,每段内先吊柱子,然后吊装纵、横梁形成框架。最后吊装楼板和楼梯。其间穿插校正、焊接和混凝土的灌筑各工序。也可以先吊装Ⅰ、Ⅱ流水段的柱梁,最后统一吊装两段的楼板及楼梯。

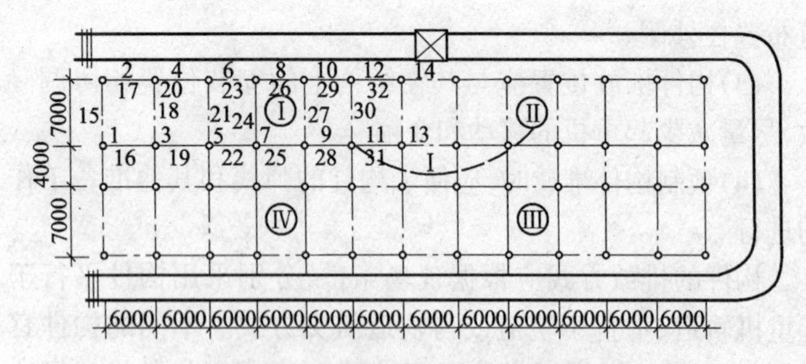

图 2-94 分层分段流水吊装顺序

综合流水吊装是指起重机以节间为吊装单元，一次将节间内的柱、梁、板和楼梯全部吊装完毕，再移向下一节间进行安装。这种吊装方法使局部框架及早形成稳定结构，且起重机开行路线的总距离短。但是吊索更换频繁影响效率，构件校正和脚手准备时间过紧困难较大，接头处理紧张复杂。此法多在起重机布置在建筑物跨内时采用。

(2)构件的吊装工艺

框架结构的柱、梁和板等构件比单层厂房结构的构件重量和尺寸小得多。吊装操作相对较简单。但是多层构件的节点多，校正工作也比较复杂，再加上是高空作业，难度较大。

1)柱的吊装

柱子吊装时，主要是对接头外伸钢筋的保护，以便吊装后钢筋的焊接对位。通常在吊柱前在柱上固定好角钢夹板和护筋钢管三角架。钢夹板用于支撑，钢管三角架用于保护钢筋免受弯折(图 2-95)。

柱子吊装就位时，应对准轴线并保证柱身垂直，同时用两台经纬仪在相互垂直的两个面进行垂直度的校正。待梁吊装完毕并经校正后，即将柱与柱、柱与梁之间的连接节点的钢筋和预埋铁件焊牢。焊接时，应采用等速度、对称的焊接程序，以减少焊接温度变形，保证柱、梁的位置和垂直度的准确性。

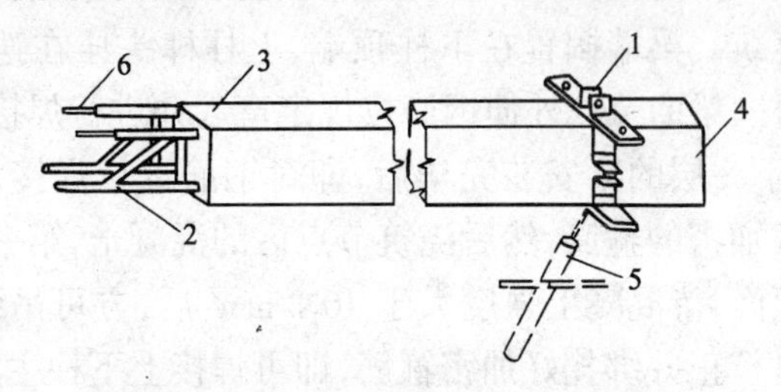

图 2-95　柱吊装用钢夹板与钢管三角架

1—角钢夹板；2—钢管三角架；3—柱下部；4—柱顶部；

5—工具式校正器；6—柱钢筋

柱的接头连接形式较多，应按照施工图纸设计规定进行施工。这里介绍最常用的榫接头形式的做法（图 2-96）和整体式浇筑接头的做法（图 2-97）。榫接头做法是上节柱的下端制成榫头承受柱的自重和施工荷载，柱的主筋按规定长度外露。上、下柱端外露的主筋按照设计规定进行搭接焊或坡口焊，浇筑接头混凝土将上、下柱连为整体。

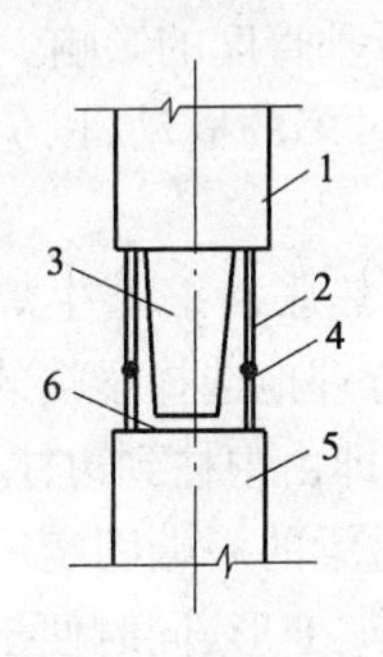

图 2-96　柱的榫接头

1—上柱；2—主筋；3—榫头；

4—剖口焊头；5—下柱；6—垫浆

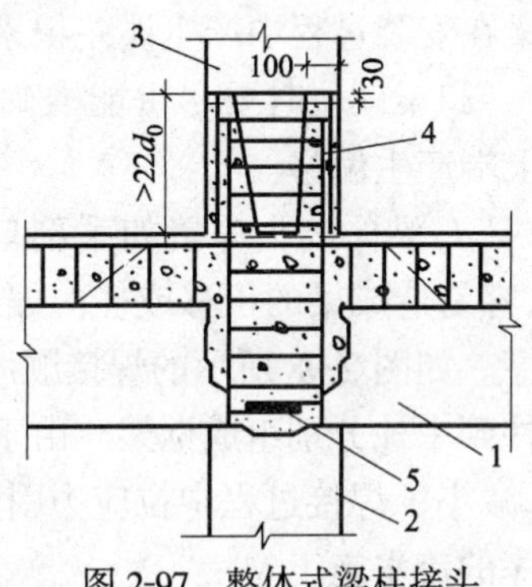

图 2-97　整体式梁柱接头

1—梁；2—柱；3—上柱；

4—焊接 $4d_0$；5—焊接 $8d_0$；

整体式梁柱接头节点，即上下柱、主次梁的接头在节点处焊接和浇筑。梁端搁置在下柱顶端，上柱榫头压在迭合层上平，上下柱、梁的节点外伸钢筋按规定弯起并进行焊接。施工程序是：下一层的梁安装完毕后，即对钢筋进行焊接，同时绑扎节点区加密的箍筋，然后浇筑节点区的混凝土，第一次先浇至楼板顶面，待混凝土强度大于 $10N/mm^2$ 后，方可吊装上柱。上柱经过校正并绑扎好加密箍筋，即可焊接上下柱主筋接头，随后第二次浇筑接头混凝土，留 35mm 空隙最后用细石混凝土捻实。

2)梁、板的安装

梁、板安装必须在柱下端接头混凝土达到要求的强度(一般不低于 $10N/mm^2$)后进行。楼板一般在梁安装完毕并经过校正、固定后开始吊装。梁、板安装应注意以下问题：

(*a*)梁、板吊装应在安装面上(支座)垫砂浆(有预压钢板者除外)，使梁、板支承端与支承面接触紧密、平稳。

(*b*)梁一般采取由建筑物中央向两翼方向进行安装，以减少梁在安装过程中产生误差积累对柱子垂直度的影响。

(*c*)梁就位时要尽可能准确，避免过多的撬动，以免造成柱上端产生偏移。

(*d*)梁柱接头焊接如系剖口焊，因热胀冷缩产生焊接应力，容易造成梁的位移或柱的偏斜，应合理地选择梁端的焊接顺序。如图 2-98 所示的焊接顺序较好，即由中柱到边柱，或由边柱到中柱分别组成框架。由于焊接时梁的一端固定一端自由，减小了焊接过程中拉应力引起的框架变形，同时便于土建工序的流水施工。

(*e*)吊装楼板应用吊索兜住板底，钢丝绳距板端 500mm，安装时板端对准支座缓慢下降，落稳后再脱钩。一吊多块圆孔板到楼层后再分别就位，应注意第一落点的支撑。

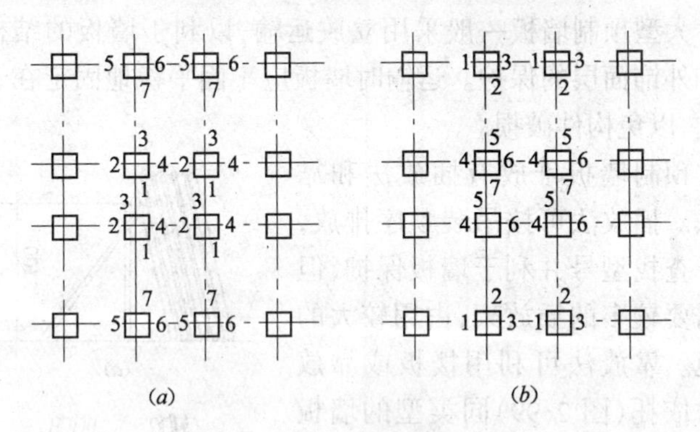

图 2-98　梁端的焊接顺序

(a)由中柱到边柱；(b)由边柱到中柱

(f)就位后可用撬棍轻轻拨动，使板的两端搭接长度相等，在砖墙上支承长度不小于 75mm，在大模板墙上的支承长度不小于 20mm，在预制梁上的支承长度应按施工图纸要求。

(g)楼板锚固筋在板宽范围内应焊接 4 点，其余锚固筋必须上弯 45°相互交叉，在交叉点上边绑一根通长筋，严禁将锚固筋上弯 90°或压在板下，锚固筋和连接筋每隔 500mm 绑扎一扣。

2.4.4　装配式墙板结构安装

装配式墙板结构是以预制墙板为承重结构，它是由预制的内墙板、外墙板、预制楼板、预制楼梯和预制阳台等构件装配而成。这些构件均需用起重机进行吊装，并要完成大量的接头焊接和混凝土浇筑工作。施工的关键是构件的供应、堆放和吊装工作，以及如何保证节点连接的质量(即整体强度和防水功能)。

1. 墙板的运输与堆放

大型预制墙板一般采用立放运输，以利于墙板的结构安全和外饰面层的保护。运输时墙板应牢固平稳地固定在运输车上，以免构件破损。

预制墙板堆放有插放法和靠放法。插放法可按吊装顺序排放，易于查找型号并利于墙板保护，但是需要较多的插放架，占用较大的场地。靠放法可利用楼板或靠放架做依托（图 2-99）同类型的墙板依次靠放，占地较小且少用靠放架，但吊装时查找板号较困难。

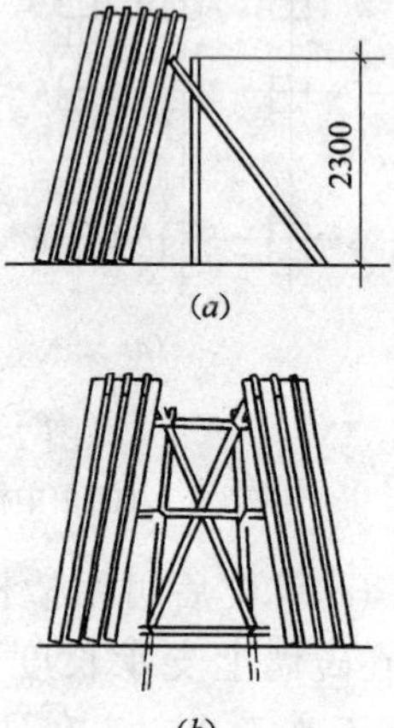

(a)

(b)

图 2-99 墙板靠放架及靠放示意图
(a)单侧靠放；
(b)双侧对称靠放

墙板堆放的储备量，应根据吊装周期、运输条件决定，同时要考虑现场大小和堆放条件，以保证连续吊装为原则。通常配套贮存一层半的构件为宜。

2. 墙板的安装

(1)预制墙板的吊装顺序

预制墙板吊装顺序一般采用逐间封闭法，即以三面内墙板和一面外墙板为一安装单元，以尽快形成稳定结构（如图 2-100）。整个建筑的起始顺序；当建筑物较长时宜从中间开始吊装；当建筑物较短时也可以从建筑物尽端的第二间开始吊装。每个开间的墙板先吊内墙板后吊外墙板，以利于结构吊装的稳定性。从建筑物中间开始可以避免焊接线路过长。

(2)墙板吊装工艺

墙板的吊装工艺流程如图 2-101 所示。

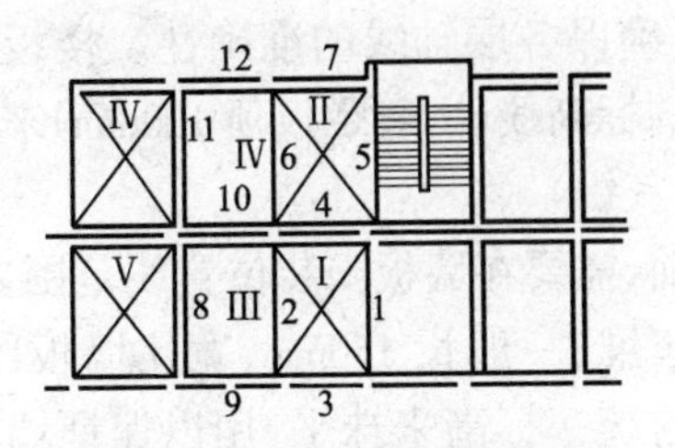

图 2-100　逐间封闭吊装顺序

1、2、3……——墙板安装顺序号；

Ⅰ、Ⅱ、Ⅲ、…——逐间封闭顺序号；

交叉线——放操作平台的房间

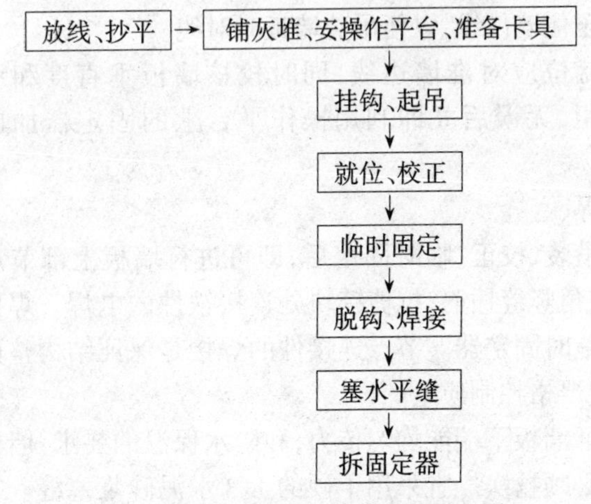

图 2-101　墙板吊装工艺流程图

1)抄平放线

首先应校核原始的建筑物定位桩和水准点标高是否有变动。然后按照基础阶段的轴线控制桩和各个轴线桩,引出墙板纵横轴线、墙板两则边线、门口位置线、墙板节点线,以及楼梯休息板位置和标高线等。各层的轴线应用经纬仪由轴线控制桩投测上去，确保各层轴线的准确性。楼板标高是靠墙板顶面以下所弹的标高线（一般距板顶100mm）来控制。

2）铺灰堆（灰饼）

墙板吊装前，需要在墙板安装位置线范围内的两端，铺设1:3水泥砂浆灰堆（一般长150mm，宽比墙板厚度小20mm）。表面根据抄平的统一标高来抹平，用以保证墙板底平标高一致。待砂浆具有一定强度后，方可吊装墙板。

3）垫灰、吊装墙板

墙板应随垫灰随吊装，垫灰和吊装前后相隔不宜超过一个开间，保证砂浆黏度以利与墙板粘结。垫灰厚约10mm，其宽度不得压住墙位线，以便吊装墙板时对线。

墙板就位应对准墙边线，同时校核墙板垂直度和墙板顶端的间距，无误后立即利用操作平台上的固定器加以固定。

4）电焊、塞缝

墙板吊装、校正、临时固定后，即可进行墙板上部节点连接铁件、下角竖缝插筋、抗剪键块处连接铁件的电焊。焊接合格后拆除临时固定器。节点连接件的焊接是保证结构整体性的关键，应严格控制质量。

为保证墙板下端能均匀传力，和防水保温的要求，墙板下端的缝隙必须捻实。宜采用干硬的1:3水泥砂浆塞缝。塞缝应及时以便与垫浆结合为整体。

5）外墙板缝防水施工

内、外墙板相接处的构造柱插筋，应按规定插入外墙板外伸套筋内，混凝土灌筑密实。外墙板缝的水平缝保温条在吊装墙板时直接放入。垂直缝在吊装完墙板后，浇筑混凝土前从上面插入。贴好聚苯乙烯条的油毡防水条，附在空腔后壁上。

为了保证防水效果，防止产生渗漏，施工时要注意以下几点：

(*a*)外墙板进场后要逐块检查，凡竖缝防水槽、水平缝防水台有损坏者。应在吊装前修补好。

(*b*)严格遵守在板缝混凝土浇灌后插放塑料条的顺序，混凝土浇灌后要及时清理防水槽内杂物，以免堵塞。

(*c*)塑料条应比防水槽宽出5mm。塑料条下料时，应在每层吊完楼板后，实测每条板缝防水槽宽度，将塑料条裁成几种宽度，插放时选择宽度适宜的塑料条，以保证空腔密封。塑料条长度要保证上下楼层搭接150mm。

(*d*)塑料条外侧勾水泥砂浆时，应分2～3道工序且用力不得过猛，以防将塑料条挤入空腔，造成堵塞。个别板缝由于吊装误差造成瞎缝，塑料条不好插入时，外部应满塞油膏，防止漏水。阳台上下及两端十字缝上下左右100mm处，均应嵌入油膏以利防水。

预制构件的尺寸偏差应符合表2-34的规定。

预制构件尺寸的允许偏差及检验方法　　表2-34

项	目	允许偏差(mm)	检验方法
长度	板、梁	+10，-5	钢尺检查
	柱	+5，-10	
	墙板	±5	
	薄腹梁、桁架	+15，-10	
宽度、高(厚)度	板、梁、柱、墙板、薄腹梁、桁架	±5	钢尺量一端及中部，取其中较大值
侧向弯曲	梁、柱、板	l/750且≤20	拉线、钢尺量最大侧向弯曲处
	墙板、薄腹梁、桁架	l/1000且≤20	

续表

项	目	允许偏差(mm)	检 验 方 法
预 埋 件	中心线位置	10	钢尺检查
	螺栓位置	5	
	螺栓外露长度	+10，-5	
预 留 孔	中心线位置	5	钢尺检查
预 留 洞	中心线位置	15	钢尺检查
主筋保护层厚度	板	+5，-3	钢尺或保护层厚度测定仪量测
	梁、柱、墙板、薄腹梁、桁架	+10，-5	
对角线差	板、墙板	10	钢尺量两个对角线
表面平整度	板、墙板、柱、梁	5	2m 靠尺和塞尺检查
预应力构件预留孔道位置	梁、墙板、薄腹梁、桁架	3	钢尺检查

3 屋面及其他防水工程

3.1 屋面防水工程

屋面防水工程按所用材料和构造做法分为卷材防水屋面、油膏嵌缝涂料防水屋面、刚性防水屋面和自防水屋面等。下面重点阐述常见的卷材防水屋面和油膏嵌缝涂料防水屋面的施工。

3.1.1 卷材防水屋面施工

卷材防水屋面应采用高聚物改性沥青防水卷材、合成高分子防水卷材或沥青防水卷材。卷材防水屋面的施工质量，除取决于卷材、胶粘剂和其他原材料的质量外，主要决定于屋面各构成层次的施工质量，应严格地按照施工规范和操作工艺技术要点进行施工。

1.屋面基层处理与隔汽层喷涂

预制钢筋混凝土顶板基层，应做到铺板平稳牢固，板缝应填筑密实，不准有松动现象，板面应清理干净，一般应采用单层卷材及涂膜的隔汽层，涂层与铺贴均应严密，以免室内的水汽上升渗入屋面保温层，影响保温效能。

铺贴隔汽层应注意：属于封闭式保温层者，与立墙交界处隔汽层应向墙上延伸并高出保温层 150mm；采用沥青基防水涂料时，其耐热度必须高于室内最高温度 20～25℃。

基层与突出屋面的结构（女儿墙、变形缝、烟囱、气孔、出屋顶间等)连接处以及基层的转折处(檐口、天沟、水落口和屋脊等处)均应做成半径为100~150mm的圆弧或钝角,以免转角处防水卷材拉裂。天沟的纵向坡度不宜小于5‰,内部排水的水落口周围应做成略低的凹坑,以利于泄水。

2. 保温层的铺设

屋面保温层常用的材料类型有粒状、松散材料、整体材料和板状保温材料几种。各种保温材料的堆积密度、导热系数、含水率和耐腐能力,对保温层的保温性能有直接关系。施工中首先应严格按照施工规范要求检验保温材料的各项指标,为保证保温层的质量提供可靠基础。

(1)粒状、松散保温材料,其堆积密度应小于$10kN/m^3$,导热系数小于0.29W/(m·K),含小于0.15mm的颗粒一般不得超过8%,以防细颗粒过量引起裂缝和影响空隙率。

粒状和松散保温材料施工时,应按规定分层铺设、压实,每层虚铺厚度不超过150mm。保温层厚度的允许偏差为+10%或-5%。保温层上面不得行车或堆压重物,以免碎裂。

(2)整体保温材料多采用沥青膨胀珍珠岩或水泥膨胀珍珠岩。施工时先将膨胀珍珠岩、蛭石预热至100~120℃,将沥青(或水泥)与珍珠岩、蛭石搅拌均匀、不得含沥青团沥青加热温度不应高于240℃,使用温度不应低于190℃。其压缩比和铺设厚度应符合设计要求,表面压实平整,其抗压强度不得低于$0.2N/mm^2$。

(3)板状保温材料多选用成品板材如膨胀珍珠岩板、加气混凝土板、泡沫混凝土板和矿棉板等。板材的表观密度、导热系数、强度、含水率等均应有证明书,其抗压强度一般不得低于$0.4N/mm^2$。施工时需对其干表观密度和含水率进行抽样复验。保温层的铺设厚度允许偏差为±5%,且不超过4mm。

保温板材铺设分干铺和粘贴两种。干铺时应使板材靠紧基层,落实平稳,上下层间要错缝,并用相同材料嵌缝。粘贴多用水泥砂浆,板缝用保温砂浆嵌填。

3. 找平层施工

油毡防水层的找平层多用1:3水泥砂浆或1:8沥青砂浆。施工时,应按设计规定找好泄水坡,阴阳角处要做成圆角或钝角。找平层表面要压实平整,做成糙面以利于油毡的粘贴。找平层要充分养护,贴毡时应具有足够的强度和刚度。找平层的厚度和技术要求,应符合表3-1的规定。

找平层的施工标准 **表3-1**

类型	基层种类	厚度(mm)	技术要求
水泥砂浆找平层	整体混凝土	15~20	1:3(水泥:砂:体积比),水泥强度等级不低于32.5级;洒水养护无起砂现象
	整体或板状材料保温层	20~25	
	装配式混凝土板、松散材料保温层	20~30	
沥青砂浆找平层	整体混凝土	15~20	1:8(沥青:砂和粉料,重量比),压实、平整
	装配式混凝土板、整体或板状材保温层	20~25	

注:沥青可用60甲、60乙道路石油沥青或75号普通石油沥青。

4. 油毡防水层施工

油毡应根据设计要求进行选择。普通屋面多采用不低于350号的石油沥青纸胎油毡,级别较高的屋面则选用石油沥青麻布油毡、再生胶油毡、沥青玻璃布油毡等。铺贴前要清扫毡面的撒料,并达到洁净度要求,以确保与沥青胶的良好结合。

沥青胶是根据屋顶坡度和历年室外极端最高温度值选定标号。沥青胶必须与所贴油毡的沥青同类,不得异类混用,以免粘结不牢和失效。当以建筑石油沥青做胶结材时,应配制成玛琋脂使用,而以普通石油沥青做胶结材或以它为主时,则可用纯沥青来做。卷材屋面保护层不得用纯沥青做胶结材,防止高温时流淌。

(1)油毡的找平层处理

水泥砂浆找平层铺贴油毡前应喷涂冷底子油,潮湿基层应满喷冷底子油,以加强沥青与找平层间的机械咬合和吸附力。喷涂宜在水泥砂浆初凝期内进行。

砂浆找平层必须达到贴毡强度要求;必要时应做试贴扯离检验,找平层的含水率不宜过大,一般控制在15%~20%为宜,原则上应在基本干燥状态下铺贴,防止因水分过多而汽化,引起防水层起鼓。

(2)沥青胶结材的加热

沥青胶结材使用前要进行加热,使沥青充分脱水和塑化。加热的最高温度和使用的最低温度,与沥青胶结材的种类有关,不同种类的沥青加热温度值应符合表3-2规定。

表3-2

类　别	加热温度(℃)	使用温度(℃)
普通石油沥青或掺配建筑石油沥青的普通石油沥青胶结材	≤280	不宜低于240
建筑石油沥青胶结材	≤240	不宜低于190
焦油沥青胶结材	≤180	不宜低于140

(3)油毡的铺设方向和搭接要求

油毡防水层的密闭性与铺设的方向和油毡的搭接有关,应严格按照施工规范规定执行。

油毡铺贴方向取决于屋面的坡度大小和是否经常受到振动。坡度<3%的屋面,油毡宜平行于屋脊方向铺设,并从檐口起始向屋脊方向铺贴,以便顺水方向压边。坡度>15%或受振动的屋面,油毡宜垂直屋脊方向铺贴,每幅油毡要铺过屋脊不少于200mm,并应顺主导风向压边,接头压边应顺水流方向。坡度介于3%~15%的屋面,则可垂直或平行屋脊方向铺贴。

油毡铺贴时,搭接位置和搭接尺寸要符合规范要求。上下层油毡的接缝应错开1/3~1/2幅。同一层的油毡相邻两幅端头搭接应错开500mm以上,顺长向的搭边不少于70mm,两幅油毡的端头搭接不少于100mm(图3-1)。

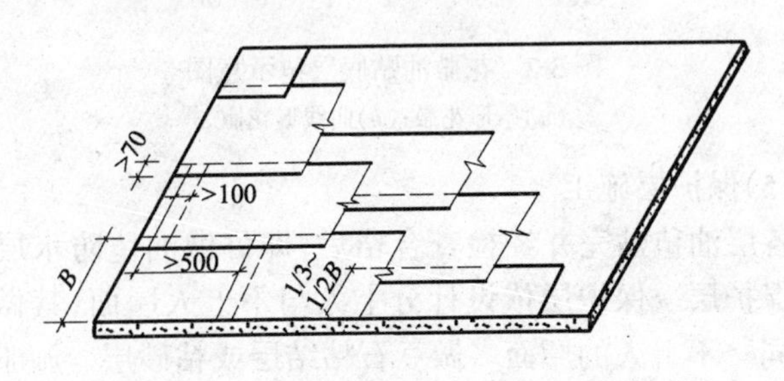

图3-1　油毡搭接方法

(4)油毡的铺油方法

油毡粘贴时的铺油方法分满铺和花铺法两种,各自使用在不同的情况下或不同层次。

满铺法(即实铺法)是在找平层和各层上面满涂沥青胶,使油毡之间全部粘牢而无空隙,沥青胶厚约1.5~2mm。铺油多用油壶浇油,随后紧跟推压油毡令其牢固粘结,最后要进行滚压,油毡边应用油刷密封牢靠。

花铺法(即花撒法)是用于第一层油毡的铺贴、以形成排气屋面。操作特点是在找平层上条形或曲线形浇油,油毡和找平层之间不全部贴实,其间留有贯通的空隙,使屋面防水层下的潮气可以沿屋脊设置的排气槽和檐口部位的出气孔排除,避免油毡层起鼓。花撒油操作应认真严格,油毡搭边要贴牢,距檐口、山墙、伸缩缝500mm的范围内要满涂满贴。第二层及其以上各层仍用满铺法。花撒油的形式见图3-2。

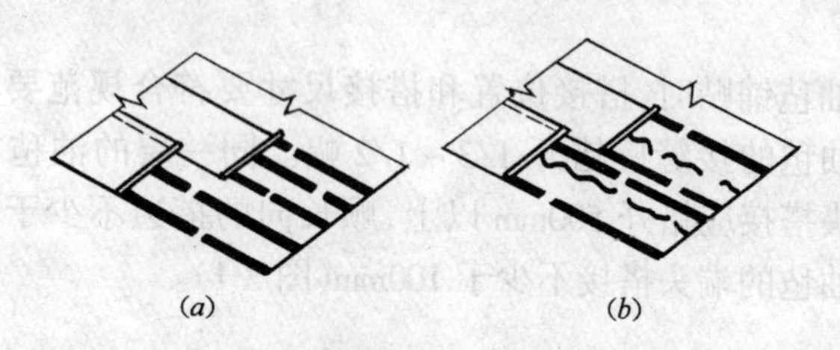

图3-2　花撒油贴底层毡示意图

(*a*)条形花撒;(*b*)曲线形花撒

(5)保护层施工

各层油毡贴完并经检查合格后,即可做油毡防水层的绿豆石保护层。保护层依设计分上人与不上人屋面,其做法各不相同。不上人的屋面多做豆石粘结层或粘砂层。施工时绿豆石应清洗干净,并对石粒进行预热(约100℃左右),石子粒度为3~5mm,用热沥青玛琋脂粘牢,石子应扫匀并应嵌入沥青玛琋脂内1/2以上,保证粘结牢靠。

(6)卷材屋面特殊部位的施工

卷材屋面容易渗漏的部位是檐口、斜沟、变形缝、出屋顶间根部和水落口周围。施工时应按施工规范规定增铺附加层,处理好油毡末端收尾固定和封堵,及穿板管洞周围防水处理。女儿墙根部油毡收尾做法如图3-3所示,用防腐木砖或玻璃丝油毡压墙两种做法效果均较好,关键要做好毡头固定、豆石混凝土压毡和出檐滴水线。预制钢筋混凝土挑檐板的防水层做法如图3-4所示。防水层施工关键是毡头固定、檐口迎面与顶面抹灰接头处理和压毡豆石混凝土的施工质量。

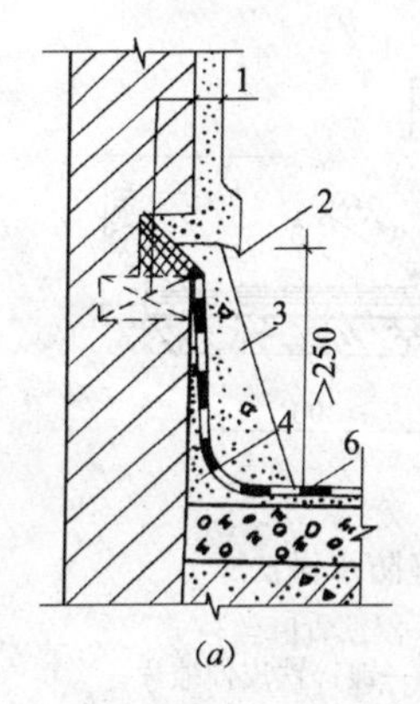

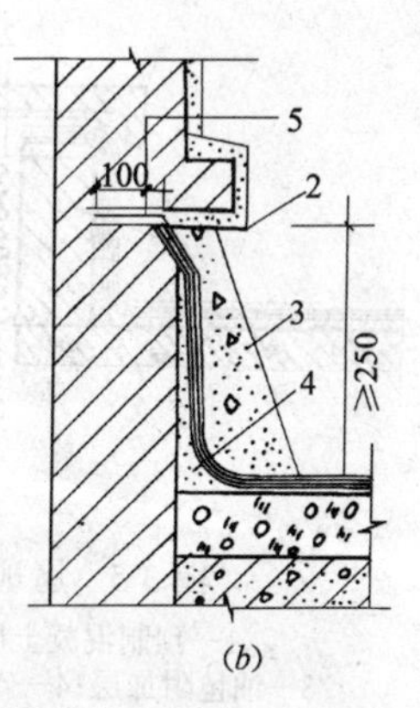

(*a*) (*b*)

图 3-3 女儿墙根部油毡防水做法

(*a*)用防腐木砖的做法;(*b*)用玻璃丝油毡压入墙内的做法
1—防腐木砖及三角木压条;2—出线滴水;3—压毡豆石混凝土;
4—圆角 R = 150mm;5—压入墙内一层玻璃丝油毡,
甩出墙面 250mm 搭在油毡层上粘牢;6—油毡

屋顶变形缝防水处理如图 3-5 所示。其施工的关键是变形缝伸缩片的稳固和油麻丝的填塞严密性,以及油毡收尾粘贴的牢靠程度。

雨水口处防水做法见图 3-6。施工的关键问题是承插口的标高和四周屋面泄水坡度的控制,以及承插口和油毡连接处的密闭程度。

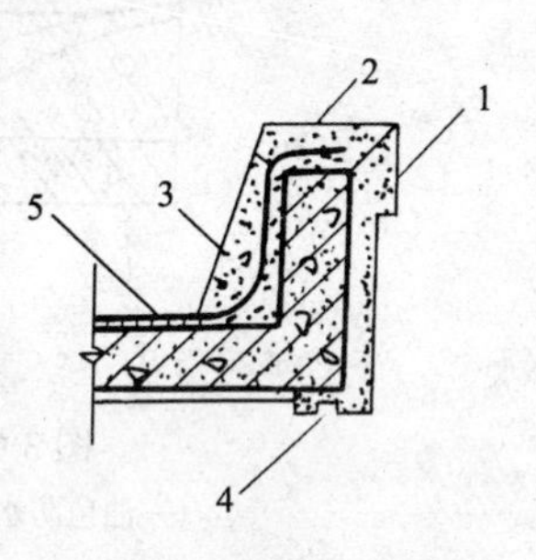

图 3-4 挑檐板防水做法

1—迎面抹灰层宜先做;
2—顶面抹灰层宜后做;
3—压毡豆石混凝土;
4—滴水线;5—油毡层

管道出屋顶处的防水做法如图 3-7。防水施工主要是处理好油毡收尾与管道的连接固定,以及压毡豆石混凝土浇筑的严密程度。一般油毡收尾处应用麻绳捆牢,外表面满涂油膏,混凝土与管道接合处应用油膏封严。

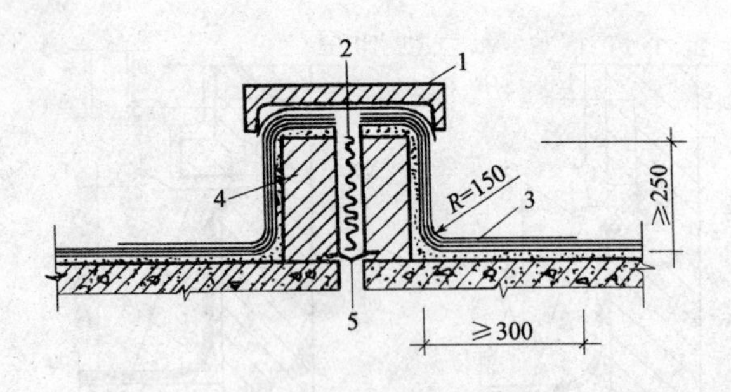

图 3-5　屋顶变形缝防水做法

1—预制混凝土压顶;2—浸沥青麻丝;
3—油毡附加层;4—砖砌体;5—镀锌铁皮伸缩片

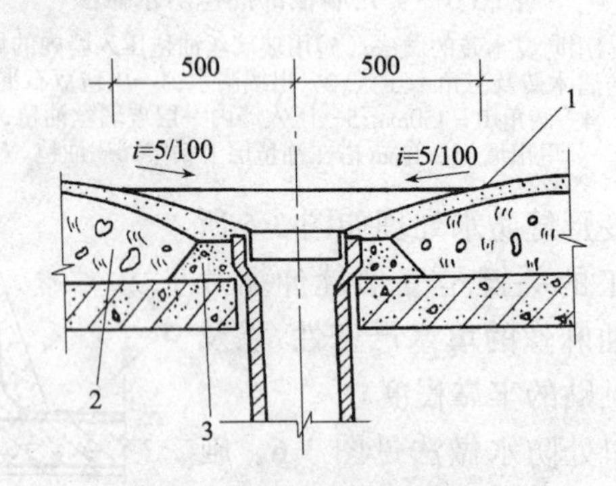

图 3-6　雨水口防水层做法

1—油毡防水层;2—找坡层;3—豆石混凝土

5. 卷材屋面防水层验收要求

竣工屋面不得有渗漏或积水现象。检查应在雨后进行。必要时可选局部用蓄水法或浇水法进行检查。要求檐口平直,斜沟表面平整且坡度均匀一致,屋面转折点和水落口应严密,水落管要垂直、接口严密和固定可靠。

油毡与基层之间和各层油毡之间应粘结牢固,防水层表面要平整不折不皱、无气泡和空鼓，油毡搭接不得翘边，保护层的绿豆石应粘结牢固、均匀。

3.1.2 油膏嵌缝涂料防水屋面施工

这种防水屋面多用于大型屋面板结构工程，一般不做屋面保温层，直接在混凝土板面上涂刷防水涂料，板缝则用细石混凝土灌实下部，缝的上部嵌填油膏，构成整体的防水层。

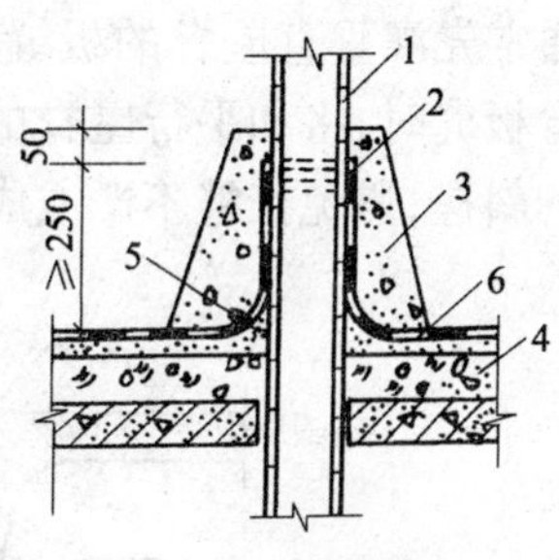

图 3-7 管道出屋顶泛水做法

1—管道；2—麻绳；3—豆石混凝土；4—找坡和保温层；5—圆角 $R\geqslant150$mm；6—油毡

1. 预制钢筋混凝土板的安装和表面处理

预制板安装应准确控制板缝尺寸，上口宽 20 ~ 40mm。超过 50mm 的板缝应增加构造钢筋，板缝下部所灌细石混凝土的强度等级不应小于 C20，填筑深度应满足嵌缝油膏最小厚度 20mm 的要求。板面边缝处不得有蜂窝麻面和松散起砂现象，以确保板面和板缝能与防水涂料的良好结合。

2. 油膏嵌缝施工

嵌缝防水材料的质量应符合施工规范的规定，其耐热度不得低于 80℃，常用嵌缝材料是建筑防水沥青油膏和聚氯乙烯胶泥。

沥青油膏施工是在常温下进行的，采用油膏嵌缝枪和填油膏条手动工具填压工艺。油膏嵌入深度约 20 ~ 30mm，超过板面高度约 2 ~ 5mm，油膏覆盖宽度应超出板缝每边 20mm，嵌缝做法如图 3-8，油膏嵌缝上面要做油毡条或玻璃丝布保护层。

聚氯乙烯胶泥是采用热浇灌法施工，其加热温度不低于 110℃，浇灌顺序应由下而上连续进行，尽量减少接头数量。

通常先灌垂直屋脊的板缝后灌平行屋脊的板缝，在灌垂直屋脊板缝时，将和平行屋脊的板缝相交处向两侧灌出150mm宽的斜槎，避免接缝不严或成直槎相接。

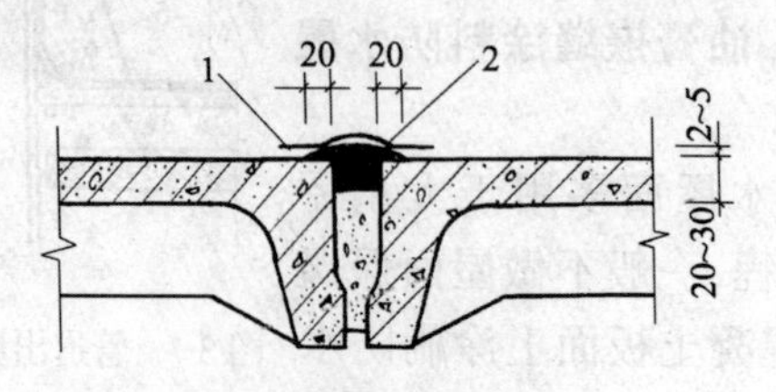

图3-8　油膏嵌缝做法

1—保护层；2—油膏

3. 防水涂料的施工

防水涂料常用石灰乳化沥青或氯丁橡胶—沥青、再生橡胶—沥青涂料。涂料施工可用手工抹压、刷涂或喷涂工艺。涂刷应在嵌缝或其他工序完成后进行，厚度应均匀一致，每道涂刷厚度应按不同涂料决定。涂层接缝应在板缝处，前道涂料干燥结膜后，方可进行下道涂层施工。在涂层结膜硬化之前，不得在上面行走或堆放物品，以免破坏涂层。

3.1.3　合成高分子卷材防水屋面施工

合成高分子防水卷材是以合成橡胶、合成树脂与橡胶共混材料为主要原料，掺入适量的稳定剂、硫化剂和改性剂等化学助剂及填充材料，采用橡胶或塑料加工工艺制成的弹性或弹塑性防水材料，主要包括三元乙丙橡胶防水卷材、氯化聚乙烯-橡胶共混防水卷材、聚氯乙烯防水卷材等。这些防水材料具有重量轻，拉伸强度较高，抗撕裂强度较好，耐高低温性能优良等优点，而且可冷作业，单层施工，工序简单，使用寿命长。

1. 合成高分子防水卷材施工用的各种辅助材料

(1)基层处理剂

一般以聚氨脂-煤焦油系的二甲苯溶液或氯丁橡胶乳液组成,相当于冷底子油,因此又称底胶。

(2)基层胶粘剂

主要用于卷材与基层表面的粘结,一般可选用404胶或以氯丁橡胶乳液制成的胶结剂。

(3)其他材料:包括专用接缝胶,密封胶和二甲苯稀释剂。

2. 防水构造

单层外露防水构造见图3-9。

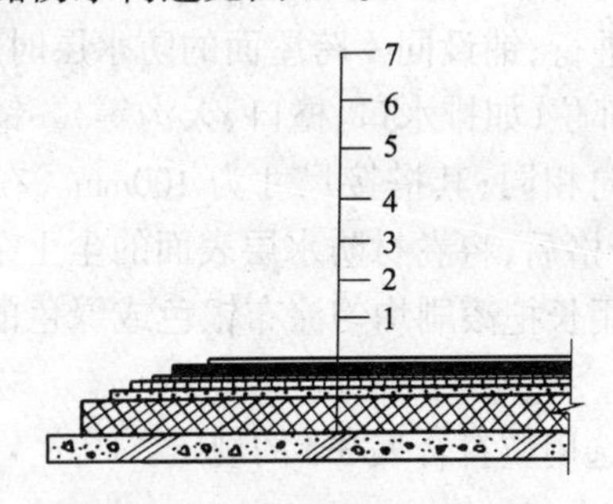

图3-9 单层外露防水构造图

1—钢筋混凝土屋面板;2—保温层;
3—找平层;4—基层处理剂;5—基层胶粘剂;
6—高分子防水卷材;7—表面着色剂

3. 防水层施工

(1)涂布基层处理剂

一般是将聚氨酯涂膜防水材料的甲料、乙料、二甲苯按1:1.5:3的比例配合搅拌均匀,再用长把滚刷蘸取这种混合料,均匀涂布在基层表面上,必须干燥4h以上,才能进行下一工序的施工。

(2)涂布基层胶粘剂(404胶等)

在卷材表面涂布胶粘剂:将卷材展开铺摊在平整干净的基层上,将胶粘剂均匀涂布在卷材表面上。但搭接部位的100mm处不涂胶,涂胶后静置20min左右,待胶膜基本干燥,指触不粘手后,即可进行铺贴施工。

在基层表面涂布胶粘剂:将胶粘剂均匀涂布在基层处理剂已基本干燥和干净的基层表面上,涂胶后静置20min左右,待指触基本不粘手,即可进行铺贴卷材的施工。

(3)铺设卷材防水层

铺设多跨或高低跨屋面的防水卷材时,应按先高后低,先远后近的顺序进行;铺设同一跨屋面的防水层时,应先铺设排水比较集中的部位(如排水口、檐口、天沟等)。铺贴方向与传统油毡铺贴方向相同;其搭接尺寸为100mm。在卷材铺设完毕,经过验收合格后,将卷材防水层表面的尘土杂物等异物彻底清扫干净再用长把滚刷均匀涂布银色或绿色的表面着色涂料。

卷材厚度选用应符合表3-3的规定。

卷材厚度选用表 **表3-3**

屋面防水等级	设防道数	合成高分子防水卷材	高聚物改性沥青防水卷材	沥青防水卷材
Ⅰ级	三道或三道以上设防	不应小于1.5mm	不应小于3mm	—
Ⅱ级	二道设防	不应小于1.2mm	不应小于3mm	—
Ⅲ级	一道设防	不应小于1.2mm	不应小于4mm	三毡四油
Ⅳ级	一道设防	—	—	二毡三油

铺贴卷材采用搭接法时,上下层及相邻两幅卷材的搭接缝应错开。各种卷材搭接宽度应符合表3-4的要求。

卷材搭接宽度(mm)　　表 3-4

卷材种类 \ 铺贴方法		短边搭接		长边搭接	
		满粘法	空铺、点粘、条粘法	满粘法	空铺、点粘、条粘法
沥青防水卷材		100	150	70	100
高聚物改性沥青防水卷材		80	100	80	100
合成高分子防水卷材	胶粘剂	80	100	80	100
	胶粘带	50	60	50	60
	单缝焊	60,有效焊接宽度不小于 25			
	双缝焊	80,有效焊接宽度 10×2+空腔宽			

3.2 地下防水工程

地下结构的防水做法很多,常见的有水泥砂浆防水层、沥青胶结材料防水层和油毡防水层等。地下结构防水层施工应在地下结构验收合格后进行。当地下水位高于施工面时,应采取降水措施将地下水降至防水层最低处以下 300mm。地面水不准倒灌,基坑内不得有积水,以保证地下防水施工的正常进行。

3.2.1 水泥砂浆防水层施工

水泥砂浆防水层分为外加剂水泥砂浆层和刚性多层做法防水层两类。这类防水层适用于地下砖石砌体结构防水层或防水混凝土结构的加强层。

1. 原材料和施工配合比

水泥砂浆防水层所用水泥宜采用不低于 32.5 级普通硅酸盐水泥或膨胀水泥,也可用矿渣硅酸盐水泥。应尽量减少水泥的干缩影响。砂浆用砂应控制其含泥量和杂质含量。掺外加剂时，宜选用氯化物金属盐类防水剂、膨胀剂和减水剂。

配合比应按工程需要确定。水泥净浆的水灰比宜控制在0.37～0.4或0.55～0.6范围内。水泥砂浆宜用1:2.5的比例，其水灰比为0.6～0.65之间，稠度70～80mm。如掺用外加剂或采用膨胀水泥时，其配合比应执行专门的技术规定。

2. 水泥砂浆防水层施工

防水层的基层表面应平整、坚实、粗糙、洁净和湿润，不得有积水，以保证防水层与基层的牢固结合。

刚性多层做法防水层，如做在迎水面宜用5层交叉抹面，在背水面则宜用4层交叉抹面做法。水泥净浆和砂浆分层交叉做法的优点是，利用细腻的水泥浆分层阻断砂浆层的毛细通路，并堵塞砂浆层存在的毛细孔，截断水份的渗透通路，抗渗透效果良好。

水泥砂浆防水层施工时，结构的阴阳角应做成圆弧或钝角，其圆弧半径阳角为10mm，阴角则为50mm，防止产生裂缝或碰损。沿外墙的防水层高度应超过室外地面150mm以上。

防水层的各层应连接施工不留施工缝，必须中断时，施工缝处应按规定搭槎如图3-10，各层应赶压密实，并应充分养护。采用普通硅酸盐水泥时养护不少于7d，用矿渣硅酸盐水泥时，养护时间不应少于14d。养护期内不得承受静水压力。

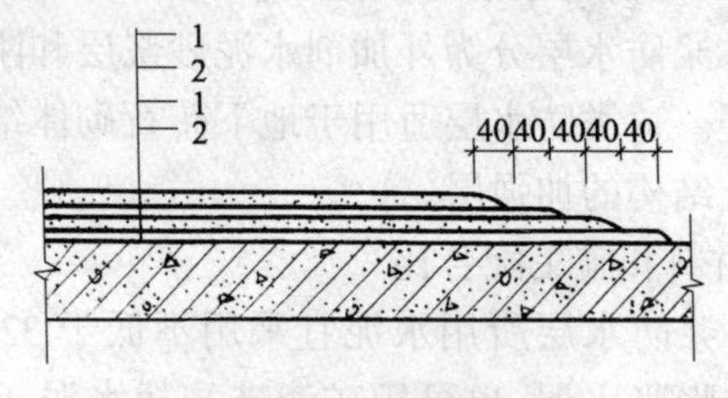

图3-10 防水层留槎方法

1—水泥砂浆层；2—水泥浆层

3.2.2 卷材防水层施工

卷材防水层一般做在钢筋混凝土板、水泥砂浆找平层、沥青砂浆找平层上。卷材铺贴施工的关键是基层处理和粘贴质量。

1. 基层的处理

上述各种不同的基层表面,都应符合以下要求和规定:

(1)基层必须坚固无松动现象,保证卷材防水层和基层的可靠结合。

(2)基层表面应平整,以2m长直尺检查时,直尺与基层的最大间隙不应超过5mm,而且每米长度内不得多于1处,空隙只允许平缓变化。

(3)基层表面应干净、干燥,其含水在规定的范围之内。立墙铺贴时基层表面应满涂冷底子油,增强与卷材的结合。

(4)基层的阴阳角处,均应做成圆弧或钝角,以防卷材折裂或粘贴不实。

2. 卷材的铺贴

所用的卷材和粘结材料必须配套,卷材和沥青的种类应相同,不得将石油沥青和焦油沥青混杂使用。沥青的软化点应高于周围介质最高温度20~25℃且不低于40℃。地下防水宜采用耐腐蚀卷材和沥青玛瑞脂。

(1)卷材铺贴时的规定

粘贴卷材的沥青胶结材料的涂刷厚度一般为1.5~2.5mm,过厚粘结不牢且浪费沥青胶,过薄亦粘结不牢。

卷材的搭接长度沿长边方向不应小于100mm,沿短边方向则不应小于150mm。上下层和相邻两幅卷材的接缝应错开,上下两层的压边应错开1/3幅宽,接头要错开300~500mm。上下层的卷材不得相互垂直交错铺贴。总之,应使整个防水层具有良好的密闭性。

在平面与立墙的转角处，卷材的接缝应留在平面上距立墙根不小于600mm处，避开平面和立墙相交部位。

在结构转角部位应铺贴附加层，采用两层相同的卷材或一层抗拉强度较高的卷材，附加层粘贴必须牢固。

各层卷材应展平压实粘结紧密，多余沥青胶应挤出并封边，最后一层卷材表面应均匀涂刷一层1~1.5mm厚的热沥青胶。

(2)地下结构防水层的铺贴方法

1)外防外贴法

外贴法是指完成基础垫层的防水层后，先做地下外墙结构，最后在外墙结构的外侧粘贴防水层的一种方法。外贴法的施工顺序：

混凝土垫层施工 → 砌部分保护墙 → 保护墙抹水泥砂浆 →

底板、墙刷冷底子油 → 贴底板面油毡和边模油毡并甩槎 →

抹底板平面油毡保护层 → 钢筋混凝土底板施工 → 砌地下室砖墙 →

外墙面抹水泥砂浆 → 刷冷底子油 → 贴立墙面油毡 →

砌筑油毡保护墙并随填砂浆 → 回填土分层夯实

外贴法示意如图3-11。

外贴法施工应先铺贴水平面后贴垂直面，两面交角处要交叉搭接。铺贴立墙油毡应自下而上进行。在墙上贴立面油毡前，应将油毡搭接处的砂浆清除干净，此外油毡应用阶梯形接缝，上面油毡盖过下层油毡不少于150mm。

2)外防内贴法

内贴法是在基础垫层施工后，即砌筑保护墙，然后做垫层上面和立面保护墙的油毡，最后做底板和基础外墙结构。内贴法的施工顺序：

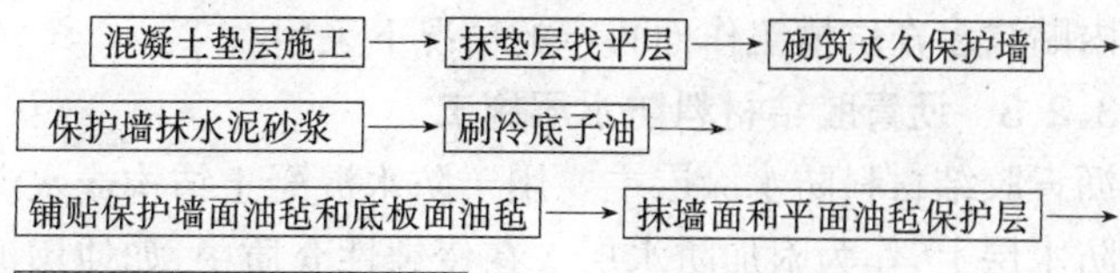

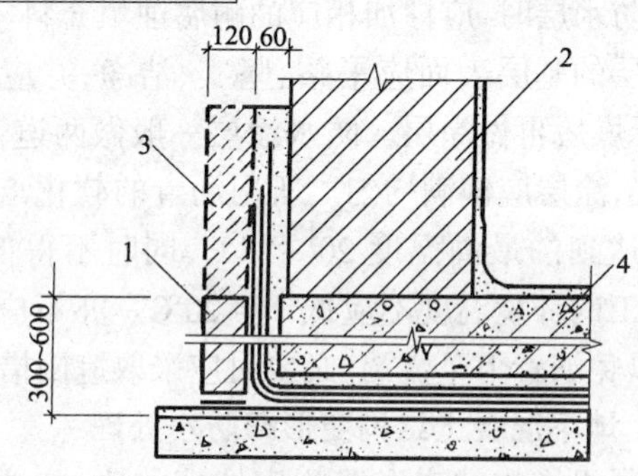

图 3-11　外贴法示意图

1—永久保护墙；2—基础外墙；3—临时保护墙；4—混凝土底板

内贴做法如图 3-12。

内贴法施工时，应先铺贴垂直面，后贴水平面。铺贴垂直面时，应先铺贴转角，后贴大墙面。防水层的卷材贴完后，即在卷材表面涂刷一层 1.5mm 厚的热沥青，甩上粗砂或细石，并将砂石压入沥青中，也可用热砂压入表面的沥青层中。这样有利于墙体混凝土与防水层的牢固结合。如砖砌地下室外墙则应随砌随将墙与防水层之间空隙用1:3水泥砂浆填塞。水平面上紧接抹1:3水泥砂浆或细石混凝土，最后浇筑混凝土底板和砌筑外墙。

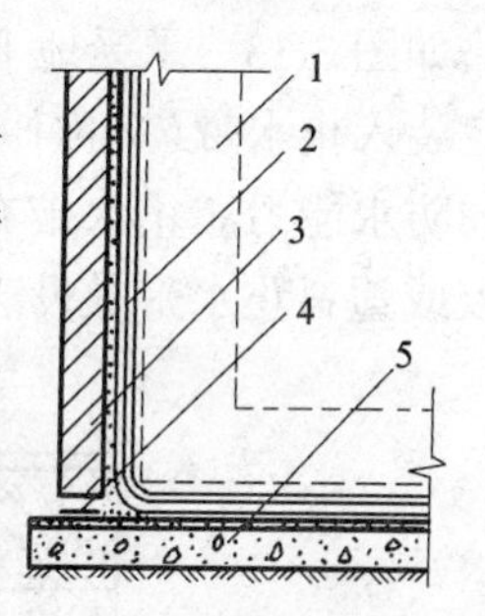

图 3-12　内贴法示意图

1—尚未施工的地下室墙；
2—卷材防水层；
3—永久保护墙；
4—干铺油毡一层；
5—混凝土垫层

内贴法多在坑槽工作面狭窄的情况下采用。

3.2.3 沥青胶结材料防水层施工

沥青胶结材料防水涂层主要用于防水混凝土结构或水泥砂浆防水层上,作为附加防水层。在侵蚀性介质中,如使用沥青玛琋脂做防水层时,应掺加相应的耐腐蚀填充料。

防水涂层的基层表面应平整、坚实、洁净,并应满涂冷底子油,待其干燥后再做涂层。防水涂层一般做两道,每层涂层厚1.5~2mm,涂层应饱满均匀。所用沥青的软化点应高于周围介质可能达到的最高温度20~25℃,同时不得低于40℃。防水涂层施工的环境温度不应低于-20℃。亦不应在烈日暴晒下施工,以免沥青下坠流淌,必要时应采取遮阳措施。

3.2.4 地下混凝土结构变形缝防水处理

地下混凝土结构的变形缝防水处理方法,与地下结构是否承受地下水压有关。不受地下水压时,可用掺有防腐填料的浸沥青毛毡、麻丝或纤维板严密填塞,并用油膏封缝,其做法如图3-13。承受地下水压时,变形缝除填塞防水材料外,还应装入止水带(又称伸缩片),以保证在结构变形时保持良好的防水能力。止水带有金属止水带、橡胶和塑料止水带。橡胶或塑料止水带敷设法如图3-14所示。

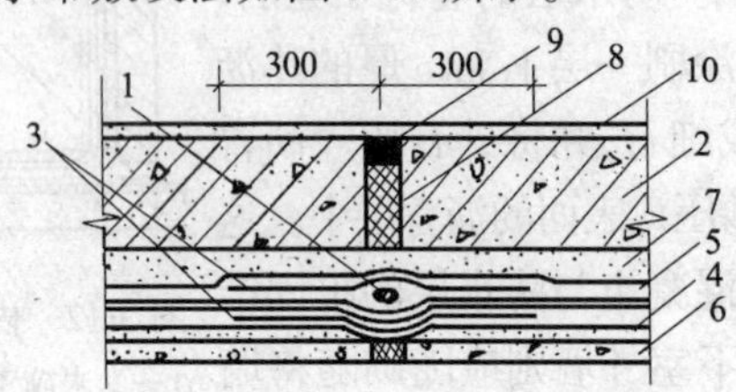

图3-13 不受水压的结构变形缝做法

1—浸沥青垫圈;2—底板;3—附加油毡;
4—砂浆找平层;5—油毡防水层;6—混凝土垫层;
7—砂浆结合层;8—填缝油麻丝;9—油膏;10—砂浆面层

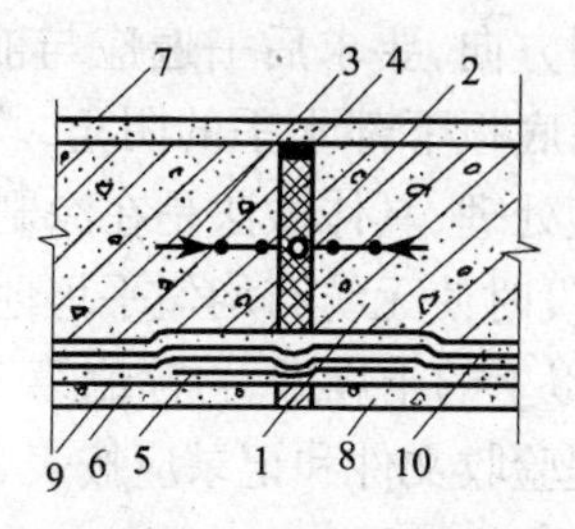

图 3-14　承受水压的结构变形缝做法

1—底板;2—浸沥青木丝板;3—塑料止水带;
4—油膏;5—油膏附加层;6—油毡防水层;
7—砂浆面层;8—混凝土垫层;
9—砂浆找平层;10—砂浆结合层

3.2.5　地下聚氨酯涂膜防水

聚氨酯涂膜防水材料是双组分化学反应固化型的高弹性防水涂料,在施工固化前是种无定形的黏稠状液态物质,固化后能形成一个连续性无接缝的整体防水层,故对阴阳角、管道根以及端部收头都便于封闭严密。涂膜防水属于冷作业,工序简单,施工方便。

涂膜防水施工时应首先清扫基层,然后涂刷底胶,底胶的配比是聚氨酯甲组分、乙组分和二甲苯按 1:1.5:2 的比例(重量比)配合搅拌均匀涂刷在基层表面上,干燥 4h 以上,才能进行下一工序的施工;接着配制涂膜防水材料,配制方法是将聚氨酯甲组分、乙组分和二甲苯按 1:1.5:3.0 的比例配合搅拌均匀,用滚刷蘸满已配制好的混合料,均匀涂刷在涂过底胶和干净的基层表面上,要求厚度均匀一致,对平面基层以涂刷 3~4 遍为宜,每遍涂布量为 0.6~0.8kg/m^2;对立面基层以涂刷 4~5 遍为宜,每遍涂布量为 0.5~0.6kg/m^2。涂膜的总厚度以不小于 1.5mm 为合格。涂完第一遍涂膜后,一般干燥 6h 以上至基本不粘手时,方可按上述方法涂刷第二、三、四、五遍涂膜。

但对于平面的涂刷方向，要求后一遍应与前一遍的涂刷方向相互垂直。凡遇到底板下部水平的阴角，均需铺设涤纶纤维无纺布进行增强性处理，具体做法是在涂刷第二遍涂膜后，立即铺贴无纺布，铺设时使无纺布均匀平坦地粘接在涂膜上，滚压密实。经过6h以上的干燥后，再涂刷第三遍涂膜。

地下防水工程验收文件和记录应按表3-5的要求进行。

地下防水工程验收的文件和记录　　表3-5

序号	项目	文件和记录
1	防水设计	设计图及会审记录，设计变更通知单和材料代用核定单
2	施工方案	施工方法、技术措施、质量保证措施
3	技术交底	施工操作要求及注意事项
4	材料质量证明文件	出厂合格证、产品质量检验报告、试验报告
5	中间检查记录	分项工程质量验收记录、隐蔽工程检查验收记录、施工检验记录
6	施工日志	逐日施工情况
7	混凝土、砂浆	试配及施工配合比，混凝土抗压、抗渗试验报告
8	施工单位资质证明	资质复印证件
9	工程检验记录	抽样质量检验及观察检查
10	其他技术资料	事故处理报告、技术总结

4 装 饰 工 程

建筑工程施工,一般按部位划分为基础工程施工、主体结构工程施工、屋面工程和装修工程施工。装修工程需待主体结构全部(或局部)工程完成并经过验收合格后进行。

装修工程项目繁多,工程项目之间相互制约关系严格,施工过程中又互相影响,因此,必须选择合理的施工顺序,严格控制施工质量及做好成品保护,节约原材料。下面重点阐述门窗安装、楼(地)面工程、吊顶、隔墙工程、一般抹灰工程、装饰抹灰和饰面工程施工。

4.1 门窗安装工程

常用门窗有木门窗、钢门窗和铝合金门窗等。一般门窗的设计已定型化和标准化,并编集了标准图集。门窗由框、扇组成,配有全套五金。门窗的施工,木制门窗一般分前后两次安装,先装门窗框抹灰后再装门窗扇。钢窗则可框扇分二次安装或框扇组合一次安装。

4.1.1 门窗半成品验收与质量要求

门窗一般由加工厂制作,现场进行安装。工程施工准备阶段,应按照图纸规定的门窗型号、规格与数量,编制加工订货单。门窗半成品进入现场时,应按合同核实用材等级、门窗型号、规格与数量,并按照国家标准施工验收规范检查门窗制作的质量。门窗制品应符合下列各项规定:

(1)门窗框及超过 50mm 厚的门窗扇均应用双榫连接。框、扇拼榫应严密并加胶粘合，用胶榫加紧，保证框扇几何形体的坚固性。

(2)窗扇拼装后裁口应在同一平面上，镶门心板的凹槽深度应略大于门心板尺寸。留出门心板膨胀的余量 2~3mm，避免门心板翘曲。

(3)胶合板和纤维板门的边框和横楞必须在同一平面上，面层与边框和横楞应加压胶合，横楞和上下冒头各应钻两个以上的透气孔，以免受潮脱胶或起鼓。

(4)门窗的外观应符合以下要求：

门窗表面应净光或磨砂，不得有刨痕、毛刺和锤印，以便于油漆。割角、拼缝应严实平整。短料胶合门窗及胶合板或纤维板门扇不允许脱胶。胶合板不允许刨透表面单板或戗槎。门窗制作的尺寸偏差不得超过规范规定值。

4.1.2 门窗框的安装

1. 常见的门窗框安装方法

通常有先立口和后塞口之分。先立口是在门窗洞口砌筑之前，按照设计规定的位置和标高，将门窗框预先加以固定，框与墙体的连接是靠门窗框的走头砌入墙内加以固定。

后塞口是先砌墙体并预留出门窗洞口，以后在抹灰前再安装门窗框。框与墙体连接是靠砌墙时埋入的木砖钉牢。

2. 门窗框安装的质量要求

门窗框安装前应进行校正规方，钉好斜拉拉条予以固定，无下坎的门框应加钉水平拉条，防止其变形。安装的质量要求是平面位置与方向、标高、水平与垂直三个关键问题。平面位置要严格按照设计规定的开启方向和位置立口，注意区分里口、外口或中口。当框平墙里时，口应突出砖墙一个抹灰厚度，以便于门窗框贴脸的装钉。

门窗框的安装标高，一般根据室内抄平弹出的准线（楼面以上500mm）测量决定。以保证门扇下缝大小合适。门框还要保证大面平和垂直，否则将影响门扇安装和开启的灵活性。

门窗框要钉牢在木砖上，钉帽要拍平并钉入框内，以便填补腻子和油漆。钢窗框则应与过梁的钢筋焊牢，侧边的连接件铁脚用混凝土灌牢。同一立面的外墙上的窗口，应保持标高一致上下层窗口要对直。

4.1.3 门窗扇的安装

门窗扇安装应平直方正；上下左右的缝子大小合适；合页剔槽平整深浅一致；五金安装位置适当牢固灵活。门窗扇安装前应检查是否翘曲、窜角，并进行修整。刨料和裁口应留缝恰当。

木门窗制作的允许偏差和检验方法以及各种门窗安装的留缝限值、允许偏差和检验方法见表4-1、表4-2、表4-3、表4-4的规定。

木门窗安装的留缝限值、允许偏差和检验方法　表4-1

项次	项　　目	留缝限值(mm)		允许偏差(mm)		检验方法
		普通	高级	普通	高级	
1	门窗槽口对角线长度差	—	—	3	2	用钢尺检查
2	门窗框的正、侧面垂直度	—	—	2	1	用1m垂直检测尺检查
3	框与扇、扇与扇接缝高低差	—	—	2	1	用钢直尺和塞尺检查

续表

项次	项目		留缝限值（mm）		允许偏差（mm）		检验方法
			普通	高级	普通	高级	
4	门窗扇对口缝		1~2.5	1.5~2	—	—	用塞尺检查
5	工业厂房双扇大门对口缝		2~5	—	—	—	用塞尺检查
6	门窗扇与上框间留缝		1~2	1~1.5	—	—	
7	门窗扇与侧框间留缝		1~2.5	1~1.5	—	—	
8	窗扇与下框间留缝		2~3	2~2.5	—	—	
9	门扇与下框间留缝		3~5	3~4	—	—	
10	双层门窗内外框间距		—	—	4	3	用钢尺检查
11	无下框时门扇与地面间留缝	外门	4~7	5~6	—	—	用塞尺检查
		内门	5~8	6~7	—	—	
		卫生间门	8~12	8~10	—	—	
		厂房大门	10~20	—	—	—	

木门窗制作的允许偏差和检验方法　　表 4-2

项次	项目	构件名称	允许偏差(mm)		检验方法
			普通	高级	
1	翘曲	框	3	2	将框、扇平放在检查平台上，用塞尺检查
		扇	2	2	
2	对角线长度差	框、扇	3	2	用钢尺检查、框量裁口里角，扇量外角

续表

项次	项目	构件名称	允许偏差(mm)		检验方法
			普通	高级	
3	表面平整度	扇	2	2	用1m靠尺和塞尺检查
4	高度、宽度	框	0; -2	0; -1	用钢尺检查,框量裁口里角,扇量外角
		扇	+2;0	+1;0	
5	裁口、线条结合处高低差	框、扇	1	0.5	用钢直尺和塞尺检查
6	相邻棂子两端间距	扇	2	1	用钢直尺检查

钢门窗安装的留缝限值、允许偏差和检验方法　表4-3

项次	项目		留缝限值(mm)	允许偏差(mm)	检验方法
1	门窗槽口宽度、高度	≤1500mm	—	2.5	用钢尺检查
		>1500mm	—	3.5	
2	门窗槽口对角线长度差	≤2000mm	—	5	用钢尺检查
		>2000mm	—	6	
3	门窗框的正、侧面垂直度		—	3	用1m垂直检测尺检查
4	门窗横框的水平度		—	3	用1m水平尺和塞尺检查
5	门窗横框标高		—	5	用钢尺检查
6	门窗竖向偏离中心		—	4	用钢尺检查
7	双层门窗内外框间距		—	5	用钢尺检查
8	门窗框、扇配合间隙		≤2	—	用塞尺检查
9	无下框时门扇与地面间留缝		4~8	—	用塞尺检查

铝合金门窗安装的允许偏差和检验方法　　表 4-4

项次	项　　目		允许偏差(mm)	检　验　方　法
1	门窗槽口宽度、高度	≤1500mm	1.5	用钢尺检查
		>1500mm	2	
2	门窗槽口对角线长度差	≤2000mm	3	用钢尺检查
		>2000mm	4	
3	门窗框的正、侧面垂直度		2.5	用垂直检测尺检查
4	门窗横框的水平度		2	用 1m 水平尺和塞尺检查
5	门窗横框标高		5	用钢尺检查
6	门窗竖向偏离中心		5	用钢尺检查
7	双层门窗内外框间距		4	用钢尺检查
8	推拉门窗扇与框搭接量		1.5	用钢直尺检查

门窗小五金的安装,应符合下列规定:

(1)门窗小五金安装应齐全,位置适宜和牢固可靠。

(2)合页距门窗上、下端宜取立挺高度的 1/10,并应避开上、下冒头。安装后转动要灵活。

(3)小五金均应用木螺钉固定,不得用钉子代替。螺钉要垂直拧入,允许用锤打入深度的 1/3,拧入 2/3,严禁全部打入,确保小五金的牢固程度。如遇硬木时,应先钻 2/3 深的孔,孔径为螺钉直径的 0.9 倍,然后拧入螺钉。

(4)不宜在中冒头与立挺的结合处安装门锁,避免伤榫而影响门扇的强度。门窗拉手应位于门窗扇的中点以下,窗拉手距地面的距离以 1500 ~ 1600mm 为宜,门拉手以距地 900 ~ 1050mm 为宜。

4.2 地面与楼面工程

楼(地)面一般由基层、垫层和面层组成。

基层是楼(地)面的基础,它要承受由垫层传来的全部荷载,故应具备足够强度和刚度,以免引起楼(地)面变形裂缝。地面基层多用素土夯实或加入碎砖的土夯实,楼面基层多是现制或预制钢筋混凝土楼板。

垫层是在基层之上面层之下的中间构造层,其作用是将面层传来的各种荷载均匀地传至基层上去。楼面的垫层还有找坡和隔音保温作用,松散的垫层上要做水泥砂浆找平层,以便于面层的施工。

面层是楼(地)面的最上层,楼(地)面的名称通常是以面层所用材料来命名的。如水泥砂浆楼(地)面和水磨石楼(地)面等。面层要直接承受物理的和化学的作用,所以,必须具备足够的强度和刚度,使面层有一定的弹性和耐磨性能。

地面和楼面插入施工的条件:一般在沟槽或暗管上面的楼(地)面,应在管道工程完成并经验收合格后进行,避免返工。一般的楼(地)面工程施工。应在楼(地)面上一楼层的其他湿作业完成后进行。以免损坏楼(地)面。

4.2.1 地面基层的施工

地面基层的夯实质量是关系地面是否产生下沉和裂缝的关键。基土要均匀、密实,应从土的选择和夯实两方面予以保证。

基土应以未被扰动的坚土为宜,如为填土应按规定予以夯实。遇到淤泥、淤泥质土、杂填土或冲填土等软质土,应按规定更换或加固。淤泥、腐植土、冻土、耕植土、膨胀土及有机物含量大于8%的土，均不得用作地面下的填土。

基土的夯实，可采用机械或人工进行。夯实用土块的粒径不应超过50mm，分层夯实的虚铺厚度与夯实方法有关，机夯时不超过300mm；人工夯则不超过200mm。夯实土的干密度应符合规定。

4.2.2 垫层的施工

常用的垫层有灰土、三合土、炉渣和混凝土垫层。

1. 灰土垫层

地面灰土垫层用于不受地下水浸入的基土层上，厚度不小于100mm，由消石灰和黏性土配合经夯实而成。

石灰应提前3～4d进行消解粉化、过筛，其粒径应小于5mm，以便与土均匀混合。应选择黏土、粉质黏土、粉土，不得含有机杂质，粒径不大于15mm，必须过筛。石灰与土的配比应准确，拌合均匀，含水率适宜。

灰土应分层铺设夯实，虚铺厚度150～250mm，夯至100～150mm。夯实表面要平整，薄厚一致。

2. 三合土垫层

三合土由石灰和少量黏土、碎料（碎砖、矿渣、碎石或卵石）、砂构成。碎料应具有足够强度，一般不宜低于$5N/mm^2$，其粒径不超过60mm且不大于垫层厚的2/3。砂中不应含有机物。

三合土施工可用干铺或湿铺法。干铺法是先铺设碎料，其厚度不小于100mm，然后将其拍实拍平，再洒水润湿，最后灌1:2～1:4的石灰砂浆并进行夯实，湿铺法是按照规定的配合比，分层铺设每层厚不小于100mm，经夯实的厚度为虚铺厚度的2/3。

3. 炉渣垫层

炉渣垫层多用水泥炉渣或水泥石灰炉渣制作。其铺设厚不应小于80mm。垫层的质量关键是密实度、抗裂和强度问题。炉渣垫层容易出现的毛病是开裂和起鼓。所以,应注意选料和施工的质量。

炉渣用前应用水(或石灰水)闷透,闷渣时间不得少于5d,以促使炉渣内的活性成分进行水化反应。完成其反应过程中的体积变化,防止炉渣垫层裂缝。最好使用经过雨季的陈渣,避免用新渣。炉渣应过筛最大粒径不超过40mm且不大于垫层厚的1/2,小于5mm的细粒不得多于总体积的40%。否则,细粒过多容易裂缝或抗压强度不足。但细粒过少则会耗费过多石灰或水泥。炉渣内不应含有机杂质或未燃尽的煤块。

炉渣铺设时应拌合均匀,严格控制加水量,以防表面呈现泌水现象。炉渣垫层施工时,应保持基层的洁净和湿润,最好刷水泥浆结合层一道,埋设在垫层内的电线暗管应用细石混凝土加以固定,防止因铁管反弹引起垫层裂缝。垫层厚超过120mm时,应分层铺设、拍实、压平,经压实后的厚度不应大于虚铺厚的3/4。特别要重视炉渣垫层的养护,养护期内不得振动或冲击。

4. 混凝土垫层

通常混凝土垫层厚度不小于60mm,其强度等级不低于C10。该垫层施工的中心问题是密实、平整和无裂缝。因此,除所用原材料应符合基本要求外,还应选择合理的工艺,当大面积垫层施工时应分区段(分区)进行浇筑,其分区宽度一般为3~4m,分区格宜划在变形缝或不同材料的地面的连接处。分区浇筑的优点是可以减少垫层混凝土的收缩变形。垫层的基层应预先润湿并清扫干净,保证两层之间的良好结合。浇筑完毕应认真加以养护。

4.2.3 楼(地)面找平层的施工

楼(地)面常采用水泥砂浆混凝土或沥青砂浆找平层。找平层的刚度、强度和平整度对面层的施工质量有一定的影响。找平层所用水泥砂浆的配合比宜用1:3。

找平层要与垫层牢固结合,其表面应平整毛糙,以利于同面层的结合,找平层应密实不得产生裂缝。因此,找平层下面的垫层应凿毛、湿润,并应涂刷素水泥浆一道做结合层。混凝土找平层的强度应符合设计要求,强度等级不应小于C15。沥青砂浆找平层则应涂刷冷底子油一道做结合层。找平层应分遍压实,并进行充分养护。

基层的标高、坡度、厚度等应符合设计要求。基层表面应平整,其允许偏差应符合表4-5的规定。

基层表面的允许偏差和检验方法(mm)　　表4-5

项次	项目	允许偏差												检验方法
		基土	垫层					找平层			填充层		隔离层	
		土	砂、砂石、碎石、碎砖	灰土、三合土、炉渣、水泥混凝土	木搁栅	毛地板：拼花实木地板、拼花实木复合地板面层	毛地板：其他种类面层	用沥青玛琋脂做结合层铺设拼花木板、板块面层	用水泥砂浆做结合层铺设板块面层	用胶粘剂做结合层铺设拼花木板、塑料板、强化复合地板、竹地板面层	松散材料	板、块材料	防水、防潮、防油渗	
1	表面平整度	15	15	10	3	3	5	3	5	2	7	5	3	用2m靠尺和楔形塞尺检查
2	标高	0 −50	±20	±10	±5	±5	±8	±5	±8	±4	±4		±4	用水准仪检查

续表

项次	项目	允许偏差												检验方法
		基土	垫层					找平层			填充层		隔离层	
						毛地板								
		土	砂、砂石、碎石、碎砖	灰土、三合土、炉渣、水泥混凝土	木搁栅	拼花实木地板、拼花实木复合地板面层	其他种类面层	用沥青玛琋脂做结合层铺设拼花木板、板块面层	用水泥砂浆做结合层铺设板块面层	用胶粘剂做结合层铺设拼花木板、塑料板、强化复合地板、竹地板面层	松散材料	板、块材料	防水、防潮、防油渗	
3	坡高	不大于房间相应尺寸的2/1000,且不大于30												用坡度尺检查
4	厚度	在个别地方不大于设计厚度的1/10												用钢尺检查

4.2.4 各种面层的施工

1. 水泥砂浆面层

水泥砂浆面层是应用最广的一种。该面层的施工质量应从材料和抹面操作两方面加以控制。水泥砂浆应采用不低于32.5号的普通硅酸盐水泥,宜选用中砂或粗砂,并应严格控制砂的含泥量。用砂不能过细,以免浪费水泥和产生裂缝。水泥砂浆的配合比不宜低于1:2(其强度不低于M15),正确选择灰砂的比例是保证地面强度和耐磨的基础。此外,砂浆的拌合均匀性和稠度是地面强度和密实度的重要影响因素。稠度不宜大于3.5cm。

水泥砂浆应随铺随拍实,在砂浆初凝前完成刮杠、抹平,在砂浆终凝前完成压光。砂浆面层的赶压质量与砂浆的干湿程度、间隔时间、压实遍数和压力大小有关。一般应抹压三遍，然后进行养护(以湿锯末为佳)，一般要养护7d以上，不得过早上人，以免引起面层损伤造成跑砂现象。

水泥砂浆面层容易出现的缺陷(俗称通病)是起鼓、裂缝和跑砂。

2. 水磨石面层

水磨石面层的质量除取决于原材料质量以外，还主要与基层或找平层的处理、标高控制、粉渣石浆的拍压、养护和磨光等各工序的施工质量有关。

水磨石面层所用水泥取决于水磨石的等级和色彩，美术水磨石应选用白色水泥，普通磨石则选用不低于32.5级的普通硅酸盐水泥或矿渣硅酸盐水泥，水泥的质量是保证面层强度的关键因素。磨石宜选用质坚的石粒如白云石、大理石渣等，其粒级为6～15mm。石渣必须经过清洗，保持清洁并不得有杂物。以使磨石面层色泽美观清晰。美术磨石用的颜料应选用耐碱耐光的矿物颜料，以免逐渐褪色影响外观。渣石浆的配合比通常为1:1.5或1:2.5。

水磨石的找平层经过处理后，进行找平、弹线和稳分格条。分格条应镶贴牢固平直，稳条素水泥浆的高度如图4-1所示。找平层涂刷素水泥浆结合层后，宜随铺石渣浆，要反复拍平滚压密实，石粒应翻身大面朝外。随后进行养护等待磨石。

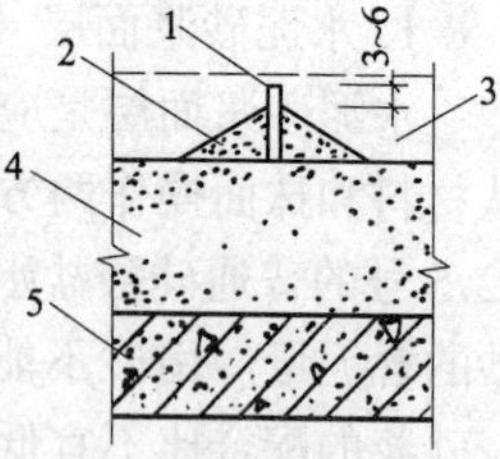

图4-1　稳分格条示意图

1—分格条；2—素水泥浆；3—待铺石渣浆层；4—砂浆找平层；5—混凝土基层

磨石开始时间与磨石方法有关，一般手工磨时，温度在15～20℃的条件下，养护3d即可开磨，机械磨时则可适当延长养护时间，但养护时间不能过长，以免增加磨石的困难和电能的消耗。磨石一般三遍成活，头遍粗磨用60~80号金刚石，以磨出分格条和露出石渣为限，大面磨平。经过清理上浆弥补砂眼，经2d养护后磨第二遍，采用100~150号金刚石进行细磨。再经上浆和养护后，用180~200号细金刚石细磨至石渣完全清晰外露为止。清洗后上草酸并用180~240号细磨石或油石磨光，用清水洗净后经干燥上蜡抛光。磨石完活后，应禁止上人，宜封闭房间等待完工。

整体面层的允许偏差应符合表4-6的规定。

整体面层的允许偏差和检验方法(mm)　　表4-6

项次	项目	允许偏差						检验方法
		水泥混凝土面层	水泥砂浆面层	普通水磨石面层	高级水磨石面层	水泥钢(铁)屑面层	防油渗混凝土和不发火(防爆的)面层	
1	表面平整度	5	4	3	2	1	5	用2m靠尺和楔形塞尺检查
2	踢脚线上口平直	4	4	3	3	4	4	拉5m线和用钢尺检查
3	缝格平直	3	3	3	2	3	3	

3. 板块面层

板块面层做法是采用水泥砂浆10~15mm或沥青玛琋脂2~5mm做结合层，表面铺贴板块如陶瓷锦砖、缸砖、预制水磨石和大理石板等，构成块材面层。板块面层的施工质量总要求是粘贴牢固、大面平整和接缝平直。其质量应从选材和铺贴操作两方面共同保证。

(1)板块材料选用

板块应按其颜色和花纹分类存放，有裂缝、掉角和表面有缺陷的板块应予剔出，标号和品种不同的板块不得混杂使用。预制板块的几何尺寸包括长、宽和厚，板块平整度和外观三个方面的要求，应符合规范规定，如表 4-7 所示。

预制板块质量要求　　　　表 4-7

种　类	允　许　偏　差　(mm)			外　观　要　求
	长(宽)度	厚　度	平整度(用直尺检查的空隙)	
大理石	+0	±1	±0.5	大理石表面光洁明亮，无刀痕旋纹，方正
水磨石	-1			水磨石表面石子均匀，颜色一致。无旋纹气孔
水　泥花　砖	±1	±1	±0.5	表面光滑，图案花纹正确，颜色一致
混凝土板　块	±2.5	±2.5	±1	表面密实，无麻面、裂纹脱皮

(2)板块面层的施工

板块铺设前，均应浸水润湿，待其表面无明水后方可铺贴，以利于和砂浆结合层的粘结。小型板块应进行尺寸分档，同一尺寸的贴在一个独立区域，以便对缝。大理石应按图案和纹理进行试拼并编号备用。

板块铺贴前应对垫层或找平层进行处理，清扫干净后扫素水泥浆一道(必要时加入 108 胶)，找标高并设标墩，挂十字线以控制铺贴标高，以达到大面平整和接缝平直。

板型较大的大理石、水磨石块的铺贴，一般用 1:4 厚 30mm 的干硬砂浆，找平拍实后进行试铺，位置合适后将板块掀起翻松砂浆，随之浇水泥浆正式铺贴，严格对缝拍实并找平，尤应注意四角的接缝平整与密实。

板块之间的接缝应按设计要求掌握，无具体规定者，大理石面层接缝宽应不大于1mm。水磨石和花砖板块接缝不应大于2mm。预制混凝土块接缝则不应大于6mm。铺贴完毕经1～2d用水泥浆或1:1稀水泥砂浆(用细砂)填缝，用干锯末擦净并进行养护。接缝不平时应用磨石机水磨一遍，最后打蜡出光。养护期内2～3d内禁止上人，一周之内禁止走车。

4. 塑料板面层

塑料板面层一般贴在水泥砂浆找平层上，找平层砂浆强度约M7.5～M10，其平整度用2m直尺检查空隙不应超过2mm，找平层应坚实无裂缝或空鼓起砂，其含水率应为6%～8%。表面不得有油污和杂物，以保证塑料板块能与找平层严密结合。

(1)塑料板块和粘结材料使用

塑料板块常用聚氯乙烯或石棉塑料板块，板面应平整、光滑、无裂纹、色泽均匀、厚薄一致和边缘平直，板块内不允许有杂物或气泡。贮存时应保持环境干燥，其温度不超过32℃，以防止板块变形。

粘结剂应根据基层材料和面层材料经过粘贴试验选定。一般应和塑料板块类型相同。粘结剂出厂3个月后应取样试验，合格后方准继续使用。

(2)塑料板块的铺贴

铺贴板块前应在基层上弹线、分格和定位(图4-2)，距墙根200～300mm留做镶边之用。定位方法有对角定位和直角定位两种。按设计要求定。

铺贴前还应对塑料板进行处理，软质聚氯乙烯板宜放入75℃左右的热水中浸泡10～20min至板面全部软化伸平后取出晾干待用，但不得用炉火或电热炉预热。半硬质聚氯乙烯板一般用丙酮和汽油混合溶液(丙酮:汽油宜取 1:8)进行脱脂除蜡。

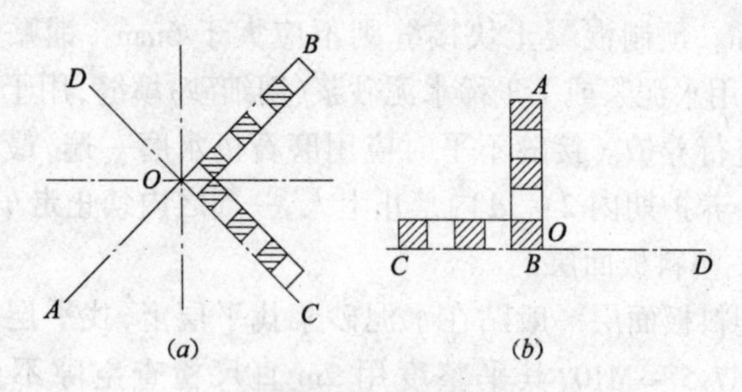

图 4-2　塑料板块铺贴定位方法

(a)对角定位法;(b)直角定位法

塑料板面层铺贴前先进行试辅和编号。开始铺贴时,应在清理干净的基层表面涂刷一层薄而匀的底子胶,待其干燥后即按所弹的定位线由中央向四面铺贴。

底子胶的调制,非水溶性的胶粘剂按其重量的 10% 兑入 90 号汽油,再加入 10% 的醋酸乙酯,经搅拌均匀即可使用。涂胶时应超出分格线约 10mm,涂刷厚度控制在 1mm 以内。塑料板面亦应均匀涂刮胶粘剂,待胶层干燥不粘手(约 10 ~ 20min)即可铺贴,并应一次就位准确并粘结密实。

软质塑料板粘贴后,如需焊接缝隙,一般可在铺贴 48h 后用热空气进行焊接,空气压力控制在 0.08 ~ 0.1N/mm^2,温度控制在 180 ~ 250℃。

塑料板面层铺贴表面应平整、光滑、无皱纹并不得翘边和鼓泡,其色泽要一致、接缝严密、四边顺直,脱胶处不得大于 2000mm^2,其相隔间距不得小于 500mm,踢脚板上口应平直,拉 5m 线检查允许偏差为 ± 3mm。

板、块面层的允许偏差应符合表 4-8 的规定。

板、块面层的允许偏差和检验方法(mm)　　表 4-8

项次	项目	允许偏差											检验方法
		陶瓷锦砖面层、高级水磨石板、陶瓷地砖面层	缸砖面层	水泥花砖面层	水磨石板块面层	大理石面层和花岗石面层	塑料板面层	水泥混凝土板块面层	碎拼大理石、碎拼花岗石面层	活动地板面层	条石面层	块石面层	
1	表面平整度	2.0	4.0	3.0	3.0	1.0	2.0	4.0	3.0	2.0	10.0	10.0	用 2m 靠尺和楔形塞尺检查
2	缝格平直	3.0	3.0	3.0	3.0	2.0	3.0	3.0	—	2.5	8.0	8.0	拉 5m 线和用钢尺检查
3	接缝高低差	0.5	1.5	0.5	1.0	0.5	0.5	1.5	—	0.4	2.0	—	用钢尺和楔形塞尺检查
4	踢脚线上口平直	3.0	4.0	—	4.0	1.0	2.0	4.0	1.0	—	—	—	拉 5m 线和用钢尺检查
5	板块间隙宽度	2.0	2.0	2.0	2.0	1.0	—	6.0	—	0.3	5.0	—	用钢尺检查

4.3　吊顶、隔墙的安装

本节主要介绍近几年来在采用以轻钢龙骨为墙体和顶棚骨架、以石膏板为墙体材料，用各种新型罩面板材作装饰板、吸声板的一些做法。

4.3.1 吊顶

对一些隔声要求高或装饰要求高的楼板或屋顶下部空间常作吊顶。吊顶主要由吊筋(吊杆、吊头等)、龙骨(格栅)和板材(板条)三部分组成。

对于现浇钢筋混凝土楼板、预制楼板,一般在混凝土中预埋 φ6 钢筋或 8 号镀锌钢丝作为吊筋;坡屋顶是用长杆螺栓或 8 号镀锌钢丝吊在屋架下弦作为吊筋。吊筋中距约 1.2～1.5m 左右。

吊顶龙骨有木质、型钢和铝合金。吊顶龙骨允许偏差应符合表 4-9 的规定。

吊顶龙骨的允许偏差　　表 4-9

项次	项类	项目	允许偏差(mm)	检验方法
1	龙骨	龙骨间距	2	尺量
2		龙骨平直	3	尺量
3		起拱高度	±10	拉线、尺量
4		骨架四周水平	±5	尺量或水平仪检查

板材面层有木质罩面板,如木丝板、刨花板、胶合板、纤维板等,但已逐渐被新型的罩面板材、纸质吸声板、石膏板、贴塑矿棉板、钙塑板所代替。

石膏装饰板是一种新型顶棚装饰板材。具有轻质、高强、不变形、防火、阻燃、可调节室内湿度等特点,并有施工方便,可锯、可钉、可刨、可粘贴等优点。

1. 轻钢龙骨吊顶

型钢龙骨多用于铝合金吊顶和轻钢龙骨吊顶,其断面形状有 U 形、T 形和[形等数种。每根型钢长 2～3m,在现场用拼接件拼装,接头应相互错开。U 形龙骨吊顶安装示意图见图 4-3。

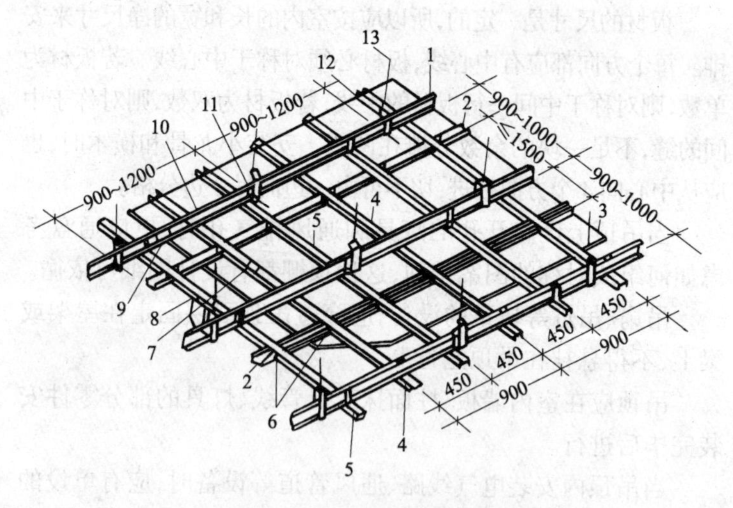

图 4-3　U 形龙骨吊顶示意图

1—BD 大龙骨；2—UZ 横撑龙骨；3—吊板；4—UZ 龙骨；
5—UX 龙骨；6—UZ_3 支托连接；7—UX_2 连接件；
8—UX_2 连接件；9—BD_2 连接件；10—UZ_1 吊挂；
11—UX_1 吊挂；12—BD_1 吊件；13—吊杆 $\phi8\sim\phi10$

在吊顶龙骨安装之前，要在墙上四周弹出水平线，作为吊顶安装的标志；对于较大的房间，吊顶应起拱，起拱度一般为长度的 3% ~ 5%；吊顶龙骨的安装顺序是，先安装大龙骨，后安装小龙骨，再安装横木。

各种板材均用钉子或胶粘剂固定在小龙骨与横木组成的方格上。板与板之间应留 5 ~ 10mm 的空隙以调整位置。木丝板和刨花板等应该用 25 ~ 30mm 宽的压条压缝，并刷浅色油漆。边缘整齐的板材也可不用压条，明缝安装。

如用"⊥"形轻钢骨架，则板材可直接安放在骨架翼缘组成的方格内，"⊥"形的翼缘外露，板材不用固定，且可安放各种松散隔声板材料在板上。

板材的尺寸是一定的，所以应按室内的长和宽的净尺寸来安排。每个方向都应有中心线，板材必须对称于中心线。若板材为单数，则对称于中间一行板材的中线；若板材为双数，则对称于中间的缝，不足一块的余数分摊在两边。安装小龙骨和横木时，也应从中心向4个方向推进，切不可由一边向另一边分格。

当吊顶上设有开孔的灯具和通风排气孔时，更应通盘考虑如何组成对称的图案排列，这种顶棚都有设计图纸可依循。

吊扇、吊灯等较重的设备，应穿过吊顶面层固定在屋架或梁上，不得悬挂在吊顶龙骨上。

吊顶应在室内墙板、柱面抹灰及管线、灯具的部分零件安装完毕后进行。

当吊顶内安装电气线路、通风管道等设备时，应有单设的工作道，并有栏杆等保护措施，不得在吊顶小龙骨上行走。

2. 铝合金吊顶

铝合金吊顶材料由龙骨、T形骨、铝角条、吊杆和饰面板等组成。其吊顶安装工艺为：弹线→打钉→挂铅线→钉铝角→布设→找水平→铺板。在安装前，先检验平顶吊杆的位置和水平度，可采用能伸缩的吊杆，以便调整龙骨的高度和水平度，于墙体四周弹水平线，然后在混凝土顶棚和梁底按设计沿龙骨走向每隔900～1200mm用射钉枪射一枚带孔的50mm钢钉，通过18号钢丝将钢钉与龙骨系住（或打入膨胀螺栓，通过连接件与吊杆连接），用25mm的钢钉，以500～600mm间距把铝角钉牢于四周墙面，用尼龙线在房间四周拉十字中心线，按吊顶水平位置和天花板规格纵横布设，组成铝质吊顶格栅托层。安装吊顶龙骨应先安装主龙骨，临时固定，经水平度校核无误后，再安装分格的次龙骨。铺设吊顶板材（或罩面板）的方式有两种：一种是搁置式，如图4-4所示。它用于跨度小的走道平顶,直接在龙骨架上搁置饰面板即可。另一种是锚固式,如图 4-5 所示,它将铝合金条板或板材(纸面石膏板等)按设计要求用射钉或自攻螺钉锚固于龙骨架上即可。铝合金吊顶龙骨必须绑扎牢固,并应互相交错拉牵,加强吊顶的稳定性。吊顶的水平面拱度要均匀、平整,不能有起伏现象。T 形龙骨纵横都要平直,四周铝角应水平。

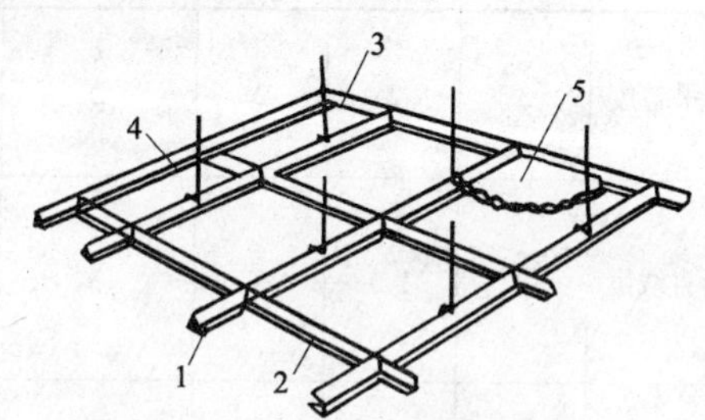

图 4-4　铝合金吊顶(搁置式)

1—大 T 形龙骨;2—小 T 形龙骨;
3—角条;4—吊件;5—饰面板

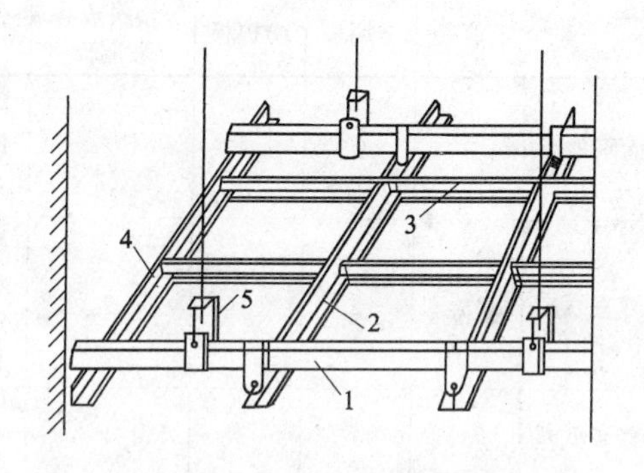

图 4-5　铝合金吊顶(锚固式)

1—主龙骨;2—大 T 形龙骨;
3—小 T 形龙骨;4—角条;5—大吊挂件

暗龙骨明龙骨吊顶工程安装的允许偏差和检验方法应符合表 4-10、表 4-11 的规定。

暗龙骨吊顶工程安装的允许偏差和检验方法　表 4-10

项次	项目	允许偏差(mm)				检验方法
		纸面石膏板	金属板	矿棉板	木板、塑料板、格栅	
1	表面平整度	3	2	2	2	用 2m 靠尺和塞尺检查
2	接缝直线度	3	1.5	3	3	拉 5m 线，不足 5m 拉通线，用钢直尺检查
3	接缝高低差	1	1	1.5	1	用钢直尺和塞尺检查

明龙骨吊顶工程安装的允许偏差和检验方法　表 4-11

项次	项目	允许偏差 (mm)				检验方法
		石膏板	金属板	矿棉板	塑料板、玻璃板	
1	表面平整度	3	2	3	2	用 2m 靠尺和塞尺检查
2	接缝直线度	3	2	3	3	拉 5m 线，不足 5m 拉通线，用钢直尺检查
3	接缝高低差	1	1	2	1	用钢直尺和塞尺检查

4.3.2 石膏板隔墙

用于隔墙的石膏板有纸面石膏板、防水纸面石膏板、纤维石膏板、石膏空心条板等。

石膏板隔墙的安装方法:是先装墙面龙骨,再将石膏板用钉固定(或用自攻螺钉固定、压条固定、粘贴固定)在龙骨上,如图 4-6 所示。

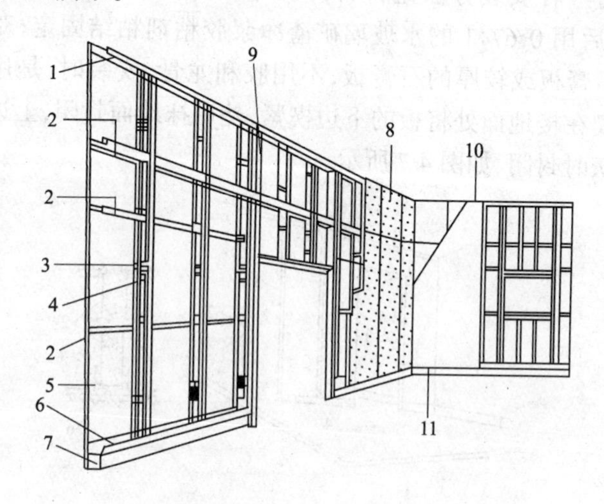

图 4-6 隔墙轻钢龙骨安装示意图

1—沿顶龙骨;2—横撑龙骨;3—支撑;4—贯通孔;
5—石膏板;6—沿地龙骨;7—混凝土踢脚座;
8—石膏板;9—加强龙骨;10—塑料壁纸;11—踢脚板

1. 墙面轻钢龙骨的安装

在沿地、沿顶龙骨与地、顶面接触处,先要铺填橡胶条或沥青泡沫塑料条,再按规定间距用射钉(或电锤打眼固定膨胀螺栓)按中距 0.6 ~ 1m,将沿地、沿顶龙骨固定于地面和顶面。然后将预先切截好长度的竖向龙骨,推向横向沿顶、沿地龙骨内,翼缘朝向拟安装的板材方向。竖向龙骨上下方向不能颠倒,现场切割时,只能从上端切断。接长竖向龙骨,可用 U 形龙骨套在 C 形龙骨的接缝处,用拉铆钉或自攻螺钉固定。

2. 墙面板材的安装

安装板材时，要把板材贴在龙骨上用手电钻同时把板材与龙骨一起打孔，再拧上自攻螺丝。

另一种安装方法是将石膏板与石膏龙骨预装成盒状墙板，而后用 0.67∶1 的水玻璃矿渣净浆胶粘剂粘结固定；对于空心石膏板或较厚的石膏板，不用胶和龙骨，安装时，是用一对木楔在楼地面处将板的下边楔紧，然后抹地面封闭，上边则靠抹灰时封闭，如图 4-7 所示。

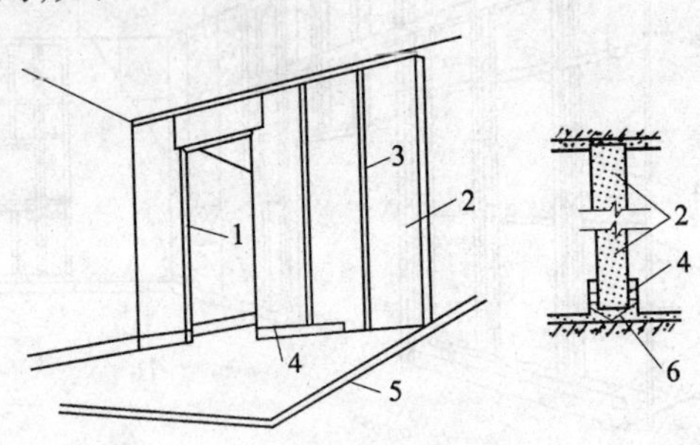

图 4-7 石膏板隔墙安装方法
1—门洞；2—石膏板；3—竖缝；
4—踢脚线；5—楼板；6—木楔

石膏板之间的接缝分为留明缝和无明缝两种做法。明缝做法适用于公共建筑等大房间，无明缝做法适用于一般居室。多数工程采用无明缝的做法见图 4-8(*a*)。无明缝的做法首先要求石膏板有倒角，在两块石膏板拼缝处用羧甲基纤维素等调配的石膏腻子嵌平，然后贴上 50mm 宽的穿孔纸带，再用上述石膏腻子与墙面刮平。阴阳角拼缝也是同样做法。这种做法板缝处有时出现裂缝。明缝做法是用专门工具和砂浆胶合剂勾成立缝见图 4-8(*b*)。对板缝处易于开裂的问题有遮丑作用，但难以作得挺拔。明缝加嵌压条，装饰效果较好。

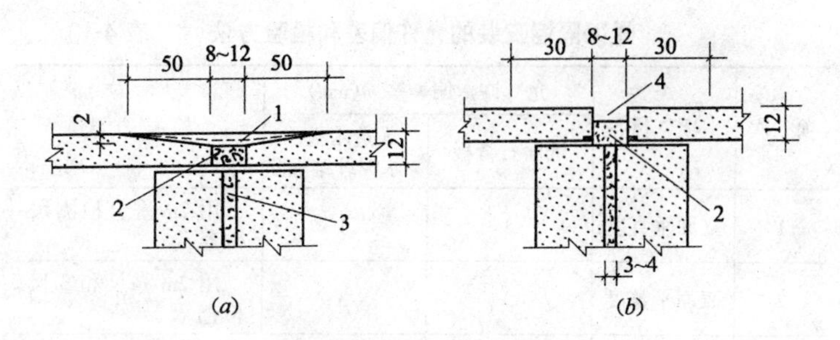

图 4-8　石膏板接缝做法

(a)无明缝做法;(b)留明缝做法

1—穿孔纸带;2—接缝腻子;3—108 胶水泥砂浆;4—明缝做法

石膏板防潮、防水性能较差,可涂刷中和甲基硅醇钠、汽油稀释熟桐油、乳化熟桐油或氯乙烯偏二氯乙烯乳液等作表面处理。

板材隔墙安装的允许偏差和检验方法应符合表 4-12 的规定。

板材隔墙安装的允许偏差和检验方法　　表 4-12

项次	项目	允许偏差(mm)				检验方法
		复合轻质墙板		石膏空心板	钢丝网水泥板	
		金属夹芯板	其他复合板			
1	立面垂直度	2	3	3	3	用 2m 垂直检测尺检查
2	表面平整度	2	3	3	3	用 2m 靠尺和塞尺检查
3	阴阳角方正	3	3	3	4	用直角检测尺检查
4	接缝高低差	1	2	2	3	用钢直尺和塞尺检查

骨架隔墙安装的允许偏差和检验方法应符合表 4-13 的规定。

骨架隔墙安装的允许偏差和检验方法　　表 4-13

项　次	项　目	允许偏差（mm）		检验方法
		纸面石膏板	人造木板、水泥纤维板	
1	立面垂直度	3	4	用 2m 垂直检测尺检查
2	表面平整度	3	3	用 2m 靠尺和塞尺检查
3	阴阳角方正	3	3	用直角检测尺检查
4	接缝直线度	—	3	拉 5m 线，不足 5m 拉通线，用钢直尺检查
5	压条直线度	—	3	拉 5m 线，不足 5m 拉通线，用钢直尺检查
6	接缝高低差	1	1	用钢直尺和塞尺检查

4.4 抹灰工程

4.4.1 抹灰工程的分类及灰层组成

1. 抹灰工程的分类

抹灰工程分为一般抹灰和装饰抹灰两种。

(1)一般抹灰

一般抹灰指石灰砂浆，水泥混合砂浆、水泥砂浆、聚合物水泥砂浆、膨胀珍珠岩水泥砂浆以及麻刀石灰、纸筋石灰和石膏灰等抹灰工程。按建筑物的装饰标准和质量要求，一般抹灰分为普通和高级两级，各种级别抹灰的主要工序如下：

普通抹灰：分层赶平、修整和表面压光；

高级抹灰：阴阳角找方、设置标筋、分层赶平、修整和表面压光。其表面质量比普通抹灰应颜色均匀、无抹纹，分格缝清晰美观。

一般抹灰工程质量的允许偏差和检验方法应符合表 4-14 的规定。

一般抹灰的允许偏差和检验方法　　表 4-14

项次	项目	允许偏差（mm）		检验方法
		普通抹灰	高级抹灰	
1	立面垂直度	4	3	用 2m 垂直检测尺检查
2	表面平整度	4	3	用 2m 靠尺和塞尺检查
3	阴阳角方正	4	3	用直角检测尺检查
4	分格条（缝）直线度	4	3	拉 5m 线，不足 5m 拉通线，用钢直尺检查
5	墙裙、勒脚上口直线度	4	3	拉 5m 线，不足 5m 拉通线，用钢直尺检查

注：1. 普通抹灰，本表第 3 项阴角方正可不检查；
　　2. 顶棚抹灰，本表第 2 项表面平整度可不检查，但应平顺。

(2)装饰抹灰

装饰抹灰指水刷石、水磨石、斩假石、干粘石、假面砖、拉条灰、拉毛灰以及喷砂、喷涂、滚涂、弹涂、仿石和彩色抹灰等工程。

装饰抹灰层的厚度、颜色和图案应符合设计要求。

装饰抹灰工程质量的允许偏差和检验方法应符合表 4-15 的规定。

装饰抹灰的允许偏差和检验方法　　表 4-15

项次	项目	允许偏差（mm）				检验方法
		水刷石	斩假石	干粘石	假面砖	
1	立面垂直度	5	4	5	5	用 2m 垂直检测尺检查
2	表面平整度	3	3	5	4	用 2m 靠尺和塞尺检查
3	阳角方正	3	3	4	4	用直角检测尺检查
4	分格条(缝)直线度	3	3	3	3	拉 5m 线,不足 5m 拉通线,用钢直尺检查
5	墙裙、勒脚上口直线度	3	3	—	—	拉 5m 线,不足 5m 拉通线,用钢直尺检查

2. 抹灰层的组成

抹灰层一般由多层次构成,即底层、中层和面层。各层次根据其所起作用不同,则用料和薄厚不同。施工时,对各层次的涂抹和压实要求也不相同。

底层灰的作用是增强与基层结构的结合,所用砂浆的材料性质应与基层结构的材料相适应,灰层要薄,其厚度约为 5 ~ 7mm,以利于同基层的紧密结合。

中层灰起找平作用,一般灰层较厚约 5 ~ 12mm,具体尺寸应视抹灰层的总厚度决定。

面层灰主要起装饰和光洁作用,灰层厚度一般为 2 ~ 5mm。

3. 抹灰层的砂浆选用

一般抹灰所用的砂浆品种,应根据抹灰基层的种类和抹灰层所处部位和环境决定。一般按设计要求选用,如设计无具体规定时,可按下列规范要求选择砂浆品种:

(1)外墙门窗口的外侧壁、屋檐、勒脚、压檐墙抹灰,因为都有防水要求,故应选用水泥或水泥混合砂浆。

(2)湿度较大的房间、车间等,应选用水泥或水泥混合砂浆。

(3)混凝土板和墙的底层灰,应选用水泥混合砂浆、水泥砂浆或聚合物水泥砂浆。

(4)硅酸盐砌块的底层灰,考虑砂浆与基层砌块的可靠结合,应用水泥混合砂浆。

(5)加气混凝土块或板的底层灰,应选择水泥混合砂浆或聚合物水泥砂浆。

(6)木板条、金属网顶棚或墙面的底灰层与中层灰,应满足与木板条和金属网的挂灰要求,必须选用麻刀石灰砂浆或纸筋石灰砂浆。

4.4.2 一般抹灰工程施工

1. 抹灰基层的处理

抹灰前,必须对不同材料的基层进行处理,以保证抹灰层与基层的牢固结合。要求基层表面洁净、湿润和粗糙。但处理方法则因基层构成材料的不同而异。砖墙面容易吸水且表面粗糙,重点是浇水润透墙面,防止因吸水过快影响抹灰层的硬化,同时清除未刮净的干涸砂浆,以便于抹灰操作和压实。混凝土基层则表面光滑不容易吸水,预制构件表面油污较多,因此,处理的重点是划毛和清除油污,洒水不宜过多,以免抹灰时砂浆坠滑。对于两种不同材料的基层结合部,应加钉金属网,防止温度变形不同而裂缝。木板条应用水浇透,以免木板条吸水过快引起灰层裂缝。

2. 基层表面的检查和准备

抹灰前应检查墙面的平整度和垂直度,以确定抹灰层的总厚度。检查墙面平整度时,应注意门口部位与大墙面的一致。然后挂线抹出标志和标筋,作为墙面刮平的依据。

检查门窗洞口的垂直和水平度,抹水泥砂浆护角(一般用1:2水泥砂浆),洞口护角宽度每边不小于50mm,同时做出水泥窗台和踢脚板,以便控制墙面的平整度。

做高级地面的房间,应进行房间找平,保证地面铺设时方正不出斜角。

3. 抹灰操作的要求和注意事项

抹灰层采取分层涂抹多遍成活,每层抹灰不宜过厚以防坠裂。底层灰应用力压入基层结构面层的空隙之内,应粘结牢固。中层则要着力搓平压实,排除砂浆内的空气,应达到密实平整和粗糙。面层则依灰浆种类与不同情况进行压实、压平和压光。抹灰层的质量除达到平整、阴阳角垂直方正外,关键是各层灰之间的抹压时间和软硬程度的控制,以及搓平、压实程度的掌握。还应注意不同胶凝材料硬化特点,确定不同砂浆的层次和迭压关系。水泥砂浆不得做在石灰砂浆上面,以免灰层脱落。

4.4.3 装饰抹灰施工

常见的装饰抹灰层中,水刷石和斩假石除表面处理手段不同外,其他做法是相同的,而喷涂、滚涂以及刷涂和弹涂做法,除砂浆和灰浆有所不同外,其他如底层、中层做法等均相类似。故基本相同的做法统一加以阐述。

1. 水刷石、斩假石施工

水刷石、斩假石应作在已硬化、粗糙而平整的中层砂浆面层上,并预先洒水润湿,以确保面层同中层的良好结合。

(1)材料选择

水泥应按设计要求的颜色选用普通硅酸盐水泥或白色水泥,也可用火山灰质硅酸盐水泥和矿渣硅酸盐水泥。

石粒常用黑白石粒和由大理石加工的彩色石粒。其规格常用大八厘、中八厘、小八厘和米粒石。石粒应清洁、棱角尖锐,不得含有风化石粒。彩色石粒的规格和品种见表4-16。

颜料应选用耐光耐碱的颜料,以免褪色。

水泥、石粒和颜料的配比,应按设计要求做样板最后决定比例。宜分部位统一配料,力争饰面层颜色一致。

彩色石粒规格和品种　　表4-16

规格	粒径 (mm)	常用品种
大二分	20	东北红,盖平红,南京红,东北绿,丹东绿,粉黄绿,云彩绿,玉泉灰,白云石,红玉花,奶油白,竹根霞,松香石,黄花玉,雪浪墨玉,旺青,晚霞
一分半	15	
大八厘	8	
中八厘	6	
小八厘	4	
米粒石	0.3~1.2	

(2)分格弹线、稳分格条

饰面层有分格要求时,应按设计图要求放大样确定分格的精确尺寸,然后在中层砂浆表面弹出粉线,并按线粘贴分格条,分格条应保持横平竖直,大面平整和交角严密。分格条在面层完工后适时取出。

装饰面层的施工缝应留在分格缝、墙面阴角、水落管背后或利用结构的垛、檐线的自然分割边缘处。

(3)面层的施工

首先在中层灰表面涂刷素水泥浆结合层,其水灰比宜为0.37~0.4,以增强与面层的粘结能力。随后粉石渣浆,并进行分遍拍实赶平,石渣应分布均匀、紧密。凝结前用清水自上而下洗石子至石渣外露。

刷石处理应掌握冲刷的时间，过早易冲掉石渣，过迟则冲刷不净。冲刷的程度要控制适当，一般石渣外露1/3为宜，冲刷过深石渣粘结不牢易脱粒，冲刷过浅则石渣面不清晰、明快。尤应注意棱角的完整与方正。验收时，要求水刷石面层石粒清晰、分布均匀、紧密平整和色泽一致，不得有掉粒和接槎痕迹。

斩假石的面层处理，应在石渣浆层具备一定强度后开始斧剁。正式斩剁前应经试剁，以石渣不脱落为准。斧剁程度适宜，用力过大容易使面层松动，用力过小则质感不强，灰色浆壳残存较多，面层灰暗。剁的时间过早则墙面容易剁花，过晚则斩垛困难。墙角、柱棱处应留出镜边不剁。斩假石验收要求剁纹均匀、顺直、深浅一致，棱角不得损坏。

2. 干粘石施工

中层砂浆表面应用水润湿，并刷素水泥浆一道，其水灰比为0.4~0.5。随即涂抹水泥砂浆粘结层，厚度一般为4~6mm，砂浆稠度应不大于80mm。为增加粘结层的黏度，在砂浆中可掺入外加剂及少量石灰膏。

甩粘石粒应紧随粘结层的抹涂之后进行。石粒粒径约为4~6mm。石粒粘结在粘结层上后，应立即用抹子或滚子压平压实，石粒嵌入砂浆的深度不小于粒径的1/2。在粘结层硬化期间，应保持湿润，使其正常硬化。

干粘石面层验收，要求石粒粘结牢固、分布均匀、颜色一致，不漏粘、不露浆、阳角处不得有明显黑边。

3. 喷涂、滚涂和弹涂施工

喷涂、滚涂施工机械化程度较高，工期短造价低，适用于外装饰工程。

喷涂是利用压缩空气通过喷涂机具，将聚合水泥砂浆喷射到底层灰上。底灰为水泥砂浆厚12mm。聚合水泥砂浆(掺108胶或白乳胶)厚3~4mm,一般喷三遍成活。表面干燥后喷甲基硅醇钠憎水剂,以减少挂灰和污染,提高饰面层的耐久性。

滚涂可用人工或机械将聚合物砂浆涂在水泥砂浆底层上,再用专用滚子轧出花纹,在其表面喷涂甲基硅醇钠憎水剂,提高面层防水和防污染性能。滚涂操作分为干滚与湿滚两种,干滚不沾水滚花较大,湿滚沾水滚花较小。

弹涂利用专门工具弹涂器(图4-9)将水泥色浆弹射到底灰层上,多用于外墙饰面。

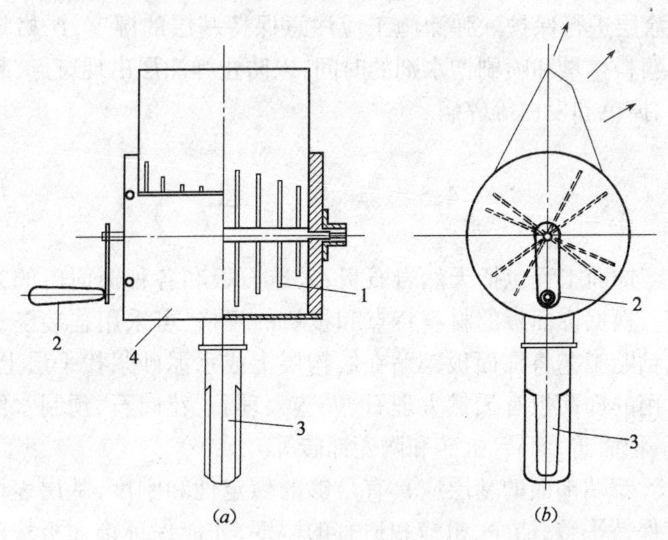

图4-9 弹涂器示意图

(a)正视图;(b)侧视图

1—弹棒;2—摇把;3—把手;4—浆筒

彩色弹涂所用的色浆由粉料和粘结剂等调合而成。目前所用的料浆有两种,一种是以普通硅酸盐水泥或白水泥为主,用聚乙烯醇缩甲醛(108胶)做胶粘剂,掺入少量颜色调成水泥色浆,这种色浆适用在混凝土和砂浆基层上。另一种以甲基硅树脂或缩丁醛材料为胶粘剂,以其他非水硬性粉料做填充料和增白剂,再加入少量颜料调制而成。

弹涂前,墙体表面应刷聚合物水泥色浆一道,然后用弹涂器分几遍将不同色彩的聚合物水泥浆弹在已涂刷的涂层上,形成3~5mm大小的扁圆形花点,再喷罩甲基硅树脂或聚乙烯醇缩丁醛酒精溶液。花点必须分布均匀,否则会出现颜色深浅不匀的现象。弹涂表面喷涂甲基硅树脂或聚乙烯醇缩丁醛对涂层进行保护。弹涂施工应注意保持基层的湿度,严格掌握颜料掺量和喷刷憎水剂的时间,以防止弹涂层出现斑点、起粉、掉色和发白等弊病。

4.5 饰面工程

饰面工程包括天然岩石板、人造石板和各种饰面砖的镶贴。根据饰面板的材料特点和板块的规格,可采用挂装浇筑或粘贴工艺将饰面板镶贴在结构层上或水泥砂浆找平层上。常用的饰面板有天然大理石、人造大理石、花岗石、预制水磨石、釉面砖、面砖、缸砖和陶瓷锦砖等。

镶贴饰面的基层应具有足够的稳定性和刚度,基层表面应保持平整、洁净、粗糙和适宜的湿度,才能保证饰面板块的镶贴质量。

室内的饰面工程应在抹灰工程之后进行,以利于饰面板块的保护和规矩。室外勒脚饰面应在上一层的饰面工程完成后进行。楼梯栏板、楼梯斜梁和墙裙的饰面板则应在踏步和地面施工前进行,这种顺序对成品保护有利。

4.5.1 饰面材料的质量要求

饰面板块进场应按验收标准进行验收,板块应表面平整、边缘整齐、棱角无缺损,并应具有产品合格证。铁制锚固件和连接件应镀锌或经防锈处理。镜面和光面大理石、花岗石饰面板,应选用铜制或不锈钢的连接与锚固件。

天然大理石、花岗石饰面板,其表面不得有隐伤、风化等缺陷。预制水磨石板表面应平整,几何尺寸准确,石粒外露均匀、洁净,颜色一致,背面应平整粗糙以利粘贴。

各种釉面砖表面应光洁、色泽一致,并不得有暗痕和裂纹,其吸水率不大于18%。

4.5.2 饰面板的施工

一般用于室外的花岗石、天然大理石饰面板,尺寸和重量均较大,要在结构墙体表面甩出短钢筋,绑扎钢筋骨架,用铜丝或镀锌钢丝将饰面板绑牢在钢筋骨架上,然后浇筑水泥砂浆或细石混凝土,使饰面板与结构墙体牢固结合成整体。用于室内或室外的面砖、陶瓷锦砖等少规格板块,则可用水泥砂浆粘贴。

饰面板安装前,应清理背面和侧面,并按要求修边和钻孔,每块板的上下边打孔数量均不少于两个,以便穿绑铜丝或钢丝。

墙面和柱面安装饰面板,应先抄平和分块弹线,并按弹线尺寸及花纹图案进行预拼和编号。饰面板的接缝宽度,如设计无具体要求则应按规范要求掌握,详见表4-17。

饰面板的板缝宽度 **表4-17**

饰面板种类		接缝宽度(mm)
天然石	光面、镜面	
	粗磨石、麻面、条纹面	5
	天然面	10
人造石	水磨石	2
	水刷石	10

饰面板安装的允许偏差和检验方法应符合表 4-18 的规定。

饰面板安装的允许偏差和检验方法　　表 4-18

项次	项目	允许偏差（mm）							检验方法
		石材			瓷板	木材	塑料	金属	
		光面	剁斧石	蘑菇石					
1	立面垂直度	2	3	3	2	1.5	2	2	用 2m 垂直检测尺检查
2	表面平整度	2	3	—	1.5	1	3	3	用 2m 靠尺和塞尺检查
3	阴阳角方正	2	4	4	2	1.5	3	3	用直角检测尺检查
4	接缝直线度	2	4	4	2	1	1	1	拉 5m 线，不足 5m 拉通线，用钢直尺检查
5	墙裙、勒脚上口直线度	2	3	3	2	2	2	2	拉 5m 线，不足 5m 拉通线，用钢直尺检查
6	接缝高低差	0.5	3	—	0.5	0.5	1	1	用钢直尺和塞尺检查
7	接缝宽度	1	2	2	1	1	1	1	用钢直尺检查

1. 大规格饰面板块的施工

大规格的花岗石、大理石和水磨石板块，均采用挂装浇筑法安装。挂钢筋网架的短钢筋应在墙体砌筑或浇筑时嵌入墙内，钢筋网架绑扎时，间距应由板块尺寸大小决定，通常为500mm或400mm。板块安装由最下行的中间或一端开始，将板块绑牢在钢筋网架上用托线板靠直靠平。板块之间和交角应平整，可用石膏临时固定封严。板块和结构层之间的空隙，花岗石板块留30～50mm，大理石或水磨石板块则为20～25mm。空隙浇筑1:2.5水泥砂浆(或细石混凝土)，砂浆要分层浇筑，每层浇筑高度约150～200mm，初凝后再浇上面一层砂浆，至距上口50～100mm处停止。然后剔除临时固定用的石膏，将缝隙清理干净，进行第二行板块安装。挂装板块示意图见图4-10。

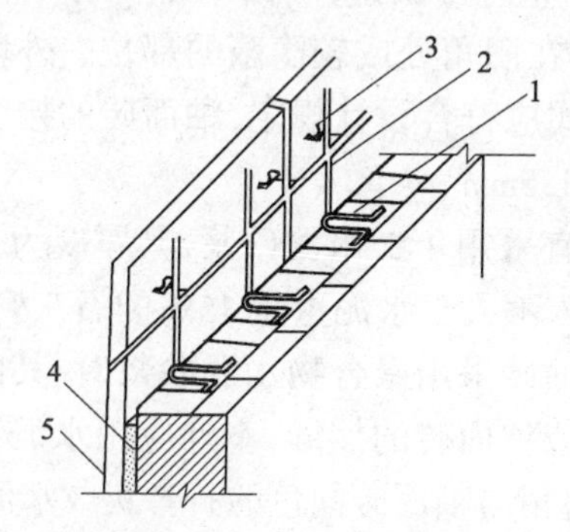

图4-10 预制板块安装做法

1—墙上预留铁；2—钢筋网架；3—板块预留铁；4—砂浆灌缝；5—预制板块

2. 小规格板块的施工

小规格的大理石和水磨石，由于自重和板厚较小，是采用砂浆粘贴的方法进行镶贴的。一般应先做12mm厚水泥砂浆垫层，按要求找规矩刮平，经压实后表面划毛，待其硬化后，将浸过水的大理石或水磨石板块背面涂抹2～3mm厚的水泥素浆,随即粘贴到垫层上,同时进行轻敲并找平找直,使其凝结牢固。最后清洗表面擦蜡打光。

4.5.3 饰面砖的镶贴

饰面砖镶贴前应清理基层,在结构表面做水泥砂浆找平层,然后在找平层上镶贴饰面砖。

面砖或釉面砖要经过套砖,将相同尺寸的贴在一个面上,以便于面砖缝子的平直。面砖应放入水中浸泡并经阴干,以免吸水过快或因明水过多而坠滑。

砂浆找平层硬化后,应淋水润湿,并进行弹线和挂线贴标砖,正式镶贴前应进行试排,一面墙不得有一行以上的非整砖,非整砖应排在阴角处或较隐蔽的部位。外墙面砖的接缝宽度和镶贴形式应符合设计规定,釉面砖的接缝在无设计要求时,可取1~1.5mm。

粘贴面砖宜采用1:2水泥砂浆,其厚度为6~10mm。水泥砂浆中可掺入不大于水泥重量15%的石灰膏,以改善砂浆的和易性。釉面砖采用聚合物水泥砂浆时,其配合比应由试验确定。面砖或釉面砖的接缝,室外应用水泥浆或水泥砂浆勾缝,室内则可用与釉面砖同色的石膏灰或水泥浆嵌缝,但潮湿房间不准使用石膏灰勾缝。面砖或釉面砖饰面层应粘贴密实、表面平整,不得空鼓和有明显接槎,接缝应平直且宽度一致。

陶瓷锦砖的镶贴,应先在找平层上弹线分格,按设计规定的接缝尺寸备好分格条。传统做法是用厚2~3mm的水泥纸筋灰粘结,最好用水泥或聚合物水泥砂浆镶贴。粘贴应自下而上进行,整间或独立部位宜一次连续完成,尽量减少接缝。镶贴应保证表面平整、拍平拍实,待其稳固后,将纸衬润湿、揭净。在水泥浆凝固前调整接缝拨正个别歪砖,并用水泥浆嵌缝，待勾缝水泥浆硬化后清洗表面。

饰面层表面不得有变色、起碱、污点、砂浆流痕和显著的光泽受损处。突出面层的管道和承托零件处的饰面砖应粘贴严密，饰面砖与管子等应套割吻合。

饰面砖粘贴的允许偏差和检验方法应符合表 4-19 的规定。

饰面砖粘贴的允许偏差和检验方法　　表 4-19

项次	项目	允许偏差 (mm)		检验方法
		外墙面砖	内墙面砖	
1	立面垂直度	3	2	用 2m 垂直检测尺检查
2	表面平整度	4	3	用 2m 靠尺和塞尺检查
3	阴阳角方正	3	3	用直角检测尺检查
4	接缝直线度	3	2	拉 5m 线，不足 5m 拉通线，用钢直尺检查
5	接缝高低差	1	0.5	用钢直尺和塞尺检查
6	接缝宽度	1	1	用钢直尺检查

4.6 涂料与刷浆工程

涂料工程是在木质建筑构配件、金属构配件表面涂刷的一种保护和装饰涂层，用以隔绝水或其他浸蚀性物质，防止其表面受腐蚀或损伤。一些混凝土或抹灰层表面，为增强其防污能力，也需要做油漆保护层。

粉刷工程是在结构或抹灰层表面喷涂有机或无机材料粉浆，以达到结构或抹灰层的装饰和采光要求。

4.6.1 涂料工程

1. 涂料工程的材料选用

油漆常选用成品涂料，有调合漆、清漆和乳胶漆三类。调合漆和清漆又分为油基漆、含油合成树脂漆、不含油合成树脂漆以及天然树脂漆等。乳胶漆常用聚醋酸乙烯乳胶漆。涂料种类应按设计规定的油漆工程等级、品种和颜色等进行选择。

油漆涂料所用的稀释剂和催干剂，应根据油漆涂料的品种和要求来选用。不同性质的油漆和稀释剂不得混用。调合漆中的颜料应采用耐光和耐碱性能好的着色、防锈和优质颜料。

油漆工程采用的腻子应具有良好的塑性和易涂性，干燥后应坚固。腻子的品种应与基层、底漆、面层漆的性质配套使用。

2. 涂料工程施工

(1)基层表面的处理

油漆的基层有木质、金属、混凝土和抹灰层几种。油漆涂刷前，应对各种材质的基层表面进行处理，以保证油漆涂层与基层的牢固结合，同时，使油漆涂层平整光洁。

木质基层应清理表面的灰尘和污垢，修整缝隙、毛刺和脂囊，填补腻子和磨光。油漆涂刷前木质要保持干燥。节疤处应点涂漆片，阻止树脂渗透。

金属基层表面油漆涂刷之前，应将表面的灰尘、油渍、锈斑、焊渣和鳞片清除干净，并保持表面的干燥。

混凝土和抹灰层表面，应干燥洁净，不得有起皮、松散等缺陷。粗糙处应磨光，缝子和孔眼应用腻子补平。基层的含水率不得大于8%。

(2)刷底油

基层处理后应涂刷底油一道，使油质渗入基层表面，以增强油漆层同基层表面的粘附力，并促使基层吸油和着色能力趋于一致。底油一般采用干性油或着色干性油。

(3)抹腻子

待底油干燥后，即可抹腻子。腻子涂抹厚度应适度，过厚则易于龟裂和脱落，降低油漆涂层的强度。腻子过薄则影响油漆层的平整和光洁度。填刮腻子时不宜往返刮的次数过多，防止将腻子中的油分挤出形成一层油膜，致使腻子干燥缓慢或因腻子内部油分过少引起裂缝。分遍刮腻子时，应控制几道腻子涂刮的时间间隔，必须待前道腻子干透后，方可打磨和涂刮下道腻子。涂刮的腻子应坚实牢固，不得起皮和裂缝。腻子涂刮遍数由油漆工程等级决定。

(4)涂刷油漆

油漆工程应在其他工种施工完成后进行。油漆施工的环境应保持洁净，其温度不应低于10℃，相对湿度应小于60%。大风和雨雾天气不得施工。

油漆涂层的施工，按不同的油漆等级、品种采取刷涂、擦涂、喷涂和滚涂几种不同的工艺。一般油漆应分层涂刷，涂刷遍数由油漆工程的等级决定。普通油漆涂刷两遍，中级油漆分3遍涂刷，高级油漆则要涂刷4～5遍。涂刷油漆时应严格控制油漆工作黏度，以不流坠不显刷纹为宜。涂刷过程中不得随意稀释。最后一遍油漆不宜加催干剂，以免降低油漆面的光洁度。后一遍油漆必须在前一遍油漆干燥后进行，各遍油漆应涂刷均匀，层间结合牢固。

3. 油漆工程的质量要求

油漆工程应待表面结成牢固的漆膜后进行检查验收。应检查油漆工程所用的材料品种、颜色是否符合设计和样板标准。

油漆面层的质量检查主要包括：油漆面的光亮和光滑度，颜色是否一致，有无漏刷、脱皮和斑迹，有无裹棱、流坠和皱皮，五金、玻璃是否洁净，表面有无刷纹，以及清漆面的棕眼和木纹的平整和清晰度。其质量标准随油漆工程等级有所不同，级别越高则要求标准越高。

色漆的涂饰质量和检验方法应符合表4-20的规定。

清漆的涂饰质量和检验方法应符合表4-21的规定。

色漆的涂饰质量和检验方法　　表4-20

项次	项目	普通涂饰	高级涂饰	检验方法
1	颜色	均匀一致	均匀一致	观察
2	光泽、光滑	光泽基本均匀 光滑无挡手感	光泽均匀一致 光滑	观察、手摸检查
3	刷纹	刷纹通顺	无刷纹	观察
4	裹棱、流坠、皱皮	明显处不允许	不允许	观察
5	装饰线、分色线直线度允许偏差(mm)	2	1	拉5m线，不足5m拉通线，用钢直尺检查

注：无光色漆不检查光泽。

清漆的涂饰质量和检验方法　　表4-21

项次	项目	普通涂饰	高级涂饰	检验方法
1	颜色	基本一致	均匀一致	观察
2	木纹	棕眼刮平、木纹清楚	棕眼刮平、木纹清楚	观察

续表

项次	项目	普通涂饰	高级涂饰	检验方法
3	光泽、光滑	光泽基本均匀 光滑无挡手感	光泽均匀一致 光滑	观察、手摸检查
4	刷纹	无刷纹	无刷纹	观察
5	裹棱、流坠、皱皮	明显处不允许	不允许	观察

4.6.2 刷浆工程

刷浆工程常用的水质涂料有石灰浆、大白浆、可赛银浆、聚合物水泥浆和水溶性涂料等。

刷浆工程选用半成品材料时,均应注有成分、颜色、品种、制造时间和使用说明。用于室外的彩色涂料,应采用耐碱和耐光的颜料。石灰浆应用块状生石灰调制,以保证石灰浆的粘结强度。

刷浆前应将基层表面的灰尘、污垢、溅浆和砂浆流痕清除干净,表面的缝隙用腻子填补平整坚实,不得有起皮、裂缝等缺陷。基层表面干燥后才能进行刷浆,以免产生脱粉现象。

刷浆工程常用腻子,室外用乳胶腻子由乳胶、水泥和水配制。室内刷浆用的乳胶腻子由乳胶、滑石粉或大白粉以及羧甲基纤维素溶液配制。

现场配制刷浆涂料时,应掺入胶粘剂。用于室外的石灰浆要掺加干性油和食盐或明矾,黄色石灰浆则宜掺用黑矾。胶粘剂的品种和掺量应通过试验确定,以保证浆膜不脱落不掉粉为准。

室内刷浆按质量标准和浆料品种和等级来分几遍涂刷。中、高级刷浆应满刮腻子 1 ~ 2 遍，经磨平后再分 2 ~ 3 遍刷浆。机械喷浆则不受遍数限制，以达到质量要求为主。室内刷浆和室外刷浆的主要工序见表 4-22、表 4-23。

室内刷浆的主要工作　　　表 4-22

项次	工序名称	石灰浆		聚物泥合水浆		大白浆			可赛银浆	
		普通	中级	普通	中级	普通	中级	高级	中级	高级
1	清扫	+	+	+	+	+	+	+	+	+
2	用乳胶水溶液或聚乙烯醇缩甲醛胶水溶液湿润			+	+					
3	填补缝隙、局部刮腻子	+	+	+	+	+	+	+	+	+
4	磨平	+	+	+	+	+	+	+	+	+
5	第一遍满刮腻子						+	+	+	+
6	磨平						+	+	+	+
7	第二遍满刮腻子							+		+
8	磨平							+		+
9	第一遍刷浆	+	+	+	+	+	+	+	+	+
10	复补腻子		+		+		+	+	+	+
11	磨平		+		+		+	+	+	+
12	第二遍刷浆	+	+	+	+	+	+	+	+	+
13	磨浮粉							+		+
14	第三遍刷浆		+				+	+		+

室外刷浆的主要工序　　表 4-23

项次	工序名称	石灰浆	聚合物水泥浆
1	清扫	+	+
2	填补缝隙、局部刮腻子	+	+
3	磨平	+	+
4	用乳胶水溶液或聚乙烯醇缩甲醛胶水溶液湿润		+
5	第一遍刷浆	+	+
6	第二遍刷浆	+	+

注：1. 表中"+"号表示应进行的工序。
2. 机械喷浆可不受表中遍数的限制，以达到质量要求为准。

刷浆工程应待表面干燥后进行检查验收。除用料品种、图案和颜色应符合设计要求外，刷浆层的质量应符合施工验收规范和质量标准要求。主要检查是否有掉粉、起皮，有无漏刷和透底，有无反碱、咬色，喷点、刷纹是否均匀通顺，装饰线和分色线是否平直，门窗和灯具是否洁净等，各种涂料的质量和检验方法见表 4-24、表 4-25、表 4-26。

薄涂料的涂饰质量和检验方法　　表 4-24

项次	项目	普通涂饰	高级涂饰	检验方法
1	颜色	均匀一致	均匀一致	观察
2	泛碱、咬色	允许少量轻微	不允许	
3	流坠、疙瘩	允许少量轻微	不允许	
4	砂眼、刷纹	允许少量轻微砂眼、刷纹通顺	无砂眼、无刷纹	
5	装饰线、分色线直线度允许偏差(mm)	2	1	拉 5m 线，不足 5m 拉通线，用钢直尺检查

复层涂料的涂饰质量和检验方法　　表 4-25

项　次	项　目	质量要求	检验方法
1	颜色	均匀一致	观　察
2	泛碱、咬色	不允许	
3	喷点疏密程度	均匀、不允许连片	

厚涂料的涂饰质量和检验方法　　表 4-26

项　次	项　目	普通涂饰	高级涂饰	检验方法
1	颜色	均匀一致	均匀一致	观　察
2	泛碱、咬色	允许少量轻微	不允许	
3	点状分布	—	疏密均匀	

4.7 裱糊工程

裱糊工程常用普通壁纸、塑料壁纸或玻璃纤维墙布。多采用聚醋酸乙烯乳胶腻子。胶粘剂则根据裱糊面层的材料品种选用,普通壁纸用面粉与明矾调制的胶粘剂,塑料壁纸用聚乙烯醇缩甲醛与羧甲基纤维素调配的胶粘剂,玻璃纤维布则用聚醋酸乙烯酯乳胶和羧甲基纤维素配制的胶粘剂。各种胶粘剂均应具有防腐、防霉和耐久的性能。

4.7.1 裱糊基层的处理

裱糊基层表面应平整、坚实和干净,基层要求基本干燥,混凝土或抹灰层的含水率不应大于 8%。表面如有局部麻点或凹坑,应用腻子刮平并磨光。贴壁纸前,基层表面先涂刷聚乙烯醇缩甲醛溶液一道,封闭基层表面的孔隙,以免其吸水过快,保证壁纸与基层可靠粘结。贴纸前基层表面的设备和附件应卸下。钉帽应嵌入基层表面并涂防锈漆,钉眼用油腻子刮平，以防止铁锈上返纸面影响美观。

4.7.2 裁纸与裱糊

墙面应采用整幅壁纸裱糊，并需预排进行排缝和对花。不足一幅的应排在较暗或不明显的部位，阴角处的接缝应进行搭接，而阳角处不得有接缝。裁纸时要按屋间尺寸、产品类型及图案、壁纸的规格尺寸进行选配，并应分别拼花裁切。裁切的边缘应平直整齐，不得有毛刺，并妥善卷好平放备用。

裱糊前，墙面应弹垂直线，做第一幅裱糊时的基准线。所用胶粘剂应集中调制，并通过400目/cm^2的筛子过滤，调制后必须当日用完。

裱糊普通壁纸，要先将壁纸背面用水湿润，令其吸水充分伸胀。然后在基层表面涂刷胶粘剂，正式裱糊壁纸，壁纸正面宜用纸衬进行展平压实。裱糊塑料壁纸时，壁纸要放入清水槽内浸泡3~5min，出槽后抖掉明水静置20min，裱糊时，基层表面和壁纸背面均应涂刷胶粘剂。壁纸裱糊后，表面色泽应一致，不得有气泡、空鼓、翘边、皱折、斑污，侧视不得有胶痕。各幅拼接不得露缝，距墙面1.5m处正视时应不显拼缝。接缝处花纹、图案应吻合，搭接要顺光，不得有漏贴、补贴和脱层等缺陷。

裱糊的主要工序见表4-27。

裱糊的主要工序 表4-27

项次	工序名称	抹灰面混凝土				石膏板面				木料面			
		复合壁纸	PVC壁纸	墙布	带背胶壁纸	复合壁纸	PVC壁纸	墙布	带背胶壁纸	复合壁纸	PVC壁纸	墙布	带背胶壁纸
1	清扫基层、填补缝隙磨砂纸	+	+	+	−	+	+	+	+	+	+	+	+
2	接缝处糊条					+	+	+	+	+	+	+	+

续表

项次	工序名称	抹灰面混凝土				石膏板面				木料面			
		复合壁纸	PVC壁纸	墙布	带背胶壁纸	复合壁纸	PVC壁纸	墙布	带背胶壁纸	复合壁纸	PVC壁纸	墙布	带背胶壁纸
3	找补腻子、磨砂纸					+	+	+	+	+	+	+	+
4	满刮腻子、磨平	+	+	+	−								
5	涂刷涂料一遍									+	+		+
6	涂刷底胶一遍	+	+	+	−	+	+	+	+				
7	墙面划准线	+	+	+	−	+	+	+	+	+	+	+	+
8	壁纸浸水润湿		+		−		+		+		+		+
9	壁纸涂刷胶粘剂	+				+				+			
10	基层涂刷胶粘剂	+	+	+		+	+	+		+	+	+	
11	纸上墙、裱糊	+	+	+	+	+	+	+	+	+	+	+	+
12	拼缝、搭接、对花	+	+	+	+	+	+	+	+	+	+	+	+
13	赶压胶粘剂、气泡	+	+	+	+	+	+	+	+	+	+	+	+
14	裁边		+				+				+		
15	擦净挤出的胶液	+	+	+	+	+	+	+	+	+	+	+	+
16	清理修整	+	+	+	+	+	+	+	+	+	+	+	+

注:1. 表中“+”号表示应进行的工序。
2. 不同材料的基层相接处应糊条。
3. 混凝土表面和抹灰表面必要时可增加满刮腻子遍数。
4. “裁边”工序,在使用宽为920mm,1000mm,1100mm等需重叠对花的PVC压延壁纸时进行。